“十四五”新工科应用型教材建设项目成果

新编21世纪高等职业教育精品教材

装备制造类

工业机器人编程与仿真

——搬运工作站

主　编◎张黎燕　孟银娜　赫婷婷

副主编◎李　伟　徐　慧　张世欣

董　浩　李亚萍

参　编◎李顺利　王玉霞　李　杰

贺子芙　彭乐宇

中国人民大学出版社

·北京·

图书在版编目（CIP）数据

工业机器人编程与仿真：搬运工作站 / 张黎燕，孟银娜，赫婷婷主编. -- 北京：中国人民大学出版社，2025.6. --（新编 21 世纪高等职业教育精品教材）.
ISBN 978-7-300-34119-4

Ⅰ. TP242.2

中国国家版本馆 CIP 数据核字第 202519BR11 号

"十四五"新工科应用型教材建设项目成果

新编 21 世纪高等职业教育精品教材 · 装备制造类

工业机器人编程与仿真——搬运工作站

主　编　张黎燕　孟银娜　赫婷婷

副主编　李　伟　徐　慧　张世欣　董　浩　李亚萍

参　编　李顺利　王玉霞　李　杰　贺子芙　彭乐宇

Gongye Jiqiren Biancheng yu Fangzhen——Banyun Gongzuozhan

出版发行	中国人民大学出版社		
社　址	北京中关村大街 31 号	**邮政编码**	100080
电　话	010－62511242（总编室）		010－62511770（质管部）
	010－82501766（邮购部）		010－62514148（门市部）
	010－62511173（发行公司）		010－62515275（盗版举报）
网　址	http://www.crup.com.cn		
经　销	新华书店		
印　刷	中煤（北京）印务有限公司		
开　本	889 mm × 1194 mm　1/16	**版　次**	2025 年 6 月第 1 版
印　张	11.25	**印　次**	2025 年 6 月第 1 次印刷
字　数	256 000	**定　价**	48.00 元

前言

PREFACE

党的二十大报告指出，教育、科技、人才是全面建设社会主义现代化国家的基础性、战略性支撑。教育是国之大计、党之大计。职业教育是我国教育体系的重要组成部分，肩负着“为党育人、为国育才”的神圣使命。本教材以习近平新时代中国特色社会主义思想为指导，深入贯彻落实党的二十大精神，将思想道德建设与专业素质培养融为一体，着力培养爱党爱国、敬业奉献，具有工匠精神的高素质技能人才。

随着制造业自动化进程的加速，工业机器人在生产领域的应用日益广泛，其编程与仿真技术成为相关专业学生和从业人员必备的技能。本教材旨在为读者提供全面、系统且实用的工业机器人编程与仿真知识，聚焦于搬运工作站相关的技术与应用，助力读者深入掌握其关键领域的核心内容。

本教材共分为 4 个任务，每个任务均围绕工业机器人搬运工作站的实际应用展开，涵盖了从工作站的基础仿真设计到复杂的输送链、机床上下料机构以及检测机构的仿真构建与应用。

任务 1 带领读者深入工作站的仿真设计世界。通过详细的知识讲解，读者能够认识工业机器人仿真软件，熟练掌握布局工业机器人基本工作站、离线编程以及仿真运行等技能。任务不仅注重知识的传授，更强调技能的培养，让读者能够独立完成一个完整的工作站仿真设计，并通过任务实施、测评和创新环节，进一步巩固所学知识，激发创新思维。

任务 2 则聚焦于输送链的仿真设计。读者将学习创建三爪夹具机械装置，以及运用 Smart 组件创建动态输送链和动态夹具的相关知识。从设定各种组件的属性、传感器到创建信号连接，最终实现仿真运行，每个步骤都有详细的图示和指导。通过这一任务，读者将掌握如何实现复杂的物流自动化仿真，提升在实际应用中解决问题的能力。

任务 3 针对机床上下料的应用场景进行深入剖析。详细介绍了测量工具的使用方法，为后续准确构建机床上下料仿真奠定基础。读者将学习创建机床门机械装置以及运用事件管理器实现信号与动作的协同等知识，最终完成机床上下料的仿真设计。本任务有助于读者理解工业机器人在机加工领域的集成应用，形成严谨的工程思维。

任务 4 围绕检测机构的仿真设计展开。从建模功能的运用到 Smart 组件在检测机构创建中的应用，再到工作站逻辑的设定与仿真运行，读者将逐步掌握检测机构仿真设计的核心技术。

在编写本教材的过程中，我们充分考虑了读者的学习需求和实际应用场景，力求内容丰富、条理清晰、实例详尽。本教材由多位经验丰富的专业教师共同撰写，确保了知识的准确性和专业性。同时，我们希望读者通过本教材的学习，不仅能够掌握工业机器人编程与仿真的专业技能，还能培养创新思维、严谨的工作态度和团队合作精神，为未来在工业自动化领域的发展奠定坚实的基础。

本教材采用图解的编写形式，通俗易懂，适合作为职业院校工业机器人技术相关专业的教材。同时，本教材也适合从事工业机器人应用开发、调试、现场维护等工作的工程技术人员学习和参考，特别适合已掌握 ABB 工业机器人基本操作，需要进一步掌握工业机器人工程应用模拟仿真的工程技术人员参考。

由于时间仓促，加之编者水平有限，教材中难免存在疏漏之处，恳请广大读者批评指正。

编者

目 录

CONTENTS

笔记栏

任务1 工作站的仿真设计

工业机器人发展史

素养园地

中国工业机器人发展历程

中国工业机器人的发展历程可以追溯到20世纪70年代初期。在那个时代，随着全球科技的飞速发展，工业机器人应用掀起了一个高潮，中国也开始关注并着手研究这一领域。

20世纪70年代被视为中国工业机器人的萌芽期。在这个阶段，中国的知识分子从外文杂志中了解到机器人技术，并开始自发地探讨其性能、特点、结构和应用场合。1972年，中国正式开始研制自己的工业机器人，清华、哈工大、华中科大、沈阳自动化研究所等一批科研院所早早开始了工业机器人的理论研究。

进入20世纪80年代，中国的工业机器人发展进入了开发期。在这一阶段，沈阳自动化研究所等科研机构与中国第一汽车制造集团等企业进行了机器人的试制和初步应用工作。1982年4月，中国科学院沈阳自动化研究所成功研制了中国第一台示教再现工业机器人样机，标志着中国在工业机器人领域实现了从无到有的跨越。随着改革开放的不断深入，政府进一步重视并支持机器人技术的开发与研究，国家投入资金对工业机器人及其零部件进行攻关，完成了多项关键技术的突破。

20世纪90年代后，中国的工业机器人发展进入了应用期。在这个阶段，中国的工业机器人技术在实践中不断迈进，先后研制出了点焊、弧焊、装配、喷漆、切割、搬运、包装码垛等多种用途的工业机器人，并实施了一批机器人应用工程，形成了一批机器人产业化基地。

进入21世纪，随着国家政策的支持力度加大，中国的工业机器人产业得到了快速发展，涌现出一批优秀的本土机器人公司，中国工业机器人初步形成了产业化。特别是近年来，随着“中国制造2025”战略的实施，中国的工业机器人产业更是迎来了前所未有的发展机遇。

如今，中国的工业机器人已经广泛应用于各个工业领域，并朝着更加智能化、高效化的方向发展。

任务目标

知识目标

（1）熟悉RobotStudio软件的基本界面及功能选项。

（2）理解并能描述RobotStudio中模型导入、布局调整、系统创建、工具坐标系设定

笔记栏

等关键步骤。

（3）掌握工业机器人轨迹规划、路径生成、目标点调整及轴配置参数调整的方法。

技能目标

（1）能够创建并配置工业机器人系统，包括工具的创建和坐标系的设定等。

（2）能够熟练操作 RobotStudio 软件。

（3）能够利用 RobotStudio 软件进行工业机器人的轨迹规划，并能熟练创建三角形曲线路径。

（4）能够熟练运用 TCP 跟踪功能，实时监控机器人的运动状态和轨迹。

素质目标

（1）培养认真细致、精益求精的职业态度，树立精雕细琢的工匠精神。

（2）认识到科技创新在工业机器人仿真应用技术中的重要性，为国家的科技进步贡献自己的力量。

（3）在仿真操作中有意识地挑战困难，锻炼心理承受力和解决问题的能力。

（4）培养创新思维和实践能力，为未来的职业发展打下坚实的基础。

任务分析

学习仿真软件在工业机器人设计、调试、优化等方面的应用，认识到其对提高生产效率、降低成本、减少事故风险等方面的贡献。

在掌握工作站基本构成（机器人本体、控制器、周边设备，如输送链、夹具、传感器等）以及各部分之间相互作用的基础上，学习工作站的实际布局需求，做到合理摆放机器人本体和周边模型，避免干涉和碰撞，这样才能确保仿真环境的真实性和准确性。

注意重点掌握工业机器人的手动操作模式，以及相关参数的位置，以便在仿真过程中进行精确控制和调整。

创建机器人用画笔工具时，要确定工具在机器人坐标系中的位置，以便为后续操作提供基准；在仿真环境中创建并配置工具模型，以确保其与实际使用的工具一致。

创建工业机器人工件坐标时，要根据工件的位置和形状建立工件坐标系，以便准确规划机器人的运动轨迹。

进行工业机器人目标点调整及轴配置参数优化时，注意确保运动轨迹的准确性和高效性，参数配置要有助于提高运动性能和稳定性。可利用 TCP 跟踪功能，实时显示工业机器人的工具中心点（TCP）位置和姿态，以便进行精确控制和调整。

知识准备

一、认识工业机器人仿真软件

（一）了解工业机器人仿真应用技术

1. 工业机器人仿真应用技术概述

随着科技的飞速发展，工业机器人技术在各个领域的应用越来越广泛。其中，工业机

笔记栏

器人仿真技术作为工业机器人技术的重要组成部分，在提高生产效率、降低成本、优化生产流程等方面发挥着重要作用。

工业机器人仿真技术是指通过计算机模拟和仿真工业机器人系统，以达到研究、设计、优化和评估工业机器人系统性能的目的。工业机器人仿真技术主要包括物理仿真和虚拟仿真两种形式。物理仿真是指通过搭建实际工业机器人系统模型，模拟实际生产环境，对工业机器人系统进行性能测试和优化；虚拟仿真则是指通过计算机软件模拟工业机器人系统，对工业机器人系统进行性能分析和优化。

随着工业自动化市场竞争的加剧，人们对生产效率、价格、质量提出了更高的要求。生产新产品时，过去那种让工业机器人编程检测或试运行的方式已不可行，因为需要暂停现有生产来对新的或修改的部件编程，会花费大量时间。此外，在未验证到达距离和工作区域的情况下制造刀具和固定装置的方式也已不可行，现代生产厂家会在设计阶段检查新部件的可制造性。在工业机器人编程方面，离线编程可与建立工业机器人应用系统同步进行，这有助于提高生产效率，减少编程对生产的干扰，使生产更科学、高效地开展，满足市场竞争下的生产要求。

在产品制造期间对工业机器人系统进行编程，能够使产品生产提前启动，缩短产品的上市时间。离线编程在实际安装工业机器人之前，可以通过可视化、可确认的解决方案和布局降低风险，还能通过创建更精准的路径提高部件质量。RobotStudio 为了实现真正的离线编程，运用了 ABB VirtualRobotTM 技术。

2. RobotStudio 软件概述

RobotStudio 是由 ABB 公司开发的一款功能强大的工业机器人仿真软件，广泛应用于机器人系统的设计、编程、优化及评估等环节。该软件不仅支持离线编程，还能实现在线作业与模拟仿真，为用户提供了从产品设计到生产验证的全链条解决方案。

3. RobotStudio 主要功能详解

（1）CAD 导入与自动路径生成。

用户可将 CAD 模型无缝导入 RobotStudio，软件将自动生成工业机器人运动路径，极大地简化了编程流程，提高了工作效率。

（2）自动分析伸展能力与碰撞检测。

软件具备强大的自动分析能力，能够精确计算工业机器人的伸展范围，并在模拟过程中实时进行碰撞检测，确保工业机器人作业的安全性。

（3）在线作业与模拟仿真。

RobotStudio 支持在线作业，用户可以在软件环境中实时操作工业机器人，并通过模拟仿真验证程序的正确性和工业机器人的运动状态，为实际生产提供有力保障。

（4）应用功能包与二次开发。

软件提供了丰富的应用功能包，满足用户多样化的需求。同时，支持二次开发，允许用户根据特定需求定制软件功能，扩展应用范围。

（5）离线编程与在线编程。

RobotStudio 同时支持离线编程和在线编程，用户可以在不连接工业机器人的情况下进

笔记栏

行编程设计，也可以在工业机器人现场进行实时编程和调试，灵活应对各种生产需求。

（6）路径优化。

软件具备智能路径优化功能，能够根据工业机器人的运动需求自动调整路径，减少无效动作，提高工作效率。

（7）虚拟控制器的运行与通信。

通过虚拟控制器的模拟运行和通信功能，用户可以在软件中模拟工业机器人的控制过程，进行联动调试和测试，为实际生产前的系统验证提供有力支持。

（8）工业机器人的运动学和动力学仿真。

RobotStudio 支持工业机器人运动学和动力学仿真，用户可以在虚拟环境中验证工业机器人的运动特性和动力学表现，确保设计方案的可行性和稳定性。

4. RobotStudio 软件界面与操作

RobotStudio 软件界面设计直观、功能布局合理，包括“文件”、“基本”、“建模”、“仿真”、“控制器”、“ RAPID” 和 “ Add-Ins” 等功能选项卡，涵盖了从创建新工作站到编辑工业机器人任务的全过程。用户可以通过这些功能选项卡轻松实现工作站的建立、系统的创建、路径的编程、物体的摆放以及控制器的配置等操作。此外，软件还提供了恢复默认界面的功能，方便用户在意外关闭操作窗口时快速恢复工作界面。

（二）RobotStudio 软件界面介绍

1. RobotStudio 软件界面

“文件” 功能选项卡涵盖了多个操作选项，包括创建新工作站、创造新工业机器人系统、连接到控制器、将工作站另存为查看器以及 RobotStudio 选项，如图 1 - 1 所示。

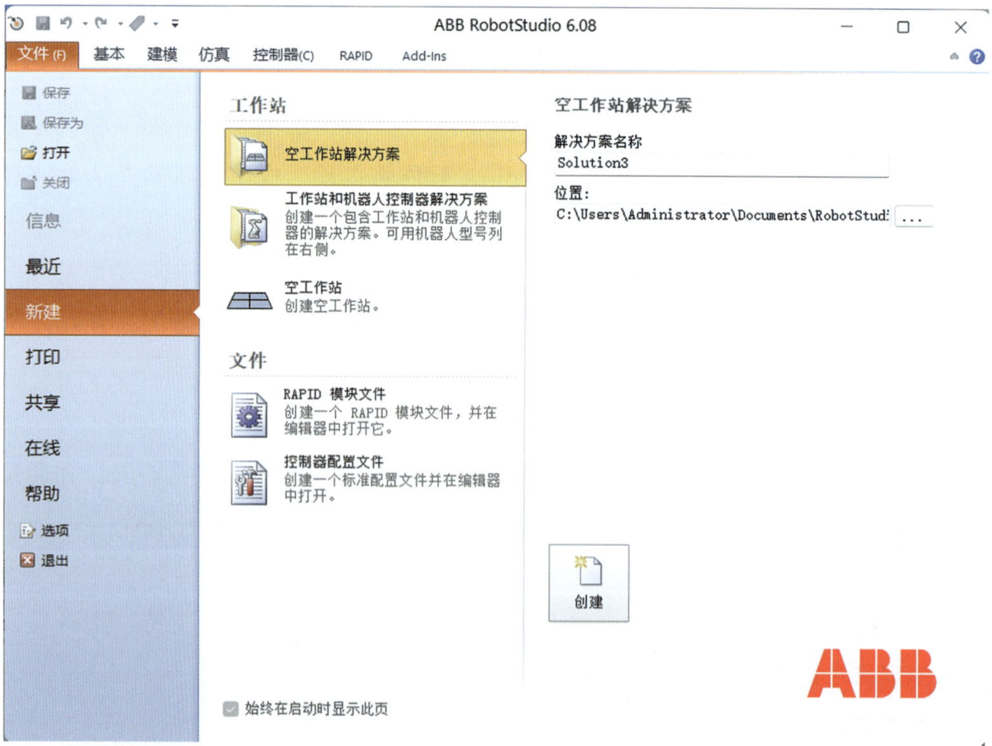

图 1 - 1 “文件” 功能选项卡

笔记栏

“基本”功能选项卡包含进行建立工作站、创建系统、路径编程以及摆放物体等操作所需的各类控件，如图 1－2 所示。

图 1－2　“基本”功能选项卡

“建模”功能选项卡包含用于创建和分组工作站组件、创建实体、测量以及其他 CAD 操作所需的各类控件，如图 1－3 所示。

图 1－3　“建模”功能选项卡

“仿真”功能选项卡包含一系列用于创建、控制、监控以及记录仿真过程所需的控件，如图 1－4 所示。

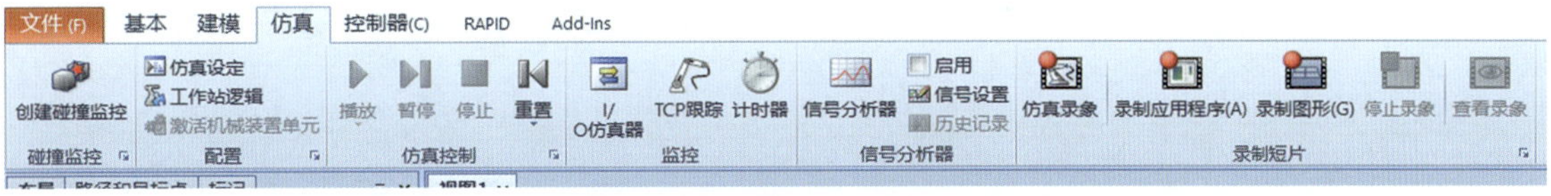

图 1－4　“仿真”功能选项卡

“控制器”功能选项卡可用于针对虚拟控制器（VC）的同步、配置操作，以及实施分配给它的任务控制措施，还具备管理真实控制器的功能，如图 1－5 所示。

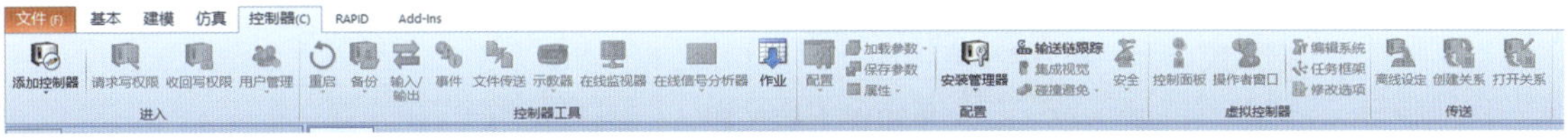

图 1－5　“控制器”功能选项卡

“ RAPID”功能选项卡包含集成的 RAPID 编辑器，该编辑器可用于编辑工业机器人运动之外的所有任务，如图 1－6 所示。

图 1－6　“RAPID”功能选项卡

“ Add-Ins”功能选项卡涵盖了与 PowerPac 和 VSTA 相关的控件，用户还能够通过该选项卡下载 RobotStudio 的相关资源，如图 1－7 所示。

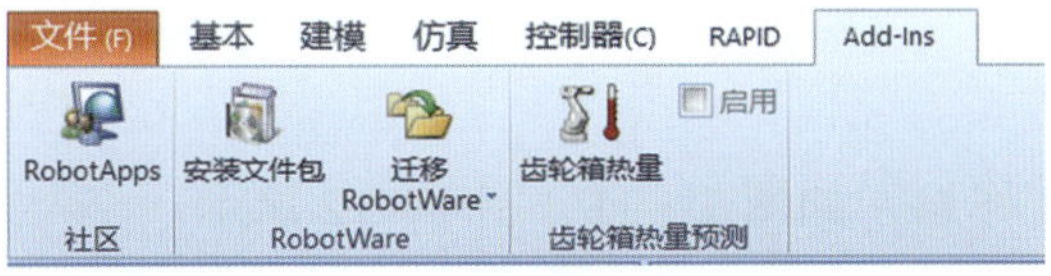

图 1－7　“Add-Ins”功能选项卡

笔记栏

2. 恢复默认 RobotStudio 界面的操作

在初次操作 RobotStudio 时，可能会遇到操作窗口意外关闭的情况，导致无法找到相应的操作对象，难以查看相关信息，如图 1-8 所示。

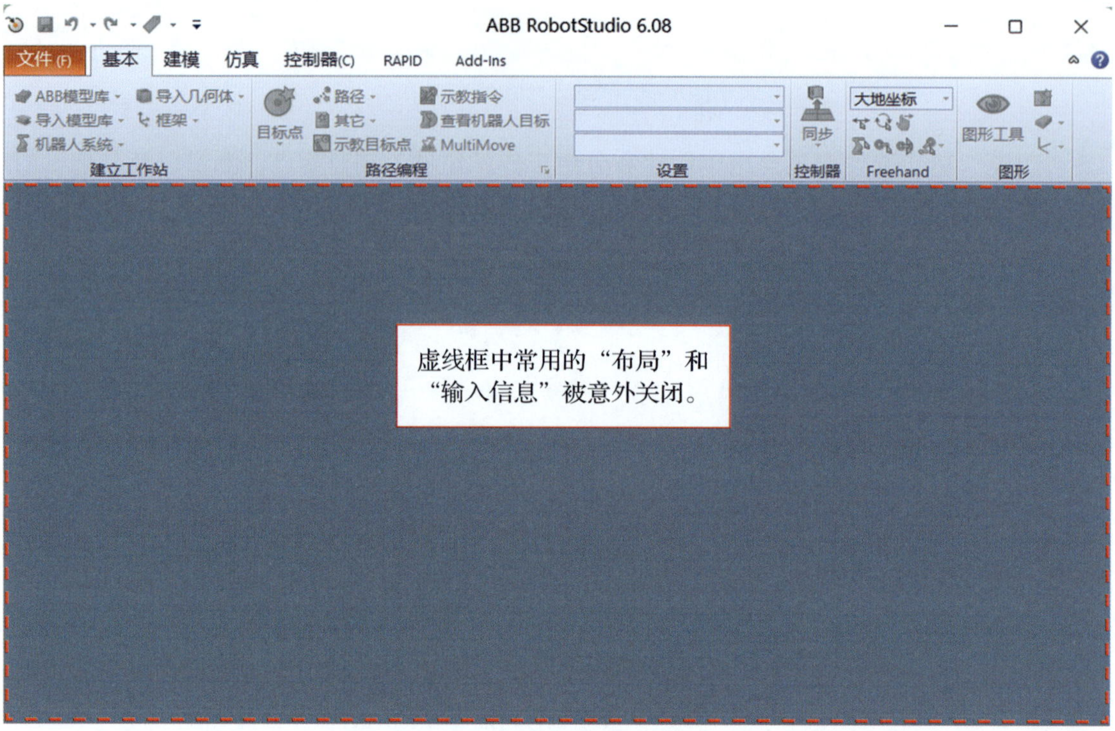

图 1-8　操作窗口意外关闭

对此，可通过图 1-9、图 1-10 所示的操作恢复默认的 RobotStudio 界面。

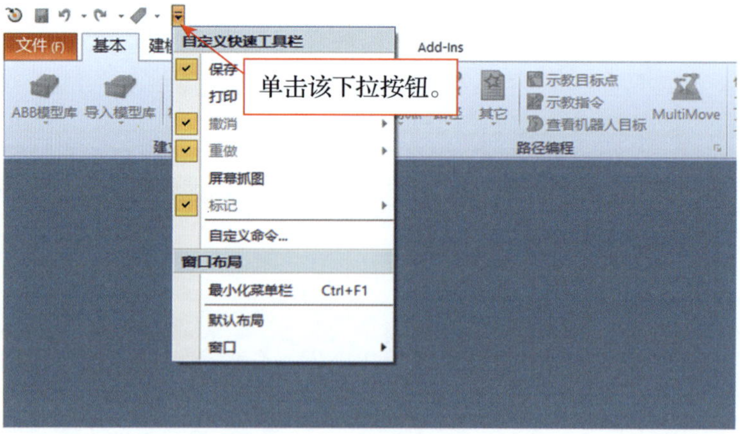

图 1-9　单击下拉按钮

二、布局工业机器人基本工作站

(一) 建立工作站

建立工作站并进入工作站，如图 1-11、图 1-12 所示。

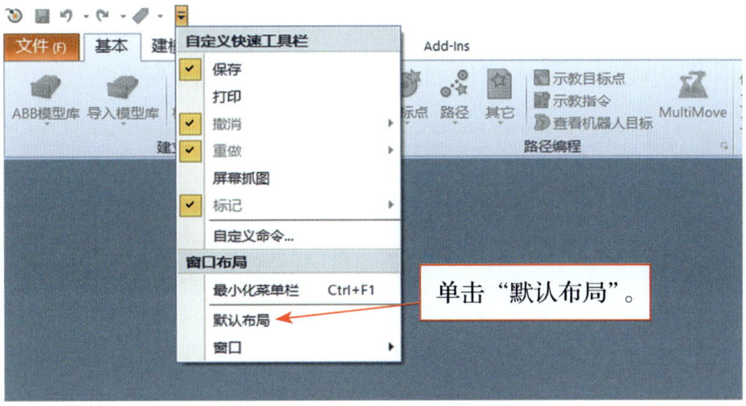

图 1－10　恢复默认的窗口布局

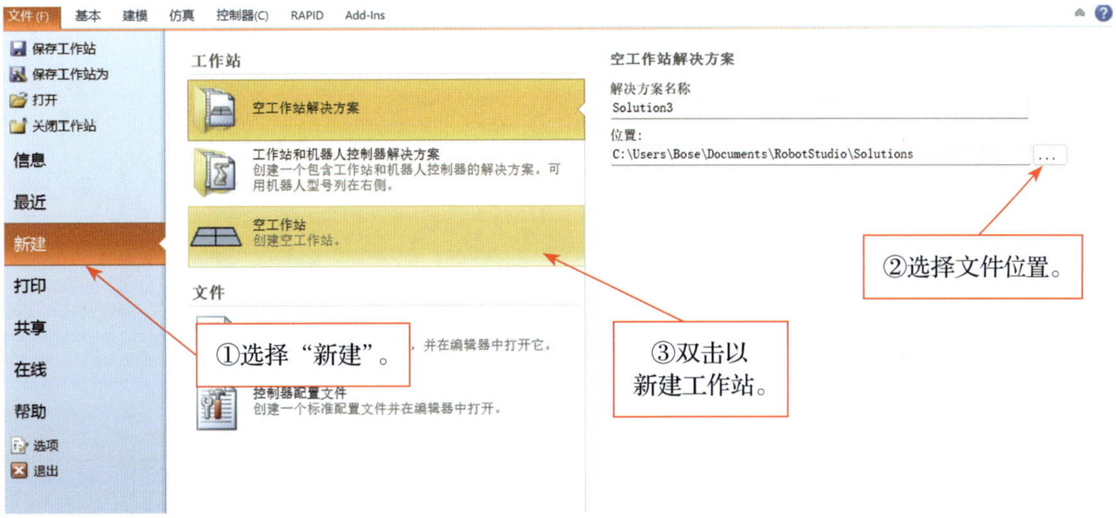

图 1－11　建立工作站

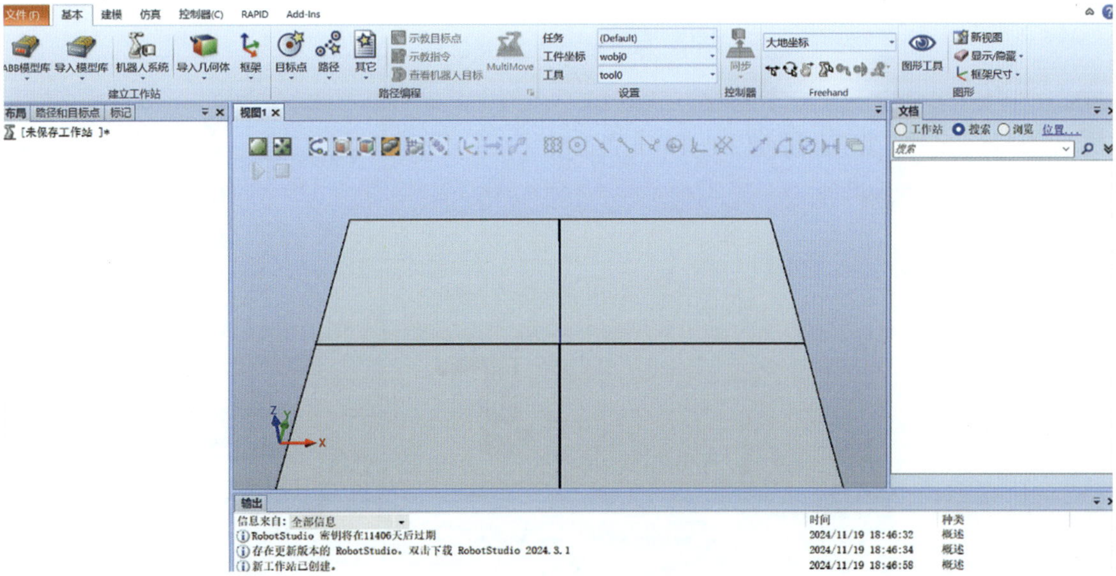

图 1－12　工作站的显示效果

笔记栏

（二）导入机器人和周边模型

导入机器人和周边模型的具体操作如图 1－13 至图 1－18 所示。

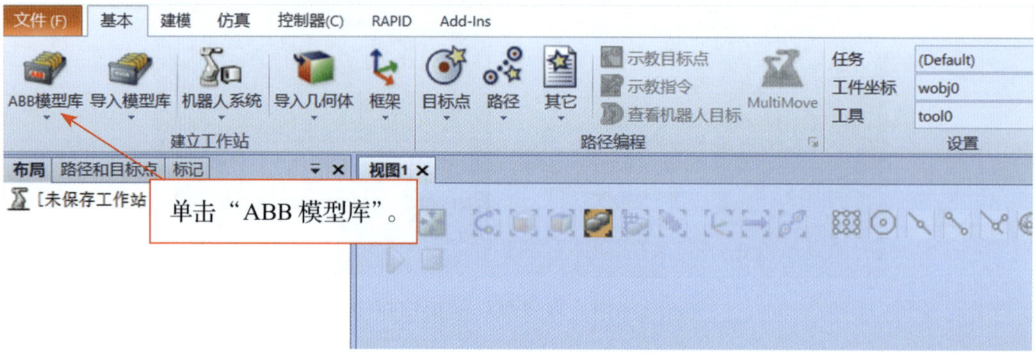

图 1－13　打开 ABB 机器人模型库

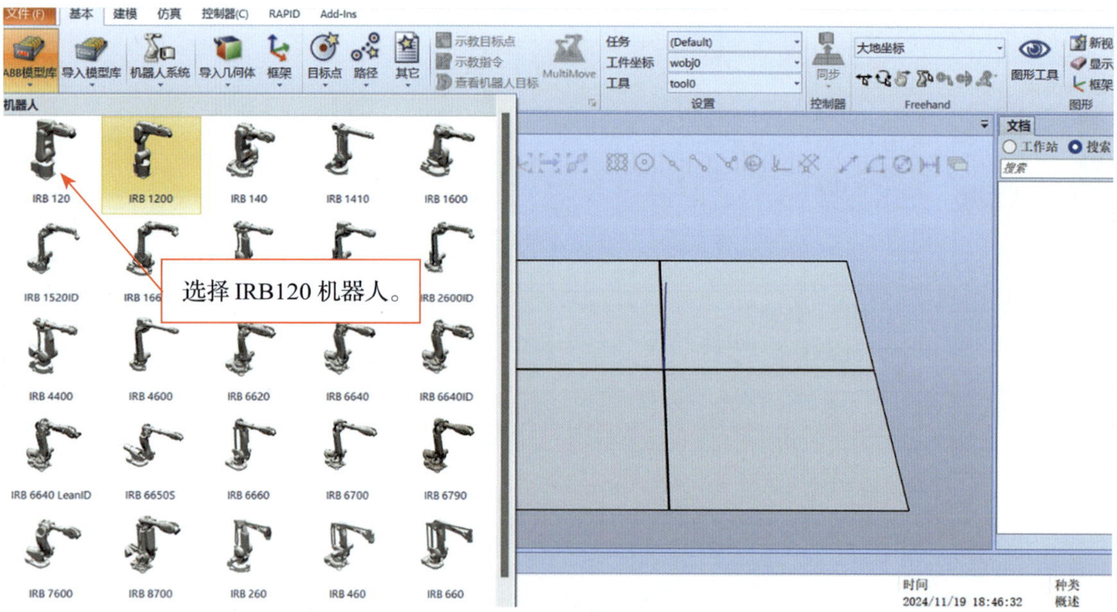

图 1－14　导入指定的 ABB 机器人模型

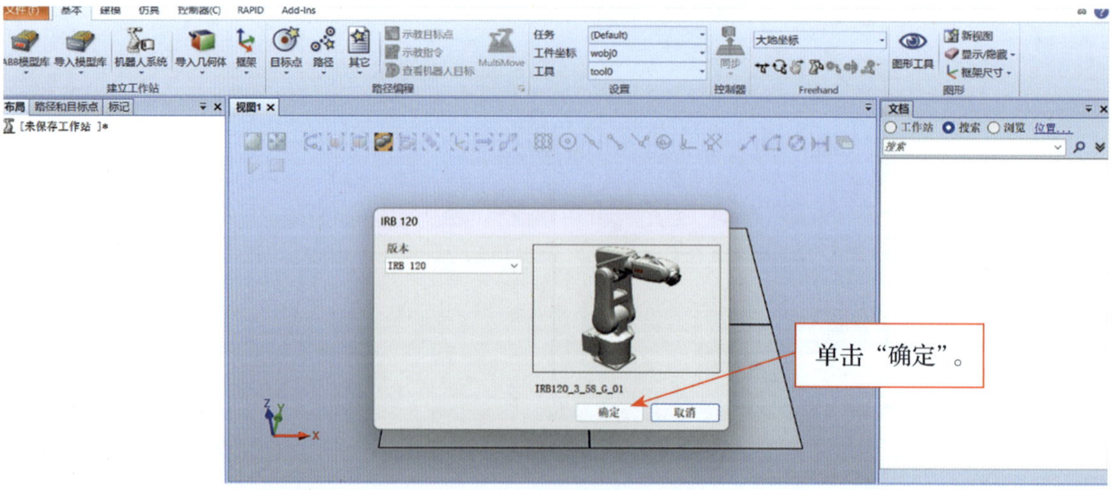

图 1－15　选择机器人的版本

笔记栏

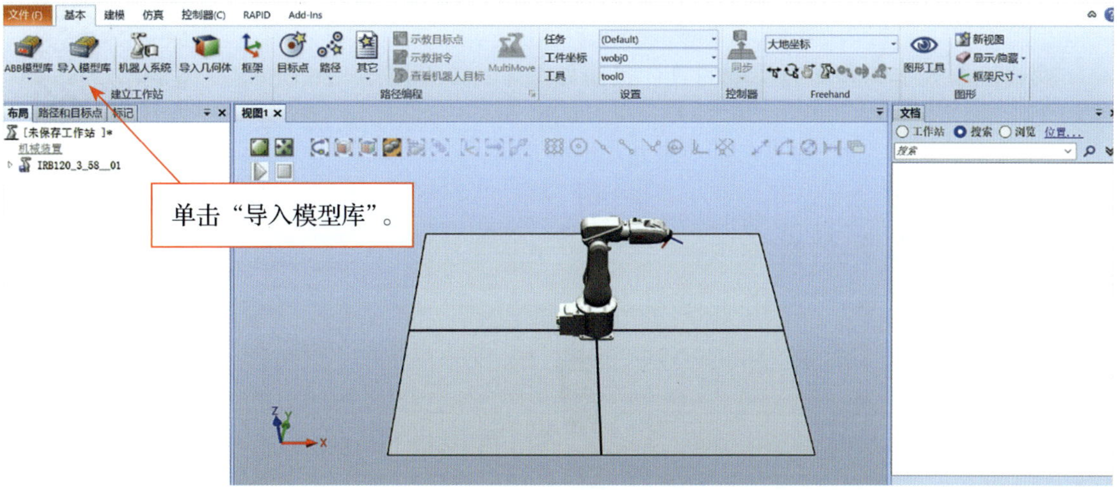

图 1－16　导入模型库

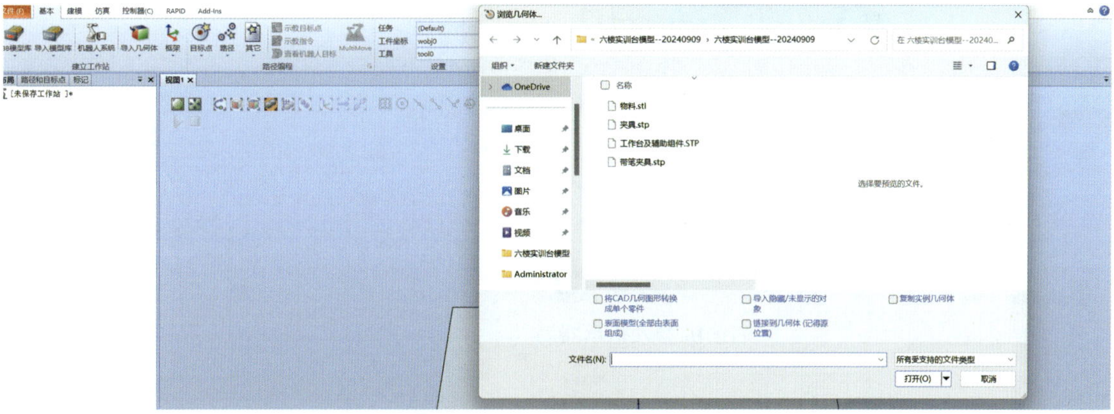

图 1－17　选择具体模型

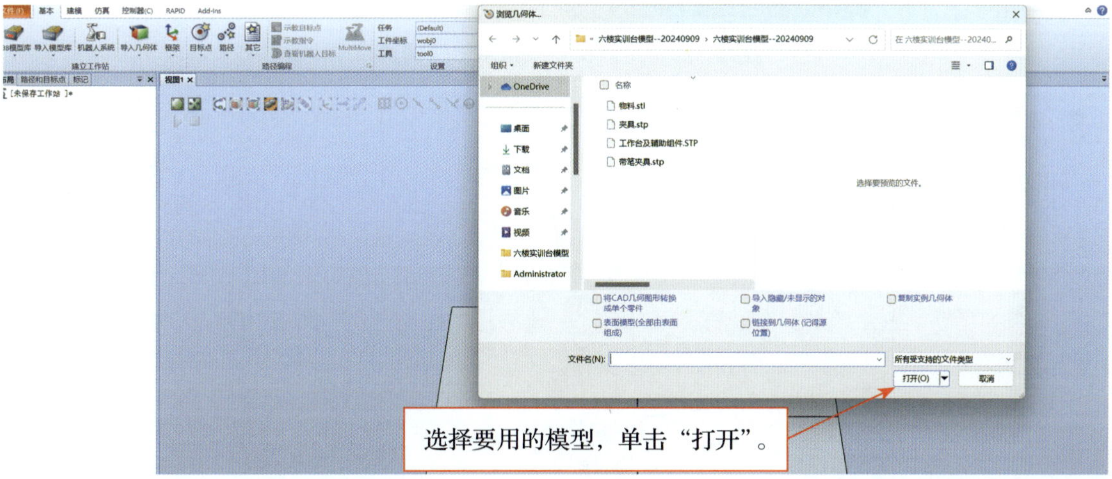

图 1－18　导入软件模型

笔记栏

（三）摆放机器人本体和周边模型

摆放机器人本体和周边模型的具体操作如图 1－19 至图 1－26 所示。

工业机器人模型布局

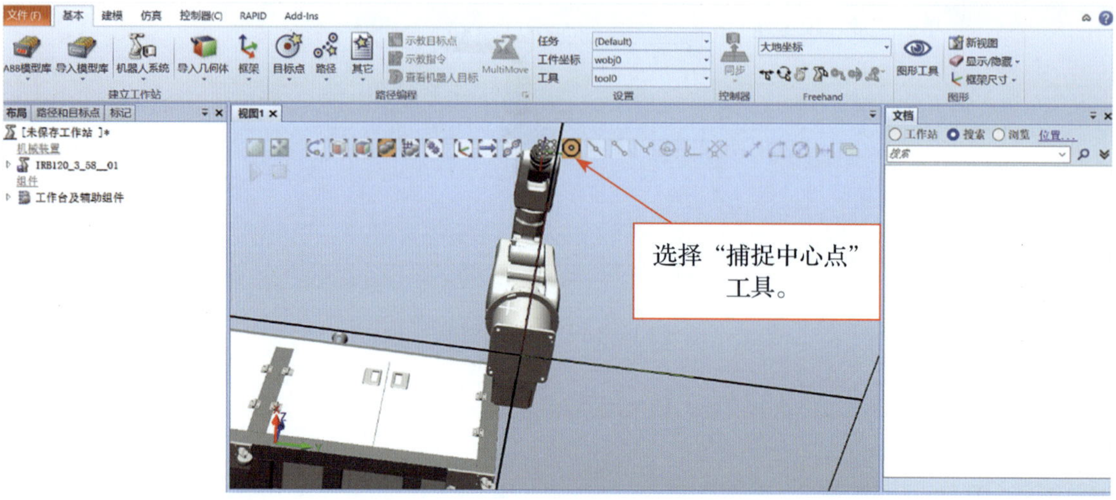

图 1－19　捕捉中心点

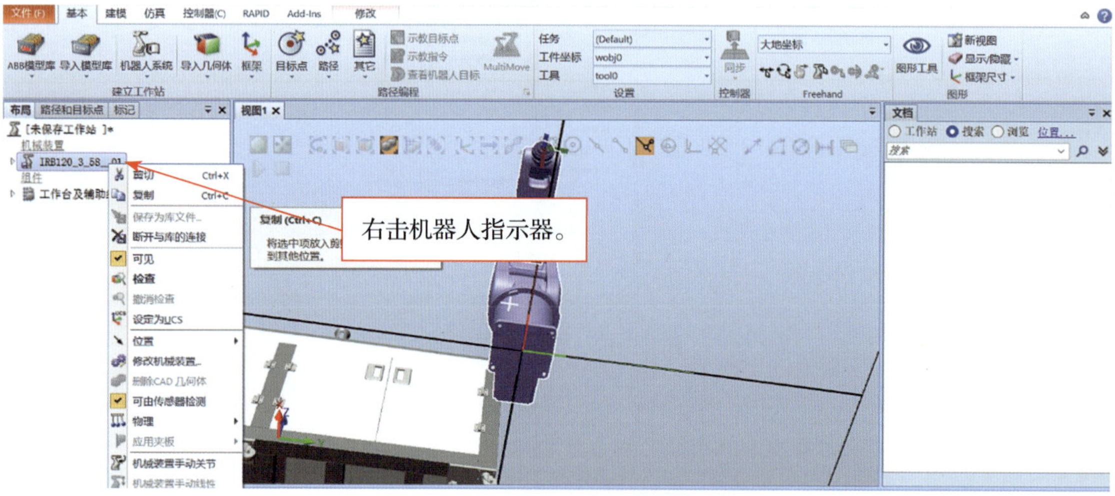

图 1－20　打开机器人指示器快捷菜单

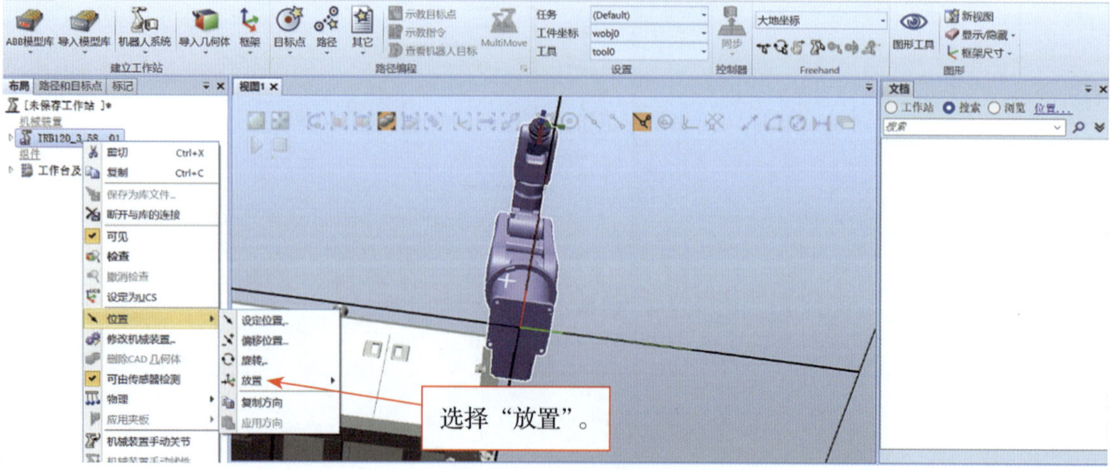

图 1－21　放置机器人

笔记栏

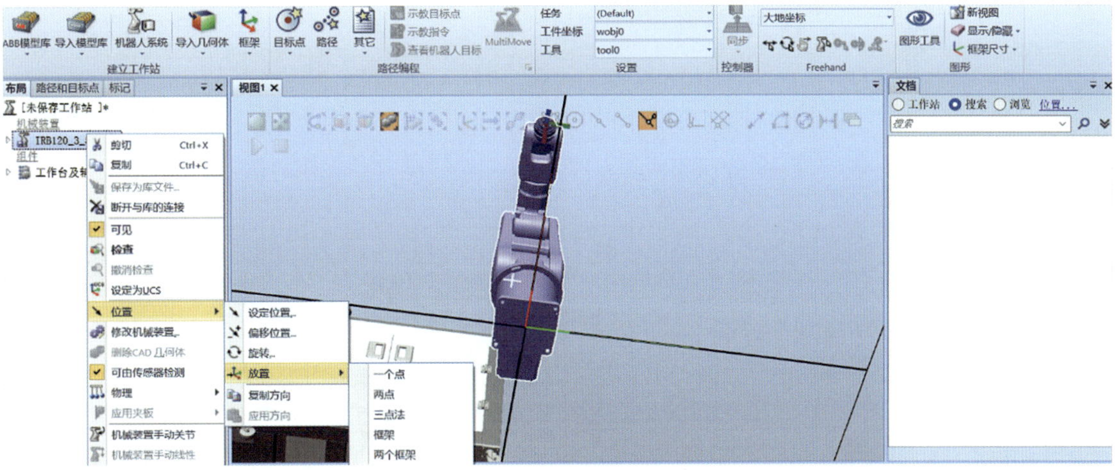

图 1－22　放置点位方法选择

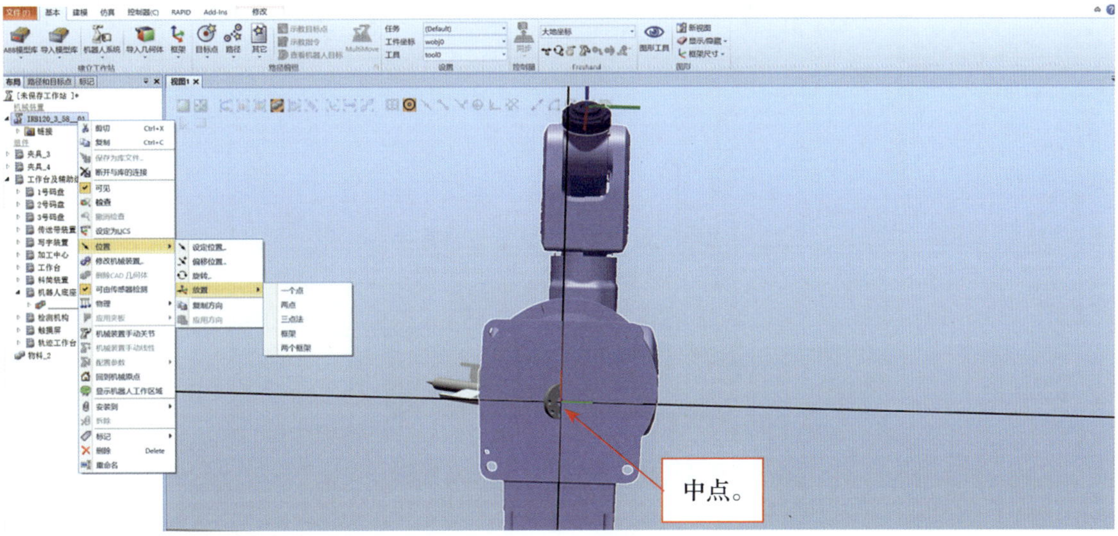

图 1－23　选择中点

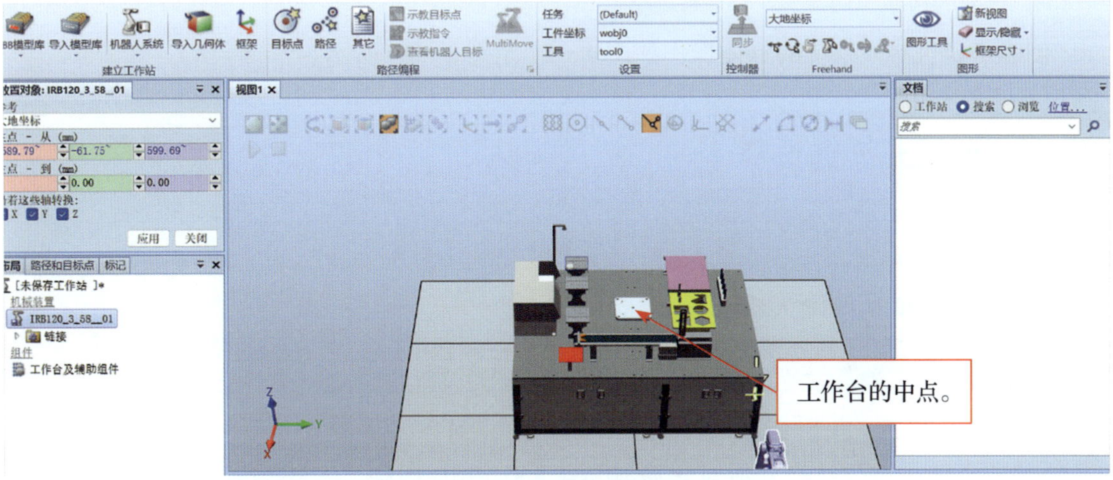

图 1－24　选择工作台的中点

笔记栏

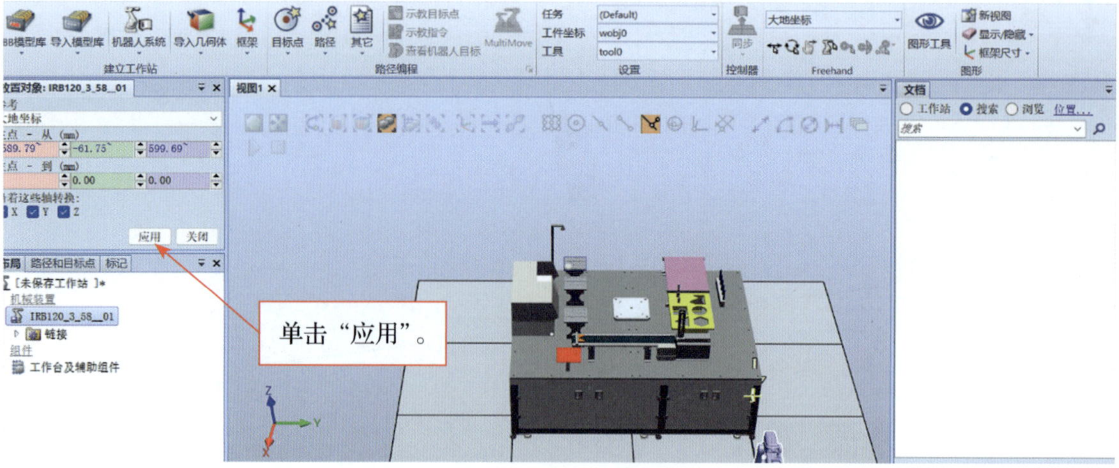

图 1－25　应用参数设置

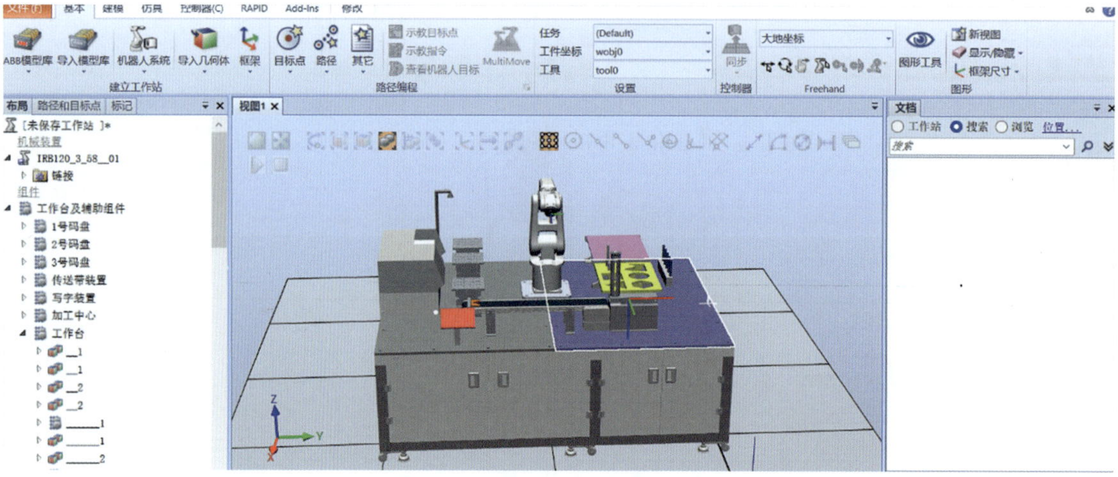

图 1－26　放置后的位置示意图

三、创建工业机器人系统与手动模拟

（一）创建工业机器人系统

创建工业机器人系统的具体操作如图 1－27 至图 1－39 所示。

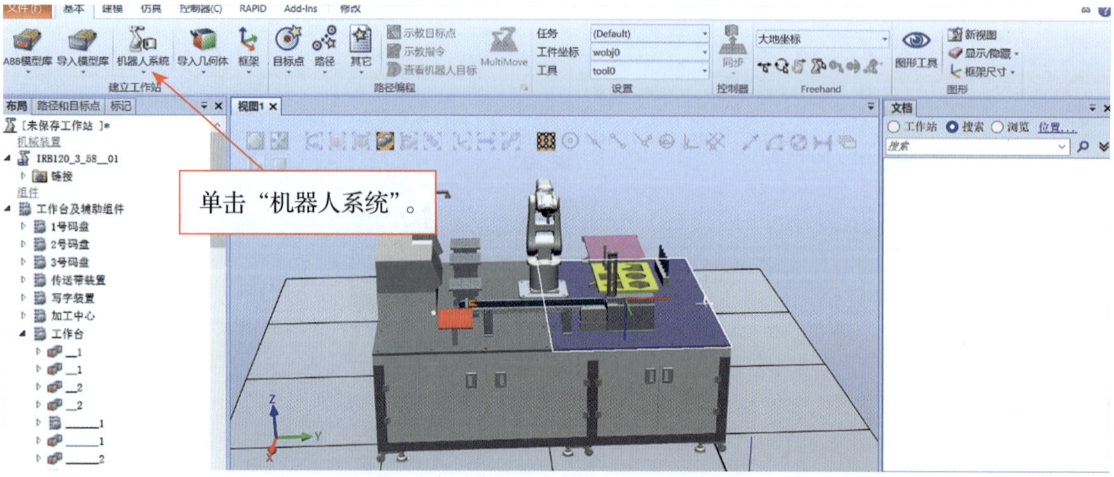

图 1－27　打开“机器人系统”菜单

笔记栏

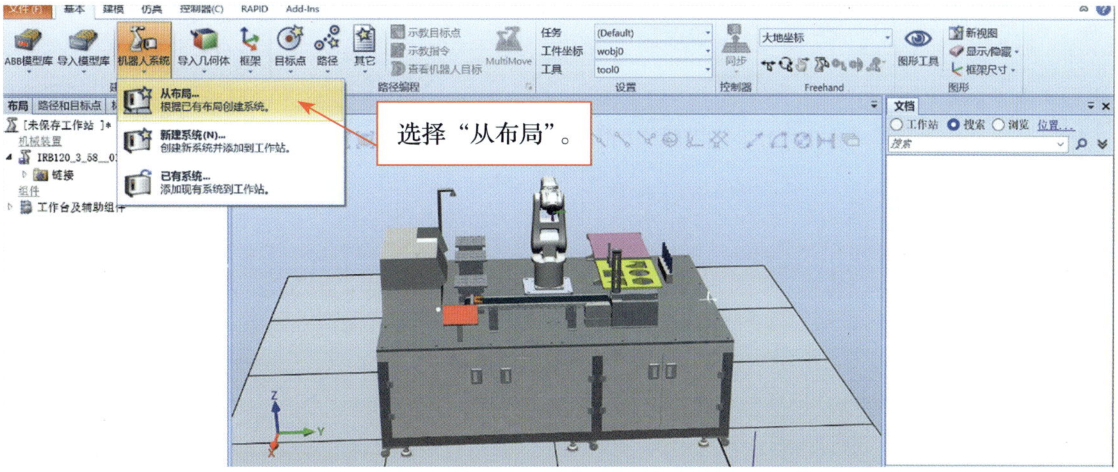

图 1－28　从布局创建机器人系统

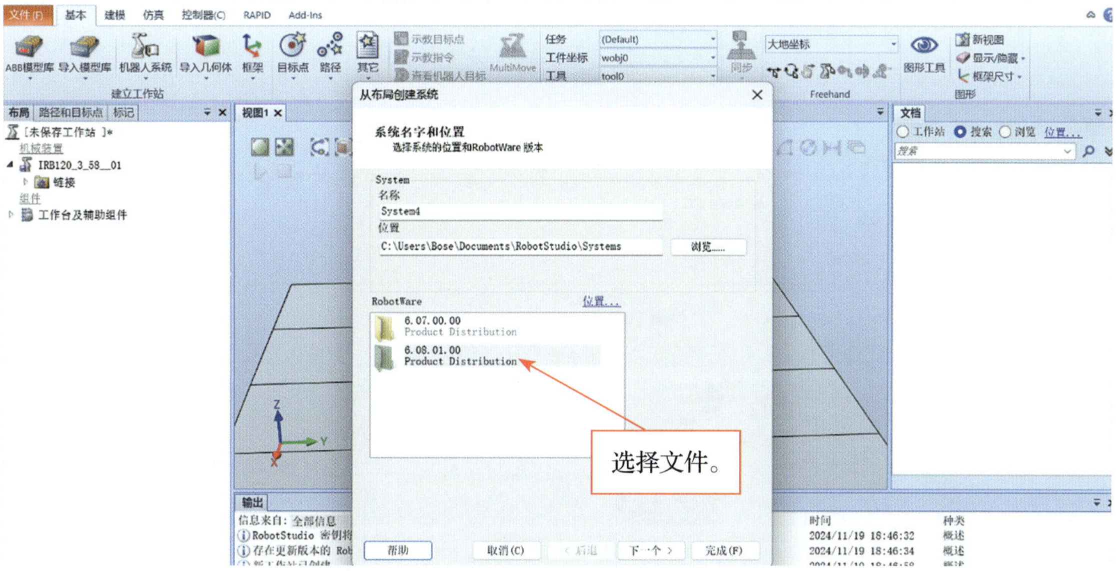

图 1－29　选择机器人系统的 Ware 文件

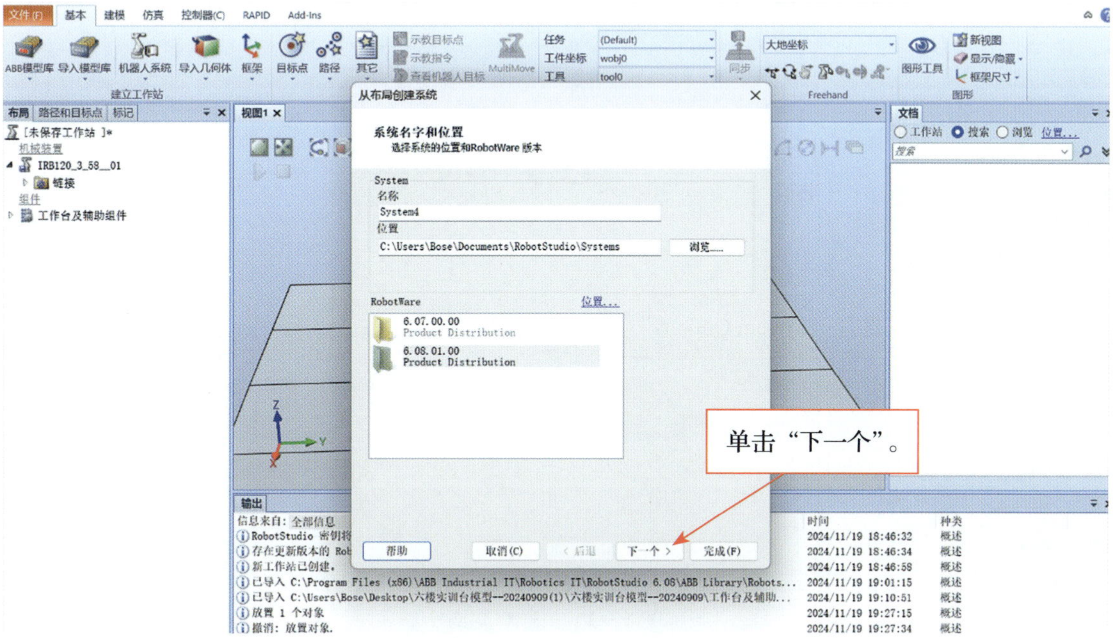

图 1－30　选好文件后继续

笔记栏

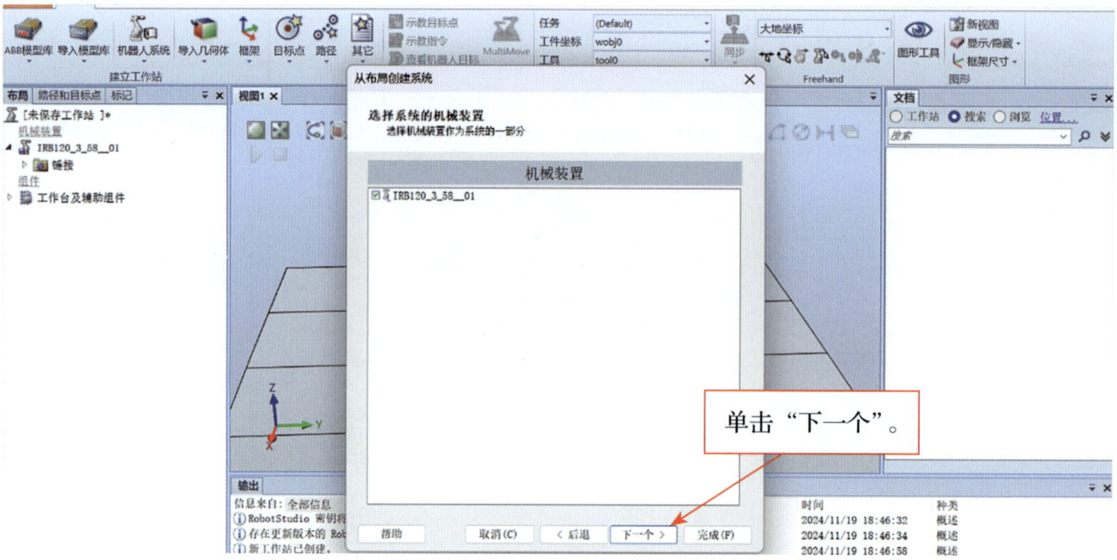

图 1－31　机器人系统机械装置设置

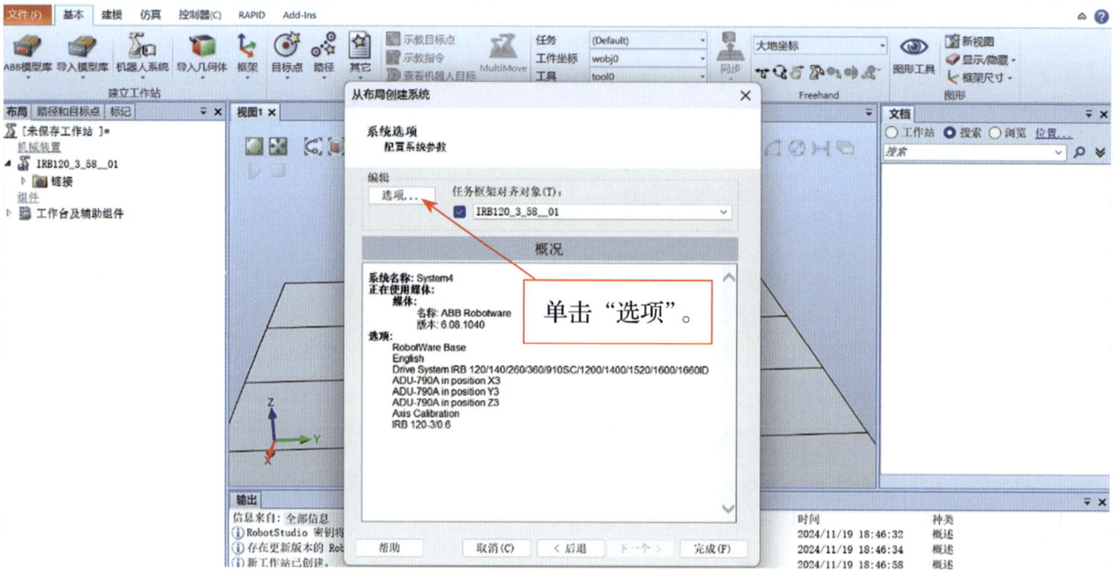

图 1－32　机器人系统选项设置

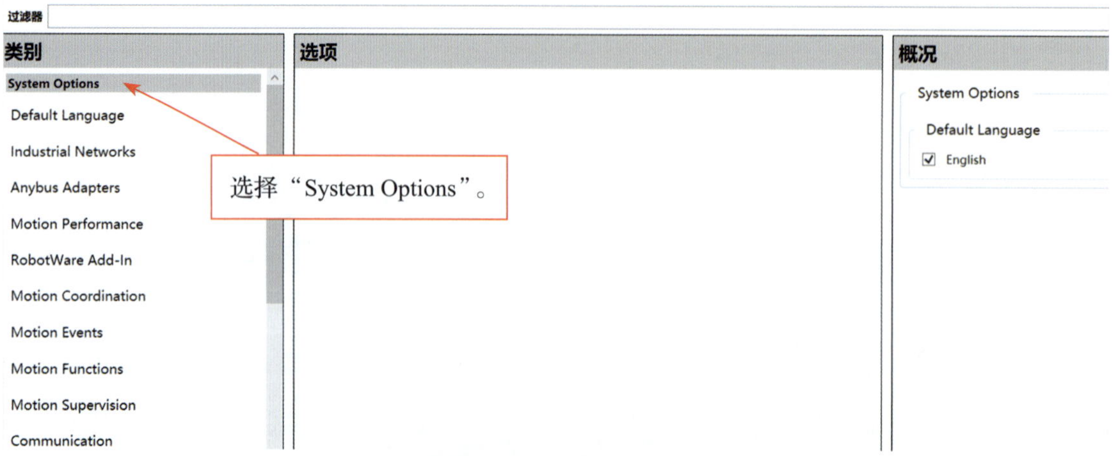

图 1－33　语言选择

笔记栏

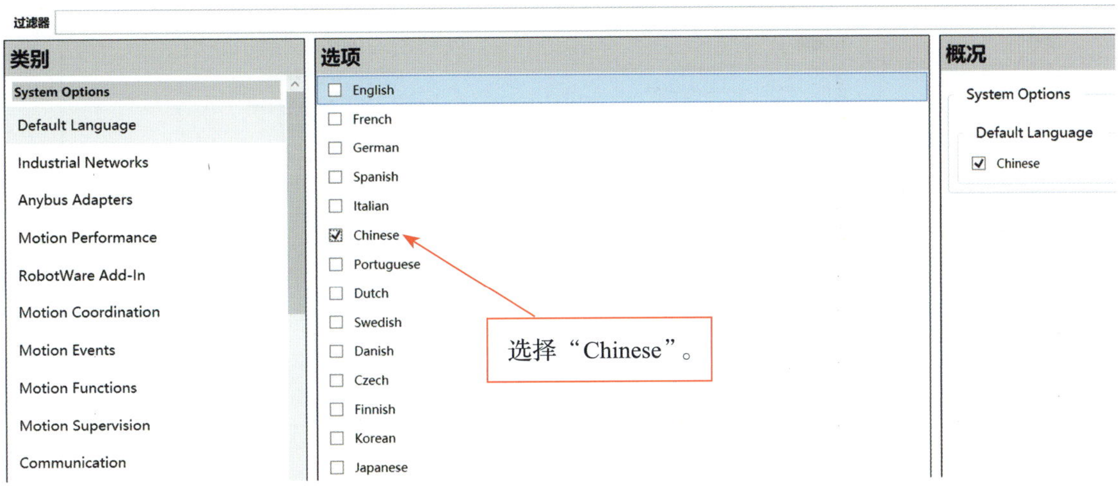

图 1－34　选择中文

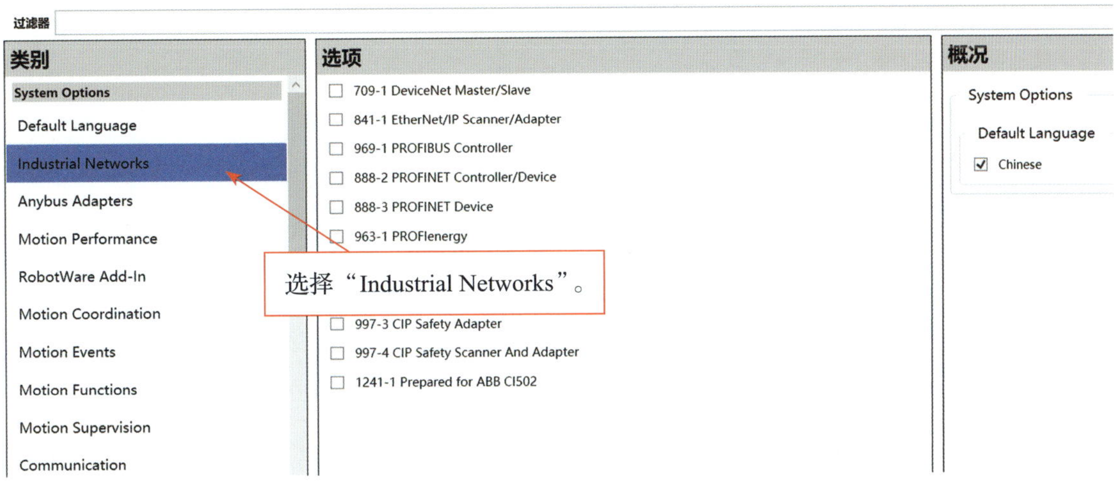

图 1－35　选择机器人系统网络配置文件

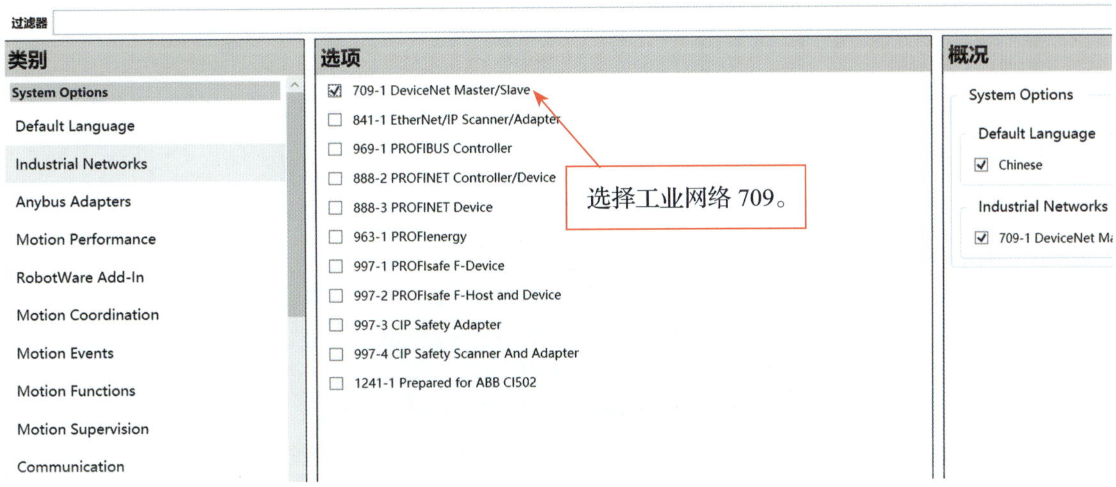

图 1－36　选择 DeviceNet 通信

笔记栏

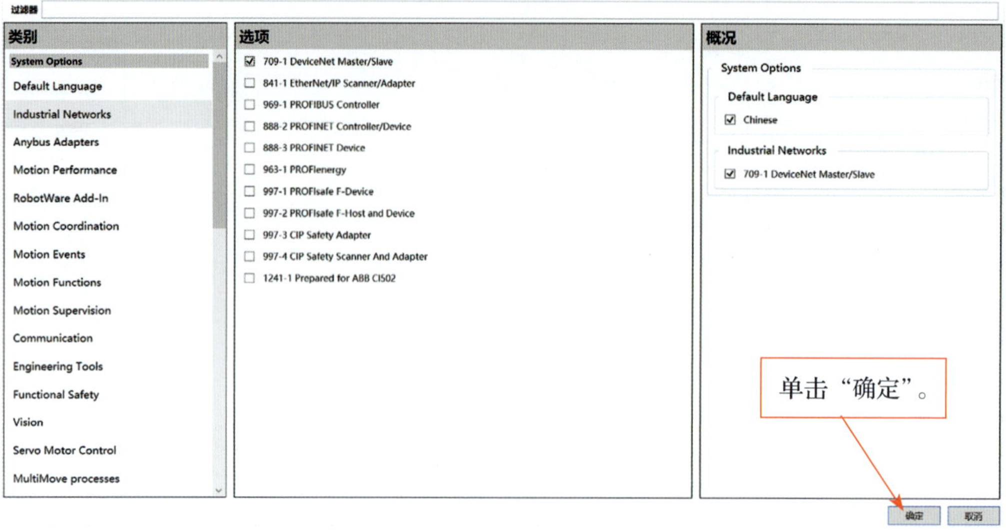

图 1－37　确认选项

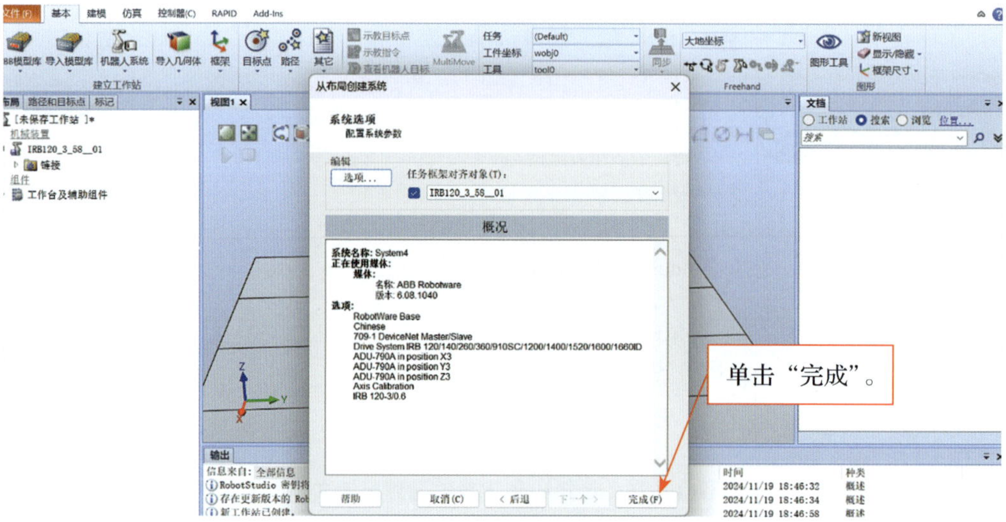

图 1－38　设置完成

图 1－39　机器人系统响应中

笔记栏

（二）设置工业机器人手动操作模式

设置工业机器人手动操作模式的具体操作如图 1－40 至图 1－43 所示。

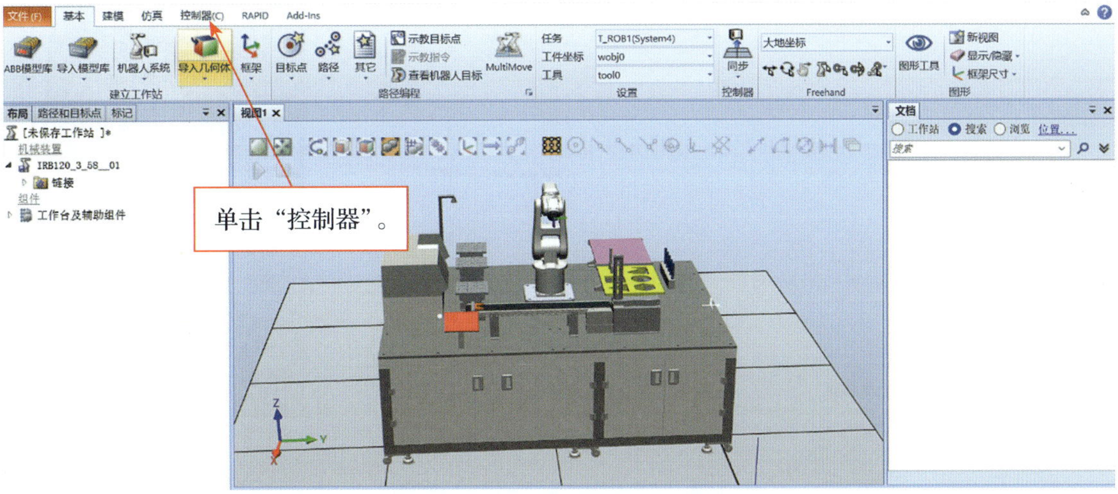

图 1－40 打开“控制器”菜单

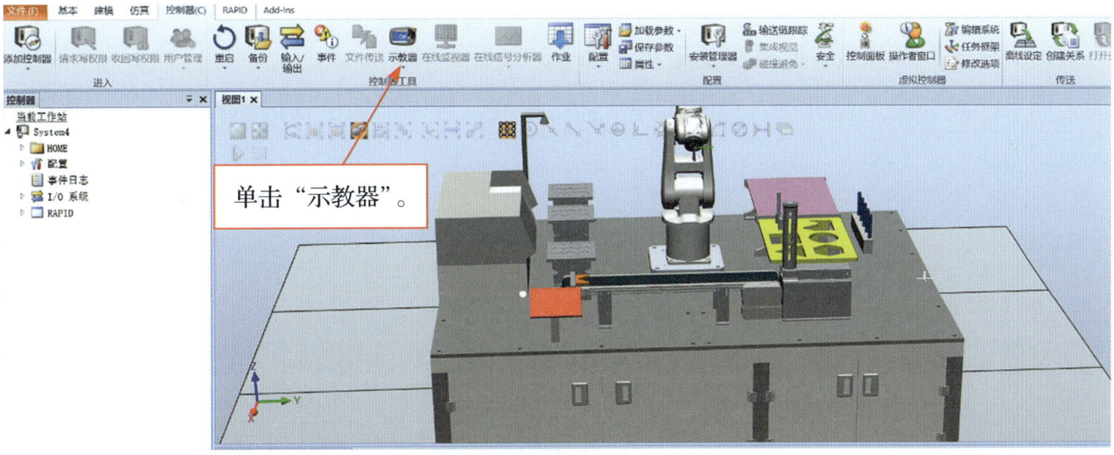

图 1－41 单击“示教器”以打开示教器界面

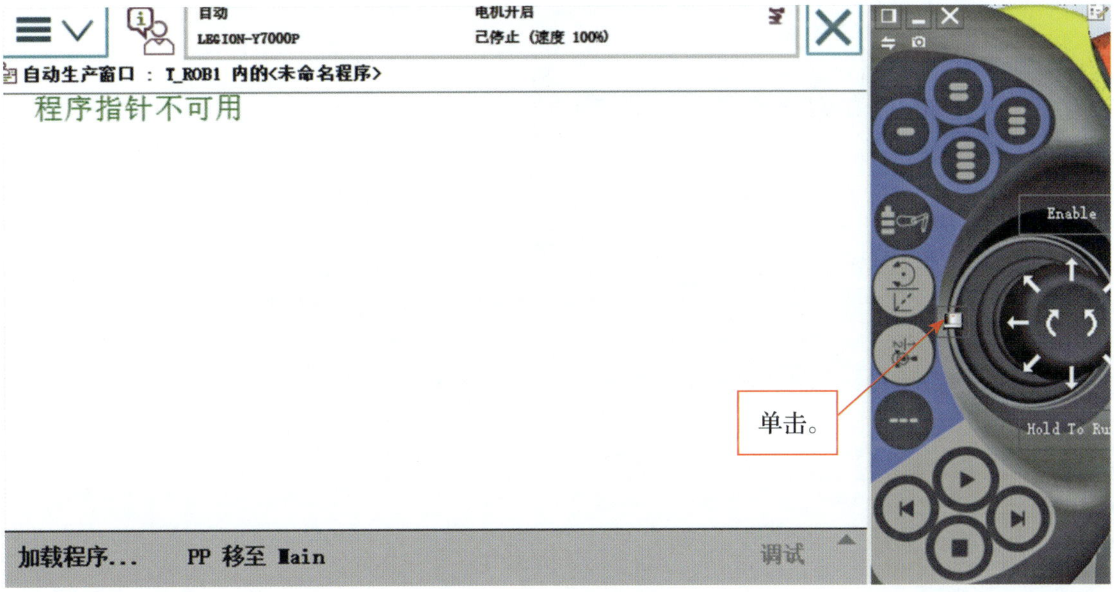

图 1－42 示教器界面

笔记栏

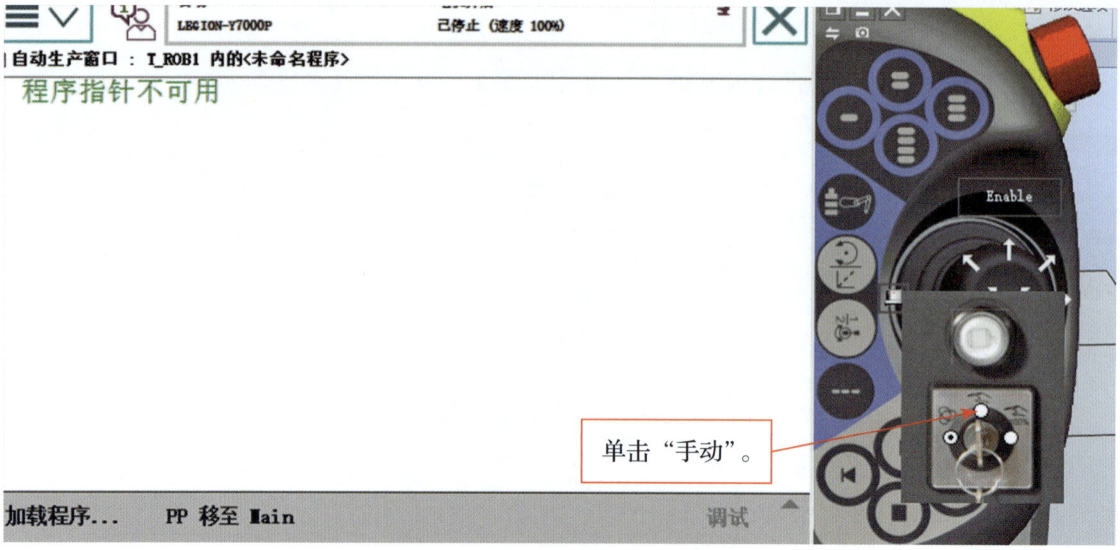

图 1-43　设为“手动”模式

手动操作分为线性运动和单轴运动，在控制工业机器人的过程中，如果要求工业机器人末端法兰盘的姿态保持不变，则采用线性运动。需要注意的是，工业机器人在线性运动的过程中会出现奇异点，此时需要采用单轴运动绕开奇异点。

如果已经知道工业机器人点位的各个轴的角度，可以采用单轴运动，比如令工业机器人回原点。

四、创建工业机器人用画笔工具

（一）设定工具的本体原点

设定工具的本体原点的具体操作如图 1-44 至图 1-48 所示。

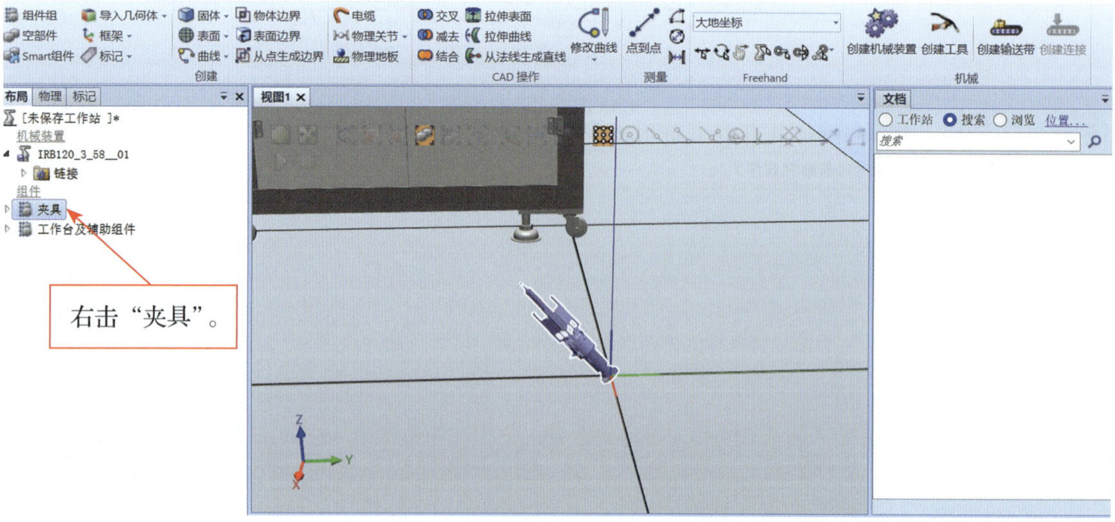

图 1-44　打开“夹具”快捷菜单

笔记栏

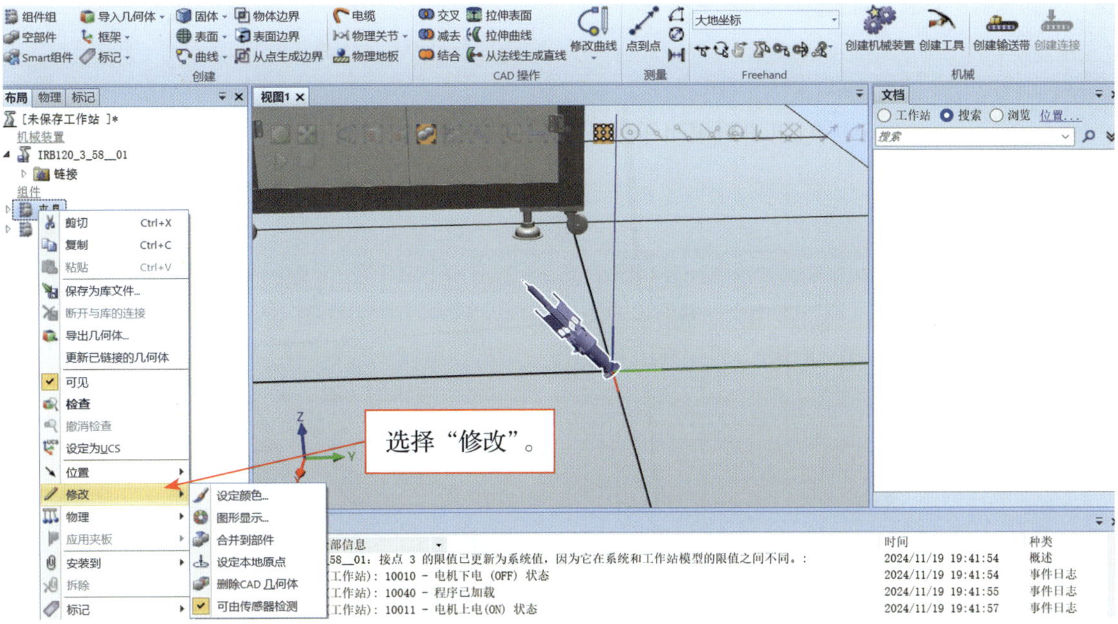

图 1－45　打开“修改”子菜单

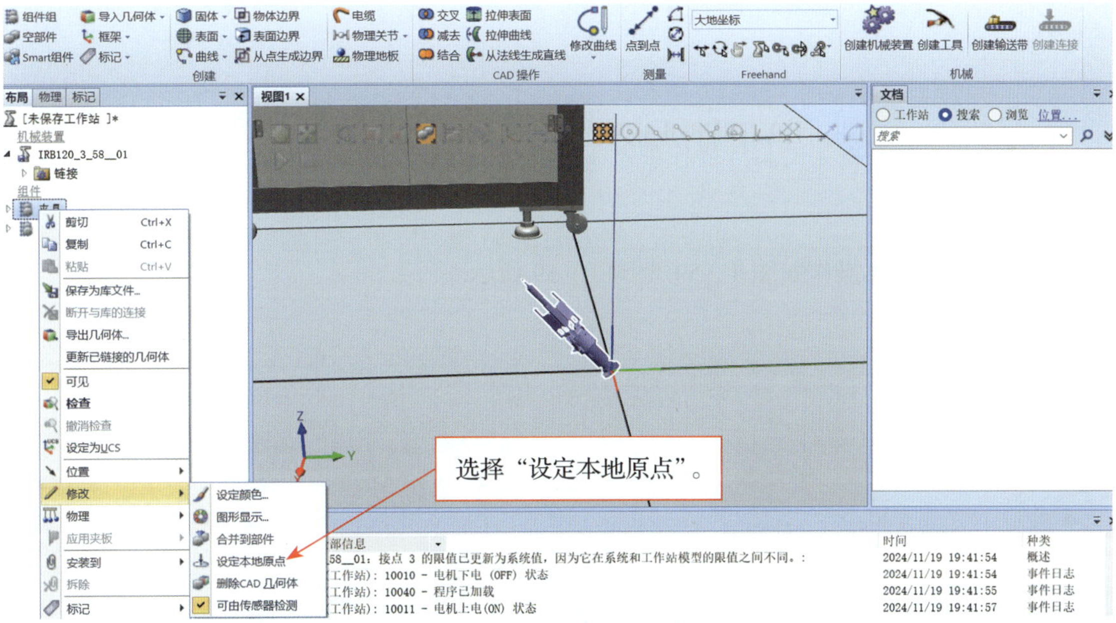

图 1－46　设定本地原点

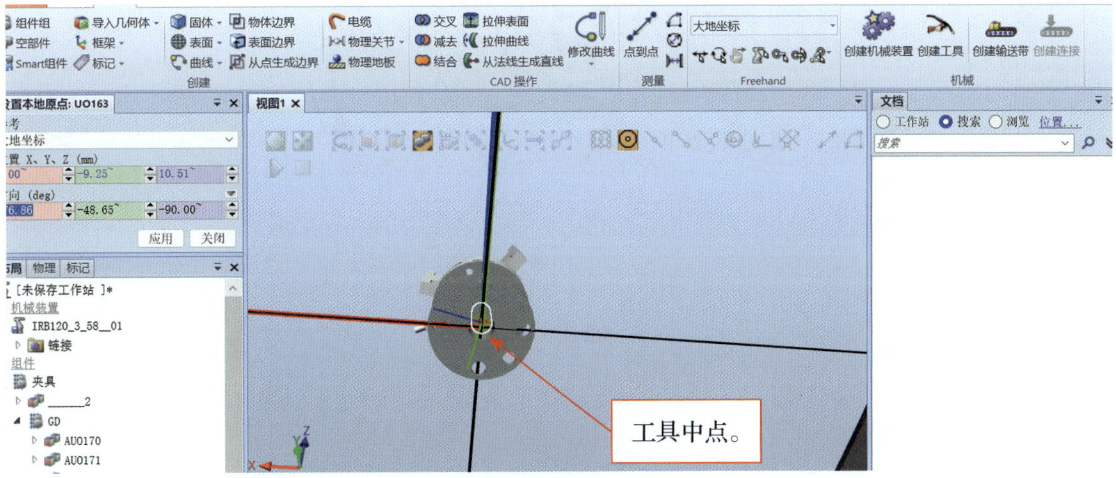

图 1－47　选择工具中心为原点

笔记栏

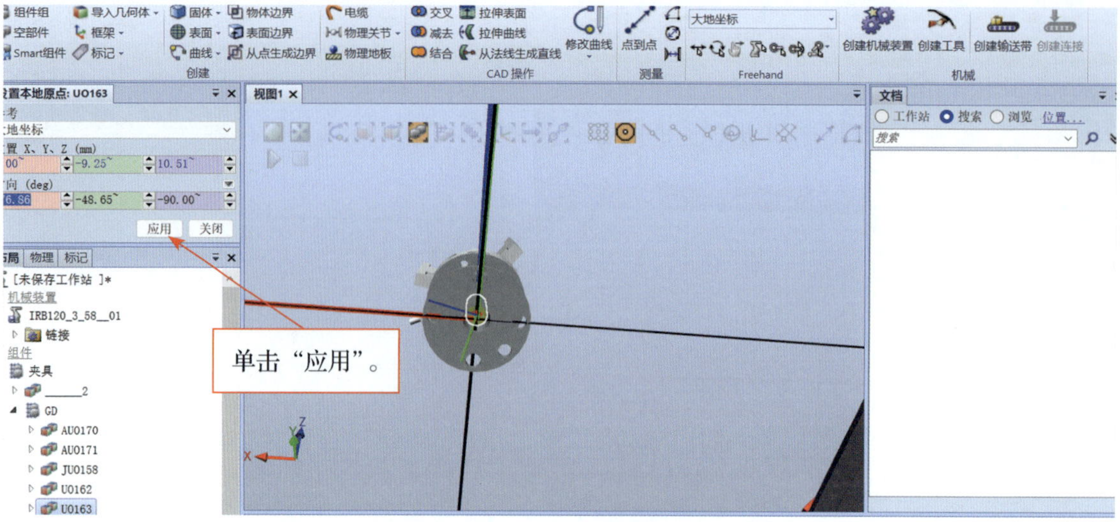

图 1－48　应用参数设置

对选中的夹具进行位置修改，使其可以移动至工业机器人的六轴法兰盘。设定本地原点，便于工业机器人的位置计算。以工具的中心为坐标原点，便于实现工业机器人坐标系的偏移。

（二）创建工具坐标系框架

创建工具坐标系框架的具体操作如图 1－49 至图 1－52 所示。

（三）创建工具

创建工具的具体操作如图 1－53 至图 1－59 所示。

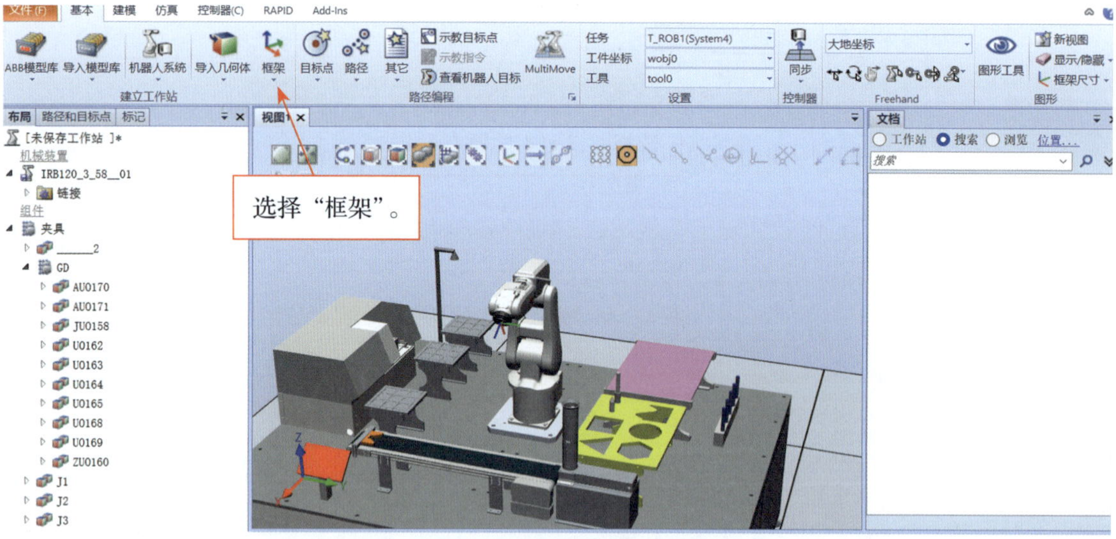

图 1－49　打开“框架”菜单

笔记栏

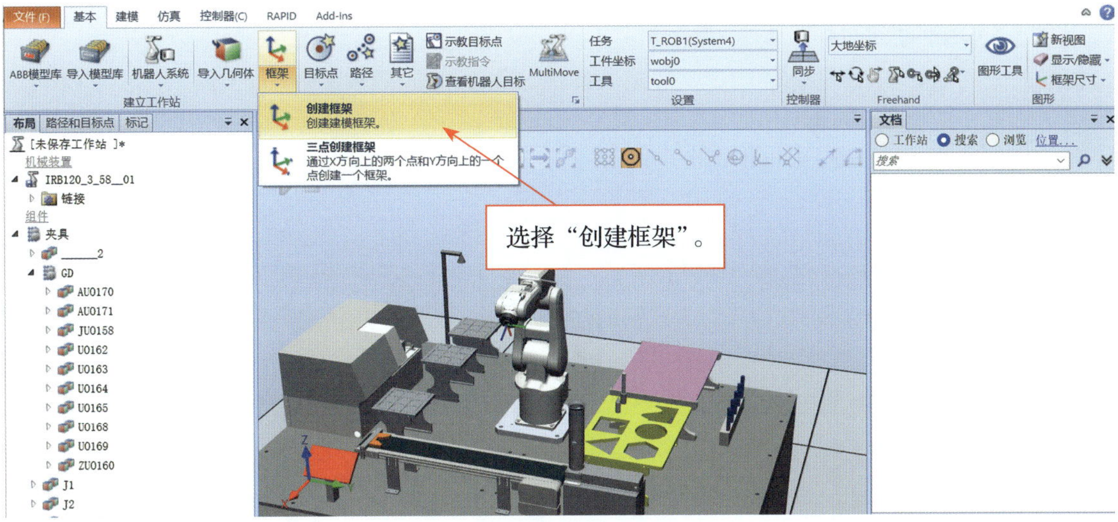

图 1－50　选择框架创建模式

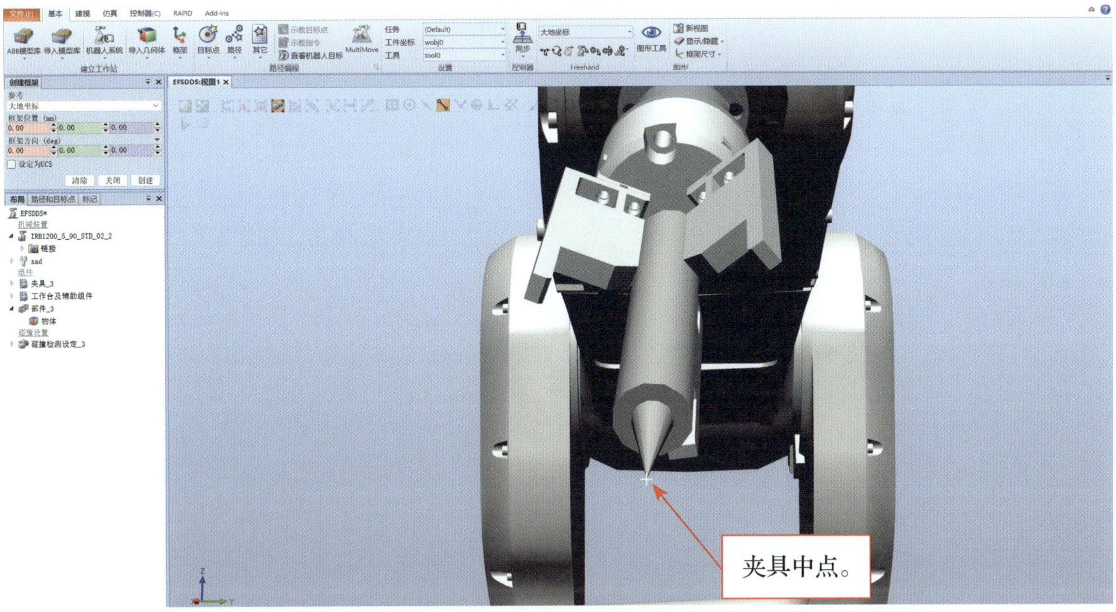

图 1－51　选择夹具中点

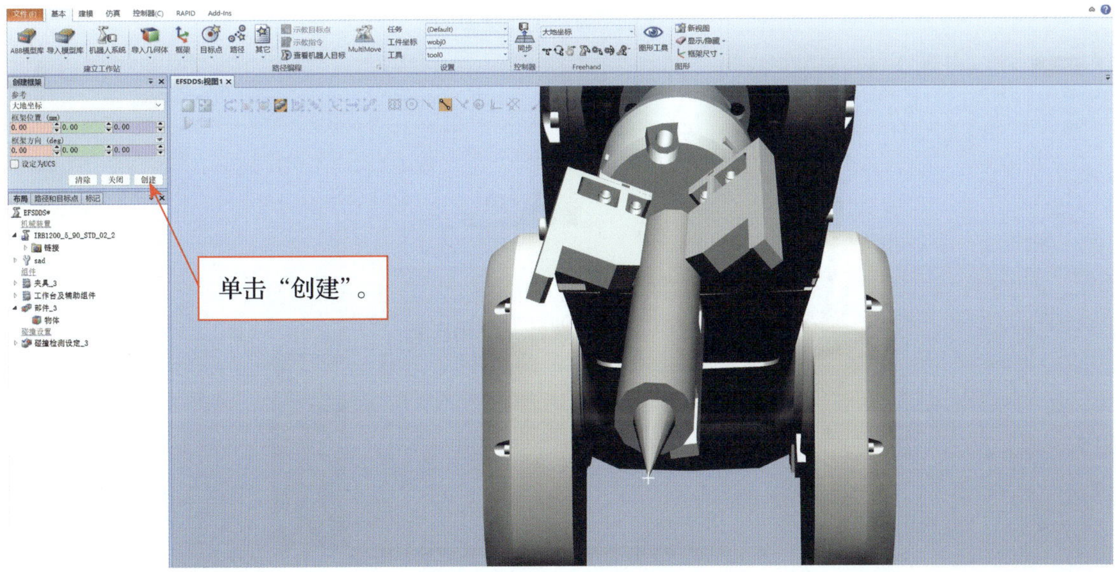

图 1－52　创建完成

笔记栏

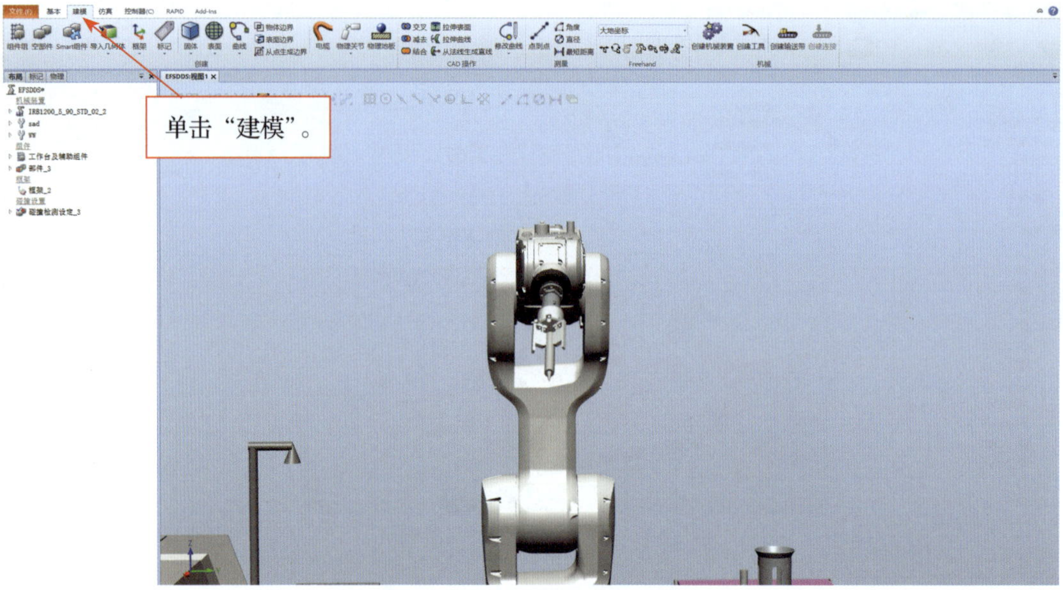

图 1－53　打开“建模”菜单

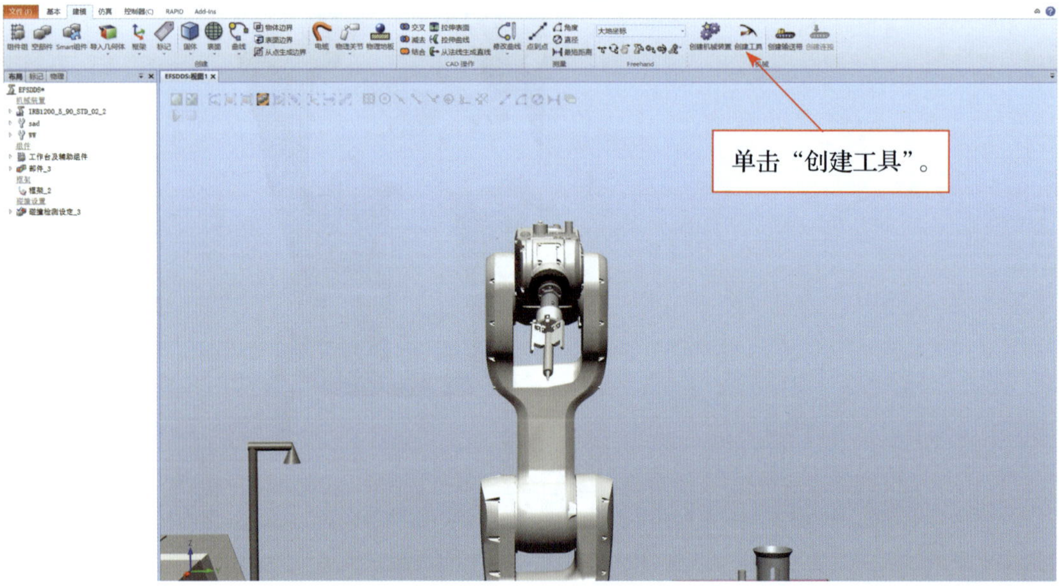

图 1－54　创建工具

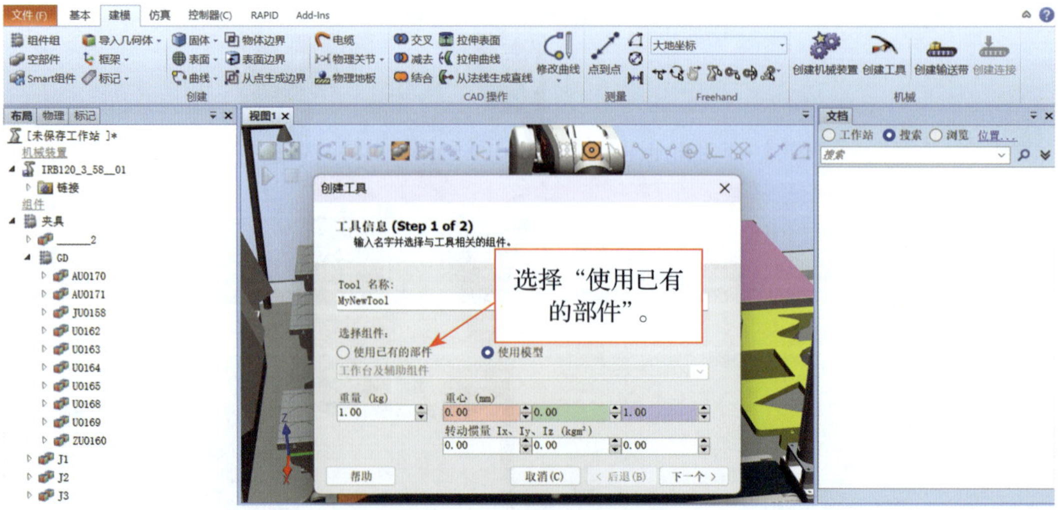

图 1－55　使用已有的部件创建工具

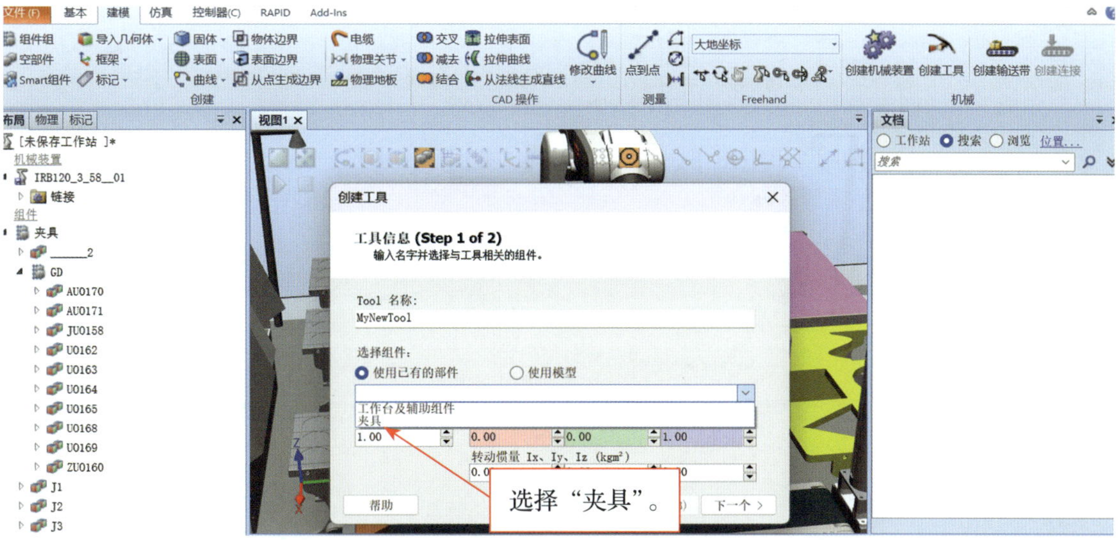

图 1－56　在下拉列表中选择已有的部件

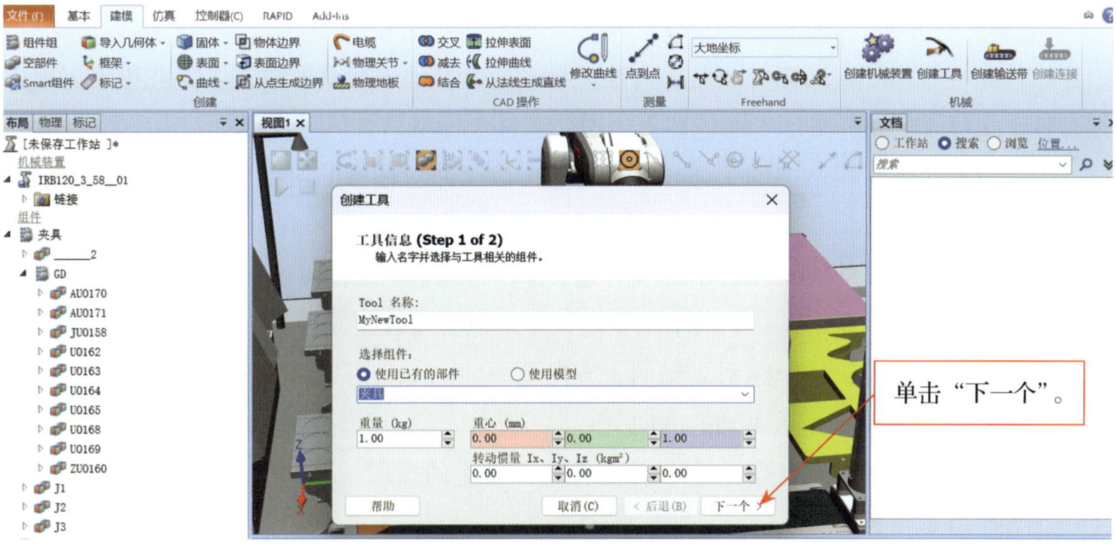

图 1－57　确认工具信息

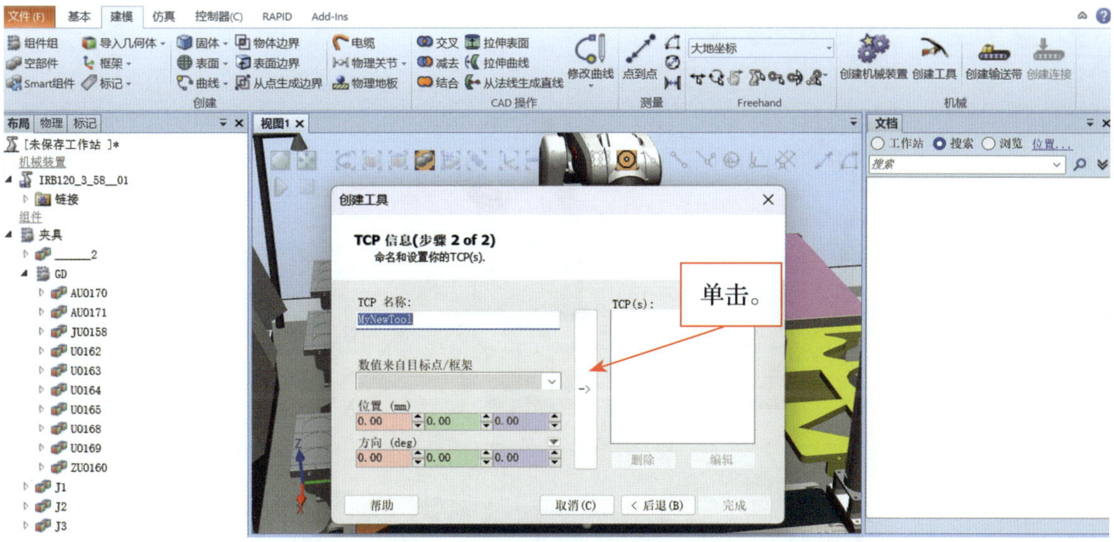

图 1－58　将“MyNewTool”移至“TCP”栏

笔记栏

笔记栏

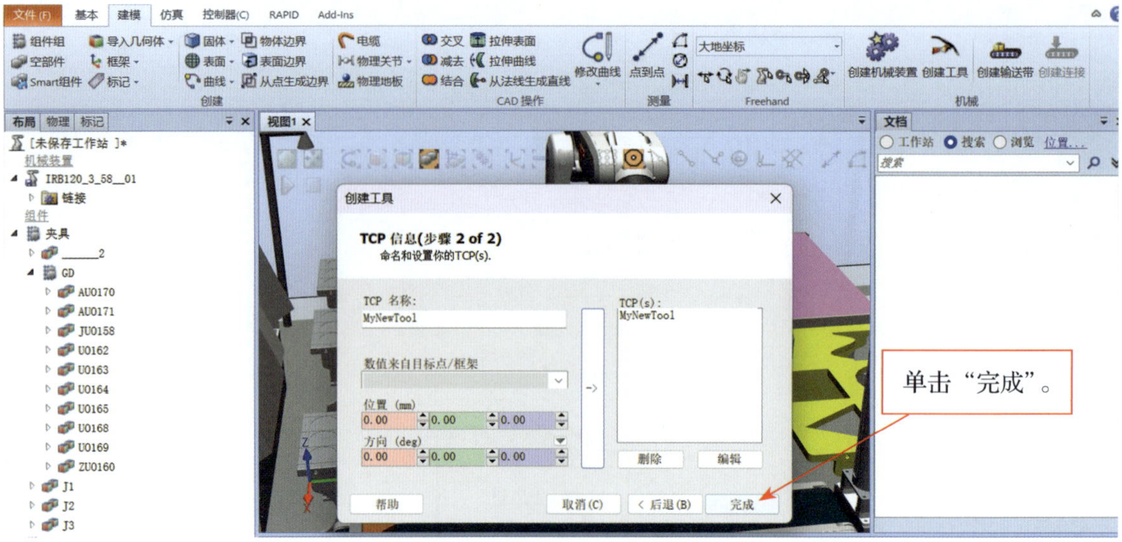

图 1－59　创建完成

五、创建工业机器人工件坐标系

工件坐标系用于定义工件相对于大地坐标系或者其他坐标系的位置。工业机器人可以拥有若干工件坐标系。对于工业机器人来说，工件坐标系具有以下优点：

（1）重新定位工作站中的工件时，只需要更改工件坐标系的位置，所有路径便可随之更新。

（2）允许操作以外轴或传送导轨移动的工件，因为整个工件可连同其路径一起移动。

工件坐标系的设定：在对象的平面上定义 3 个点就可以建立一个工件坐标系。

（1）X_1、X_2 确定工件坐标系 X 轴的正方向。

（2）Y_1 确定工件坐标系 Y 轴的方向。

（3）工件坐标系的原点是 Y_1 在工件坐标系 X 轴上的投影。

工件坐标系符合右手定则。

创建工业机器人轨迹工件坐标系的具体操作如图 1－60 至图 1－65 所示。

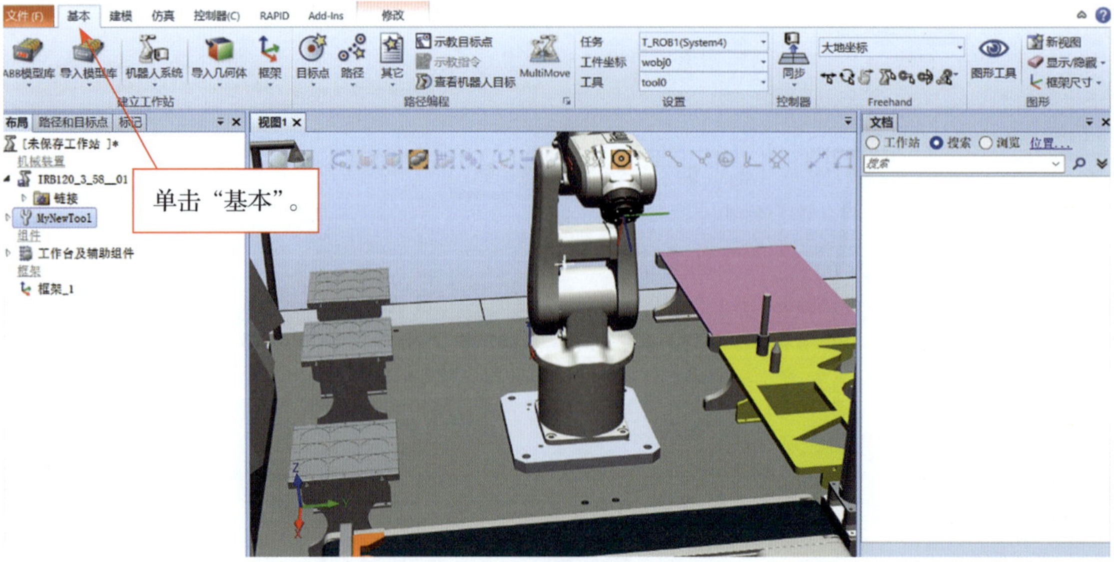

图 1－60　打开“基本”菜单

笔记栏

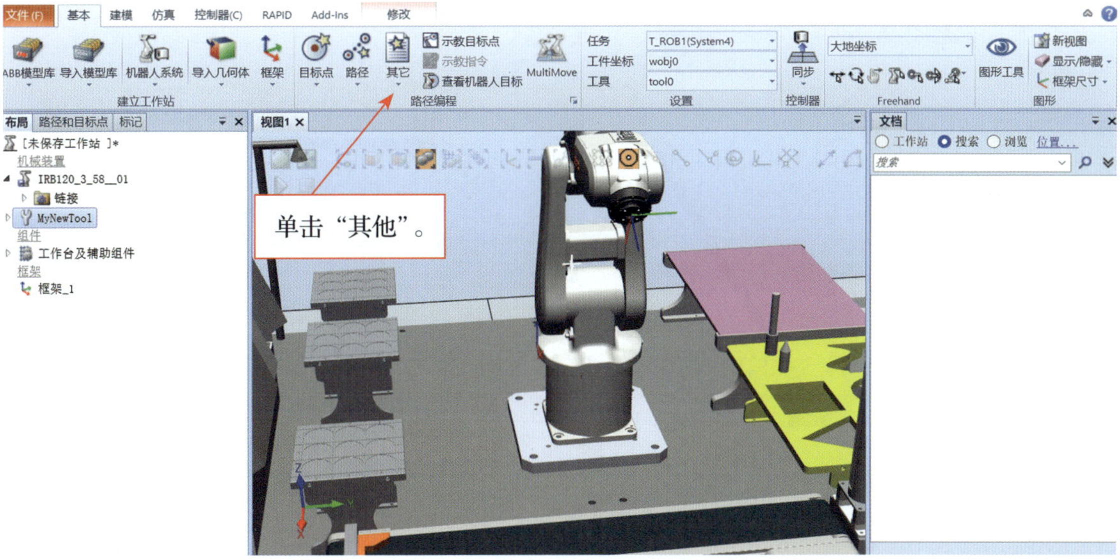

图 1－61　打开“其他”菜单

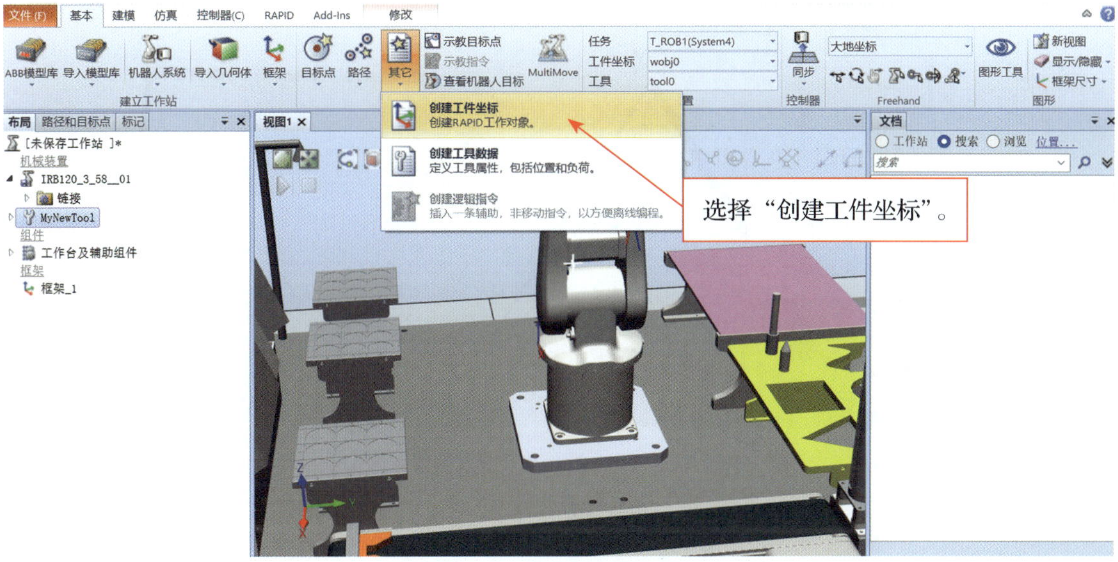

图 1－62　创建 RAPID 工作对象

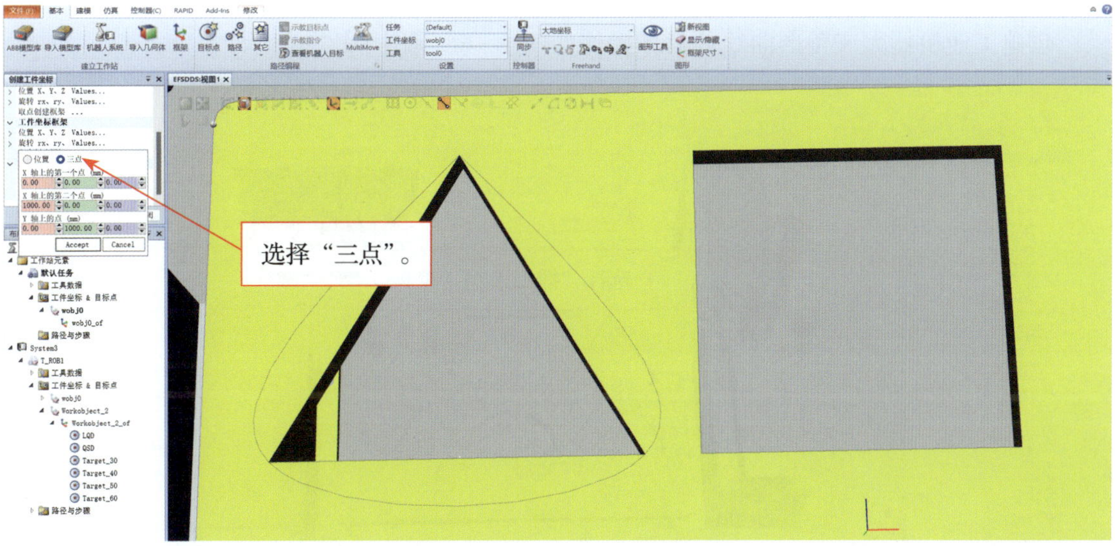

图 1－63　选取点以建立框架

笔记栏

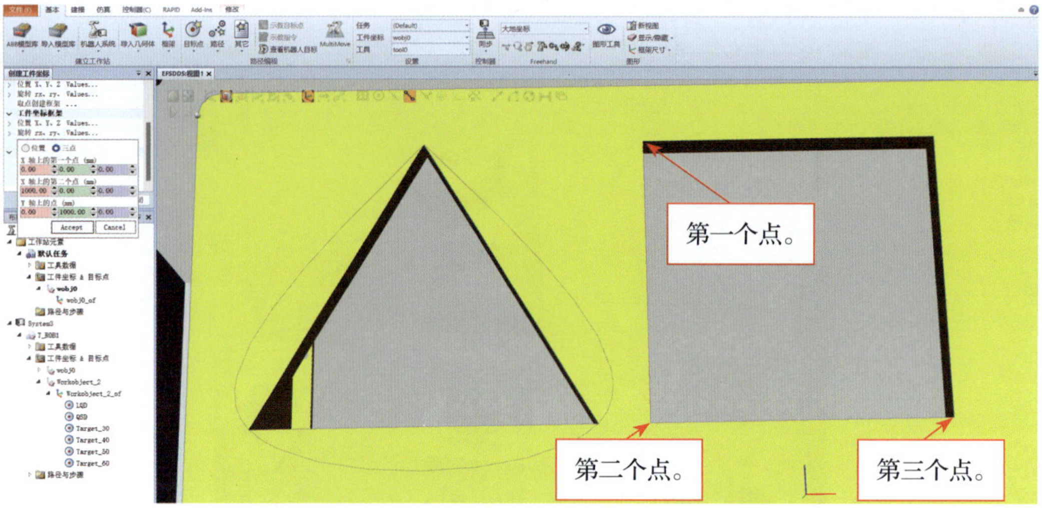

图 1-64　分别选择第一、第二、第三个点

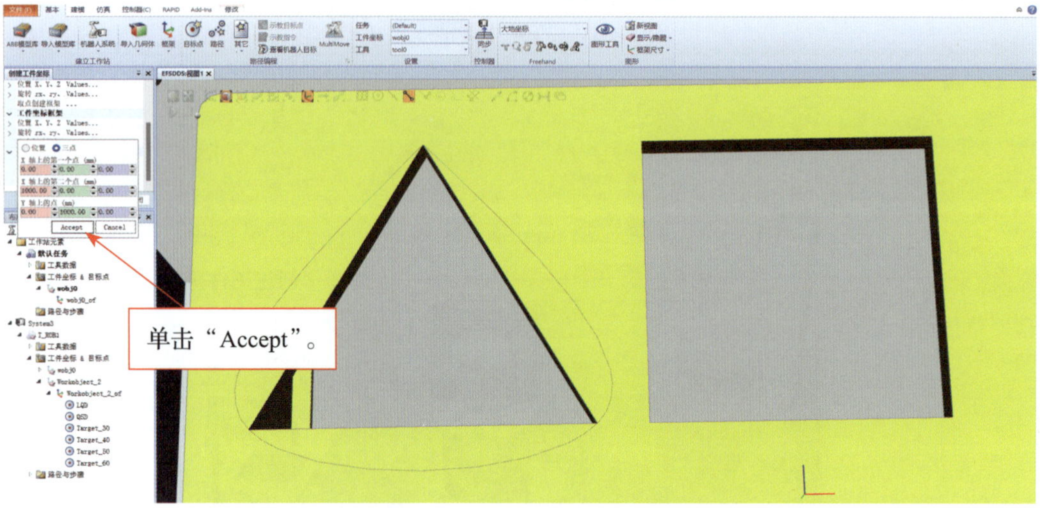

图 1-65　工件坐标系创建完成

六、创建工业机器人离线轨迹曲线及路径

（一）创建工业机器人三角形曲线

创建工业机器人三角形曲线的具体操作如图 1-66 至图 1-72 所示。

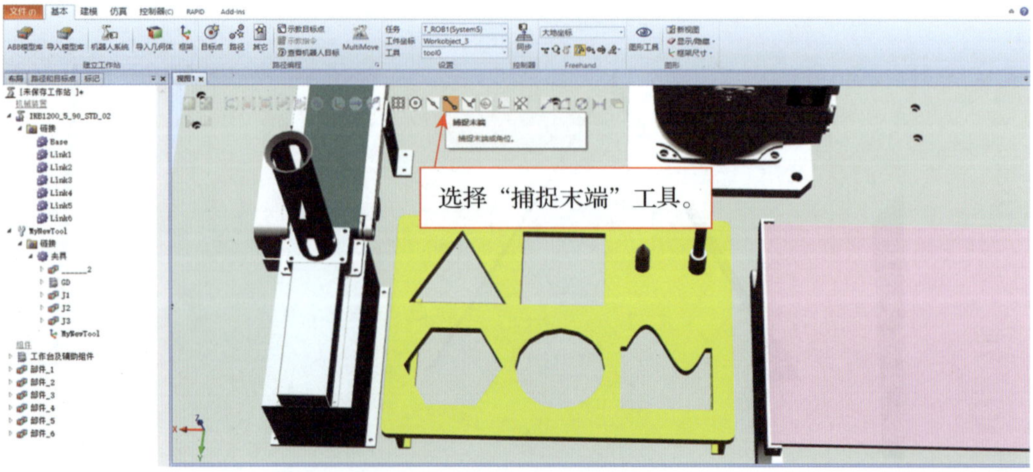

图 1-66　选择捕捉末端

笔记栏

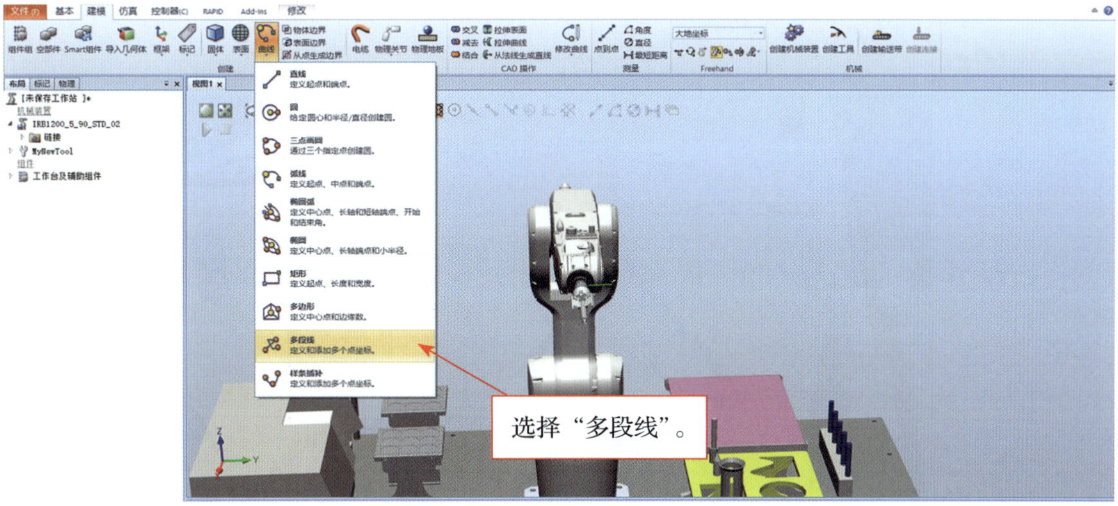

图 1－67 创建一条多段线

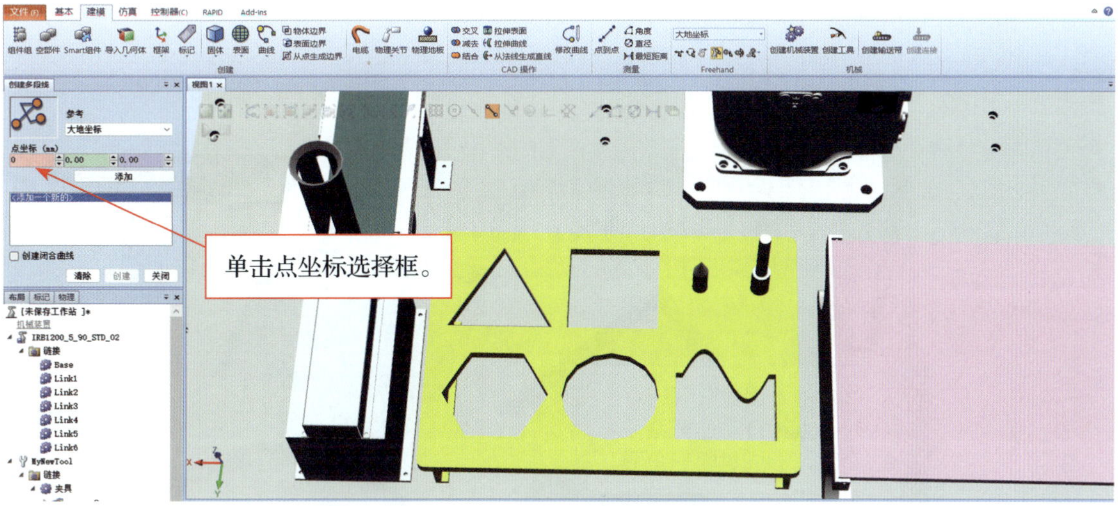

图 1－68 激活点坐标选取模式

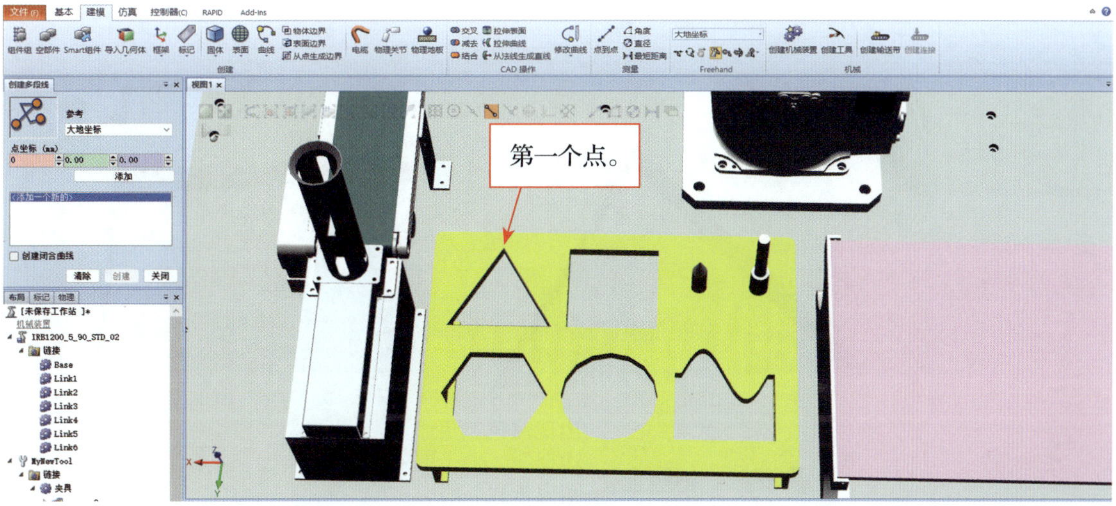

图 1－69 选择第一个点

笔记栏

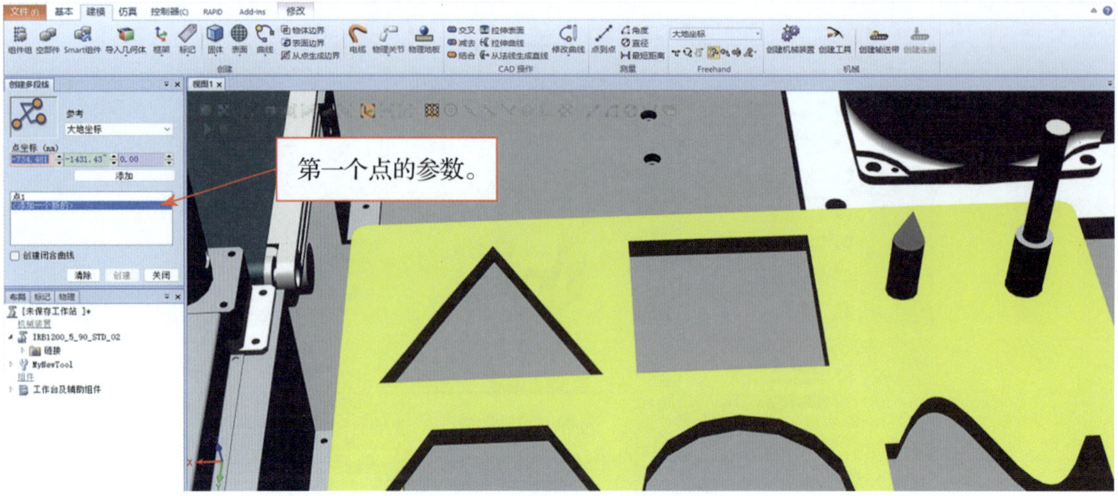

图 1－70　第一个点创建完成

以此类推，继续单击第二个点和第三个点，确定三角形的顶点。每次单击后，视图中会显示相应的点和连接线段。

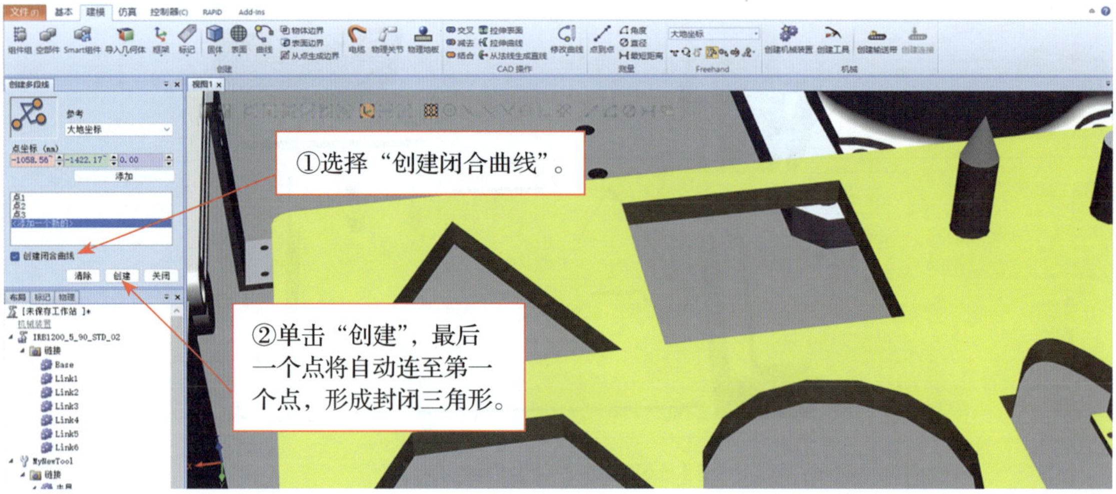

图 1－71　创建闭合曲线

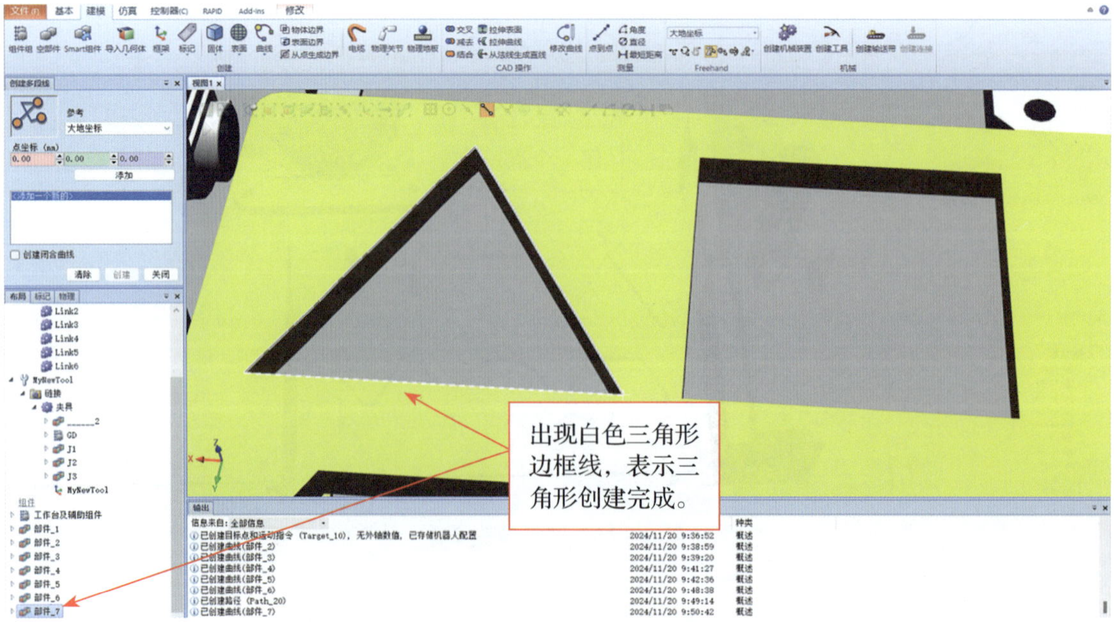

图 1－72　创建完成

笔记栏

（二）生成工业机器人三角形路径

生成工业机器人三角形路径的具体操作如图 1 - 73 至图 1 - 85 所示。

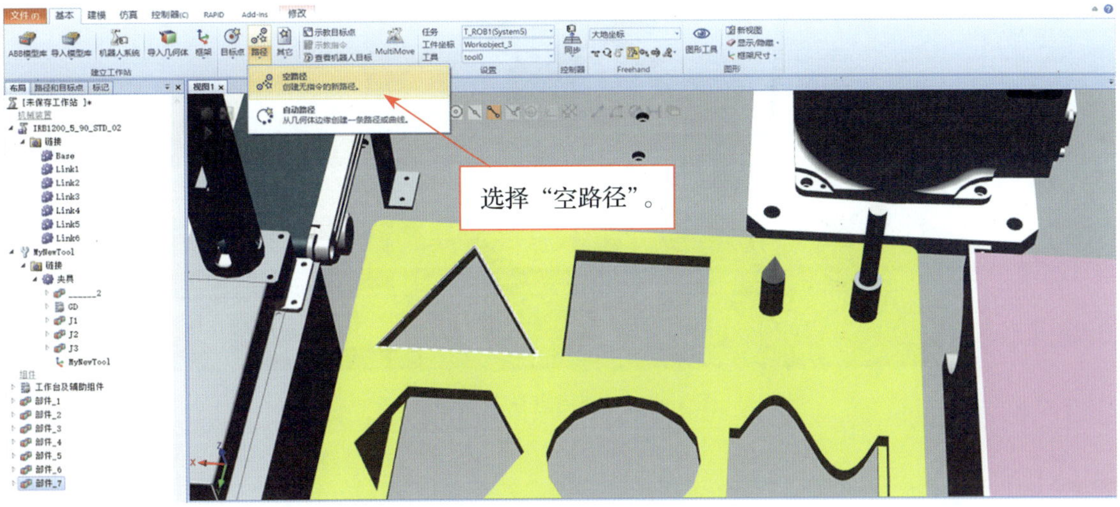

图 1 - 73　创建无指令的新路径

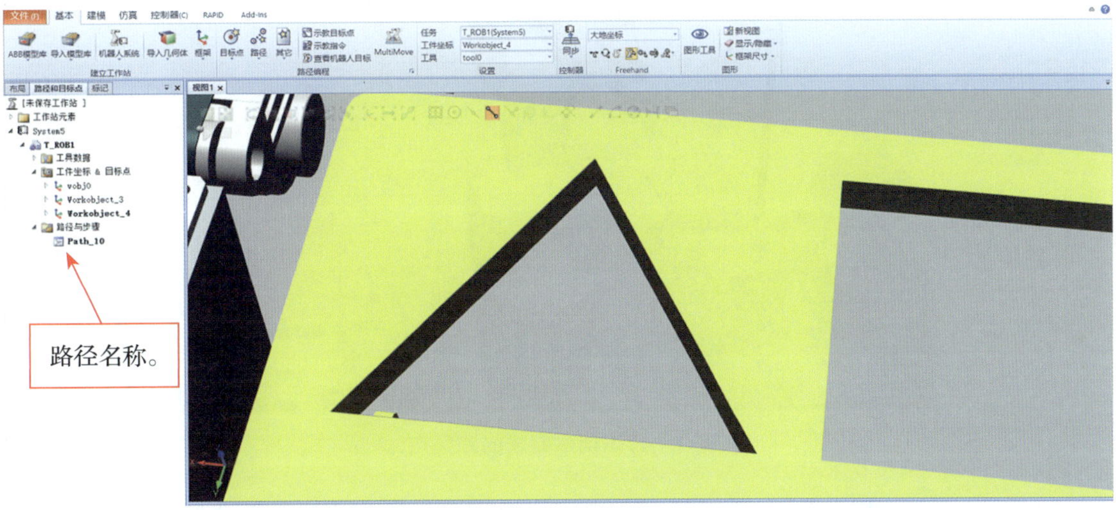

图 1 - 74　创建的新路径

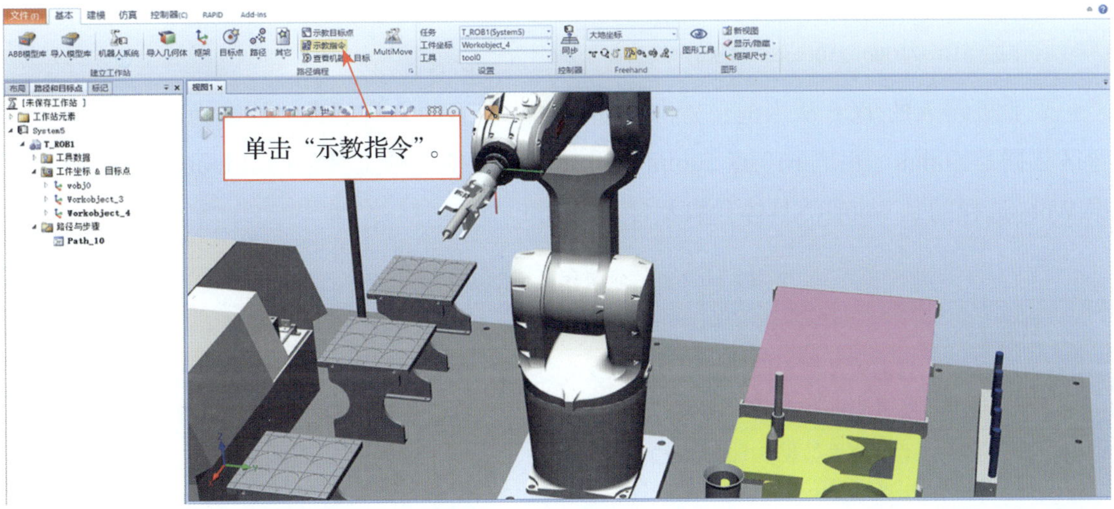

图 1 - 75　准备示教

笔记栏

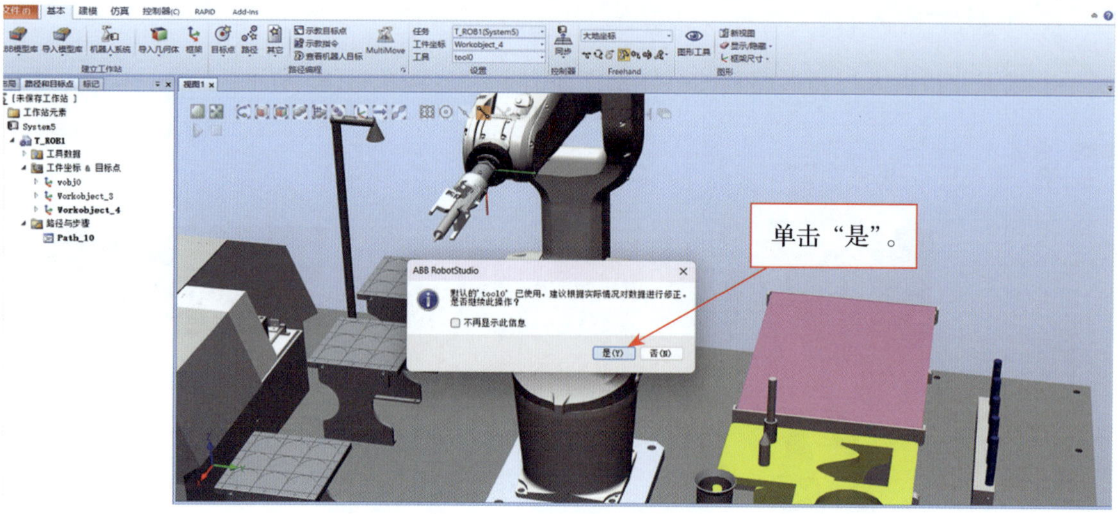

图 1－76　使用默认工具数据

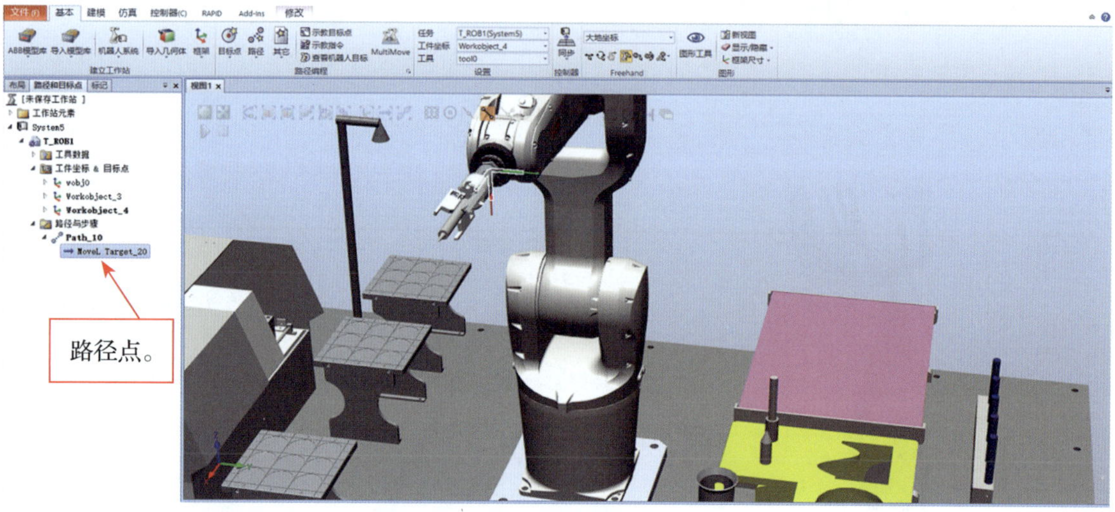

图 1－77　创建完成的路径点

MoveL 表示直线运动，MoveJ 表示关节运动。用户可根据实际情况选择，通常 MoveL 即可满足大部分的机器人运动需求。

```
MoveL p10 V1000 z50 tool1\Wobj:=wobj1;
```

工业机器人的 TCP 从当前位置向 p10 点以线性运动方式前进，速度为 1000mm/s，转弯区数据是 50mm，距离 p10 点 50mm 时开始转弯，使用的工具数据是 tool1，工件坐标数据 Wobj 选择的是 wobj1。具体参数及含义见表 1－1。

表 1－1　工业机器人运动参数及含义

参数	含义
p10	目标点位置数据； 定义当前 TCP 在工件坐标系中的位置，可通过单击“修改位置”进行修改
V1000	运动速度数据，1000mm/s； 定义速度，单位 mm/s

笔记栏

续表

参数	含义
z50	转角区域数据； 定义转弯区的大小，单位 mm
tool1	工具数据； 定义当前指令使用的工具坐标
Wobj	工件数据； 定义当前指令使用的工件坐标

在 3D 视图中，依次选择前面创建的三角形的 3 个点，每选择一个点，软件会将该点添加到路径中，并显示相应的路径顺序和运动指令（如 MoveL 或 MoveJ 等）。应确保点的选择顺序与期望的工业机器人运动顺序一致。

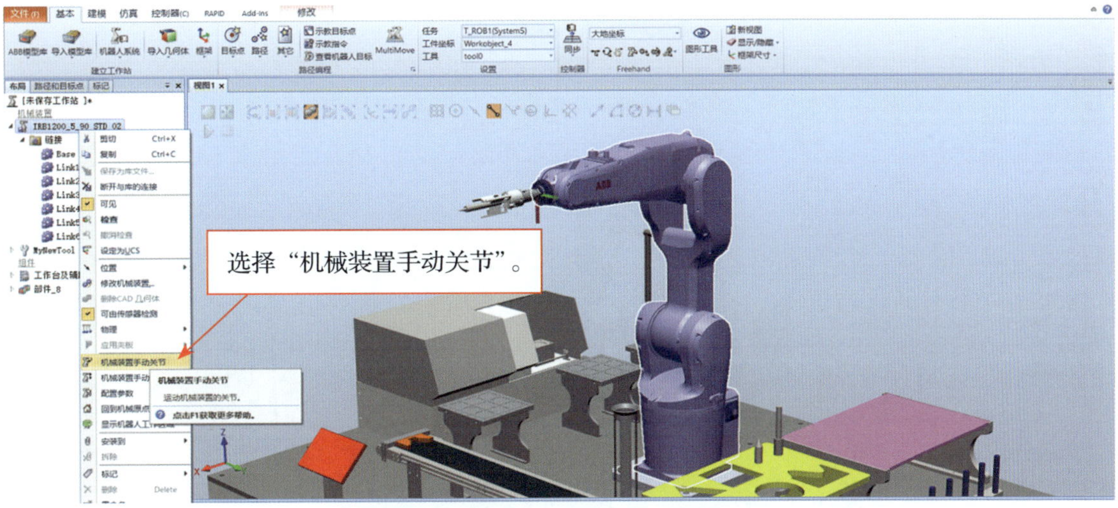

图 1－78　打开手动关节设置界面

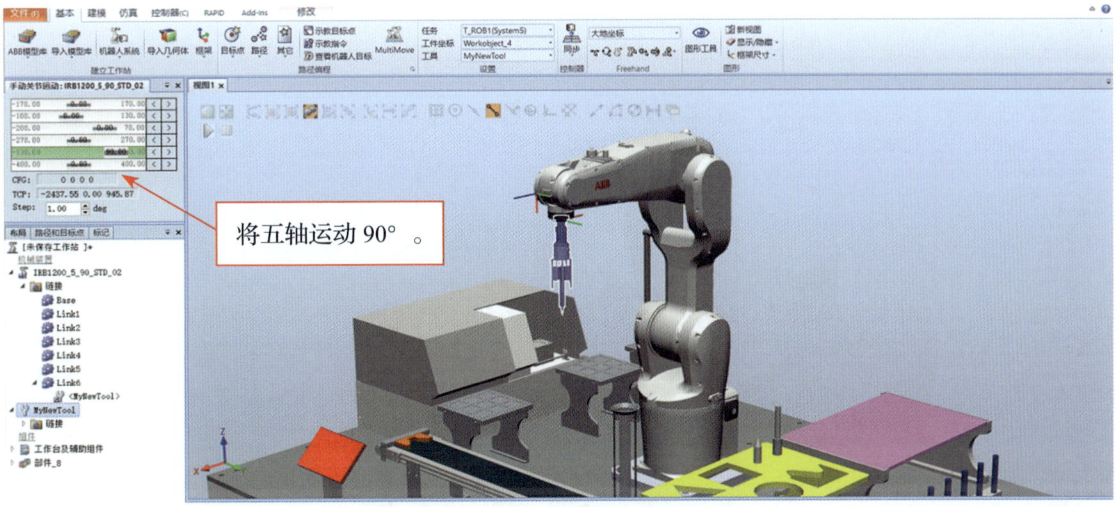

图 1－79　调整工业机器人五轴的角度

笔记栏

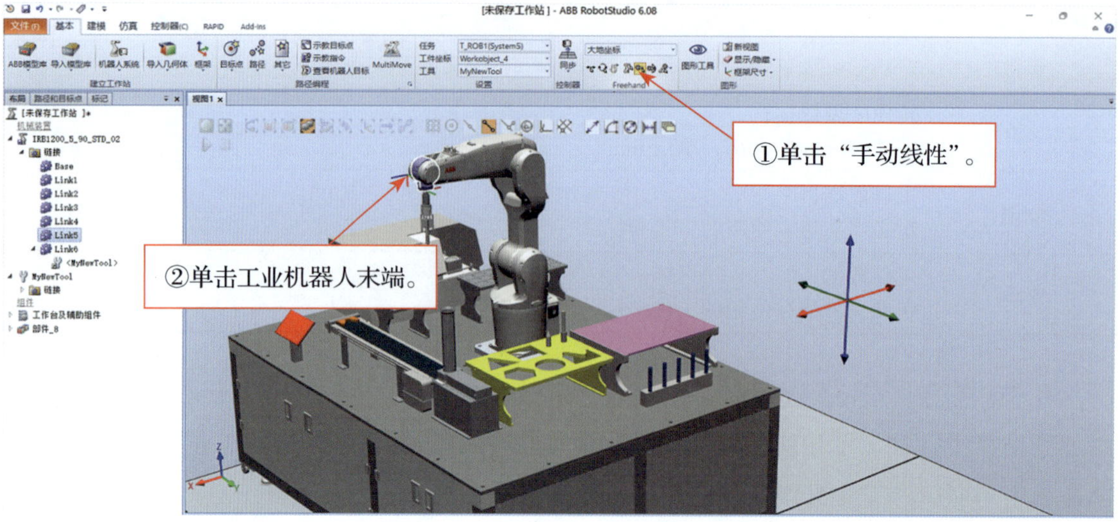

图 1－80　工业机器人手动线性操作模式

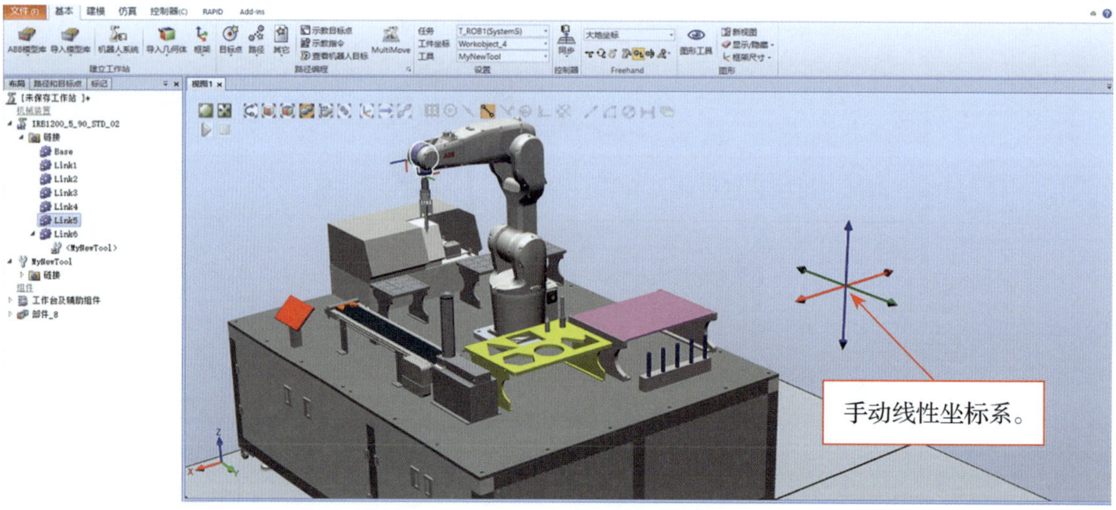

图 1－81　拖动手动线性坐标系

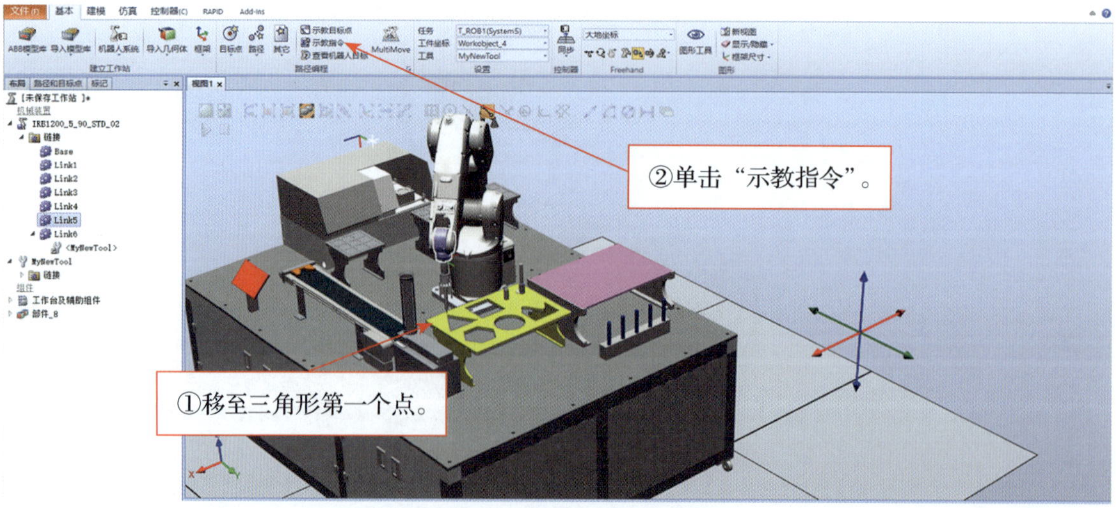

图 1－82　三角形点位示教操作

笔记栏

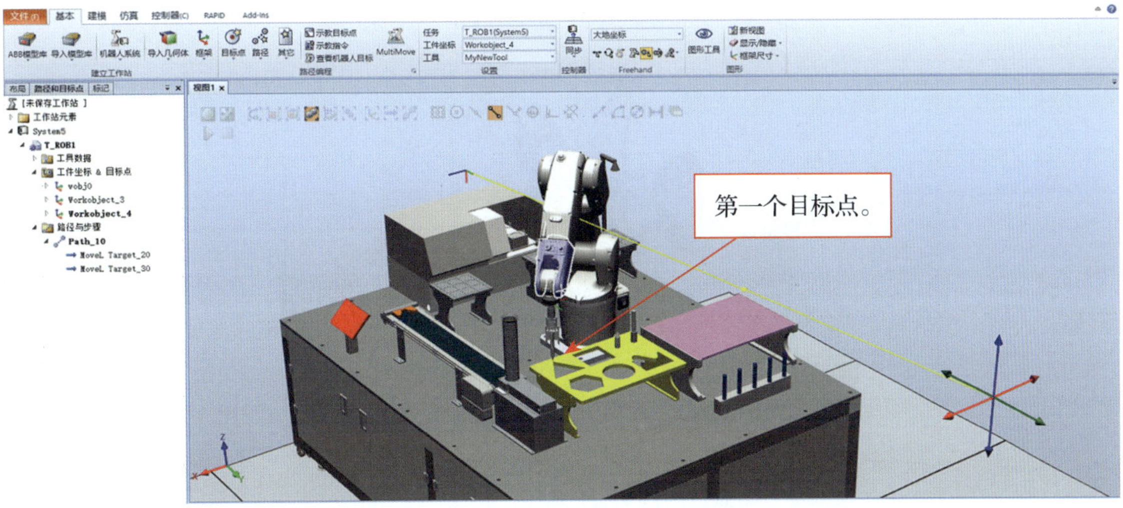

图 1 - 83　第一个目标点创建完成

采用同样的方法创建剩余的目标点。

MoveL Target_10 为机器人原点的坐标；

MoveL Target_20 为三角形第一个点位；

MoveL Target_30 为三角形第二个点位；

MoveL Target_40 为三角形第三个点位。

MoveL Target_20_2、MoveL Target_10_2 分别为三角形第一个点位和原点的坐标，是通过复制的方法添加进来的，这样可以节省再添加两个点位的时间。

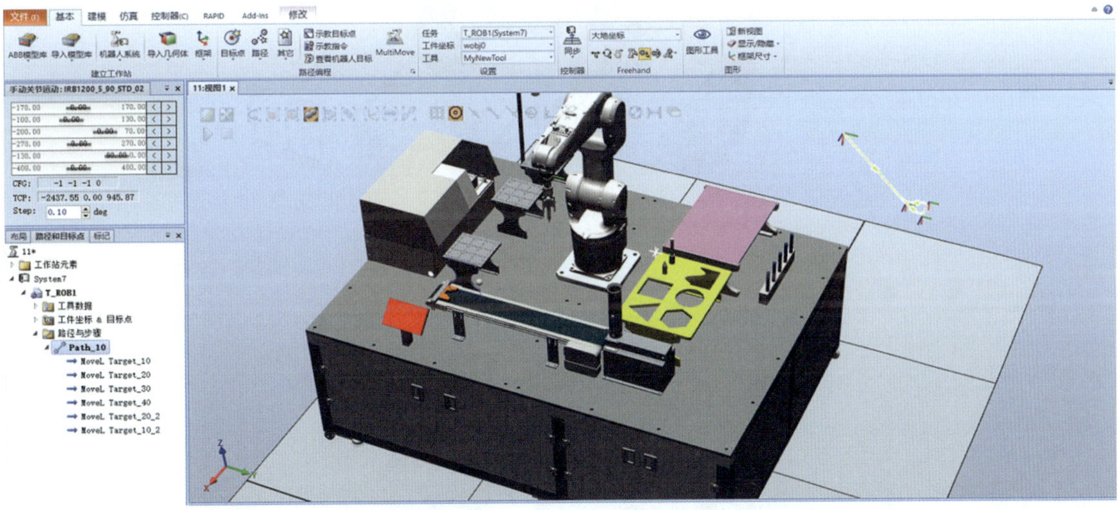

图 1 - 84　3 个目标点创建完成

七、工业机器人目标点调整及轴配置参数

（一）工业机器人目标点调整

先查看上一节中自动生成的目标点，然后检查是否有工业机器人难以到达的点位，若有，则进行调整。在调整目标点的过程中，为了方便查看工具在此姿态下的效果，可以设置在目标点处显示工具。工业机器人目标点调整的具体操作如图 1 - 86 至图 1 - 88 所示。

笔记栏

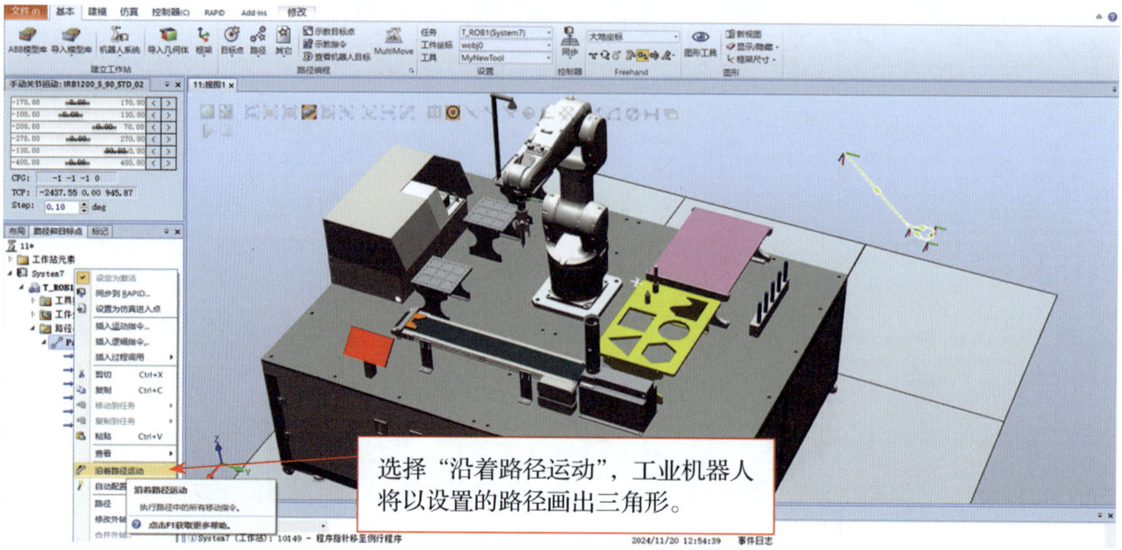

图 1－85　执行路径中的所有移动指令

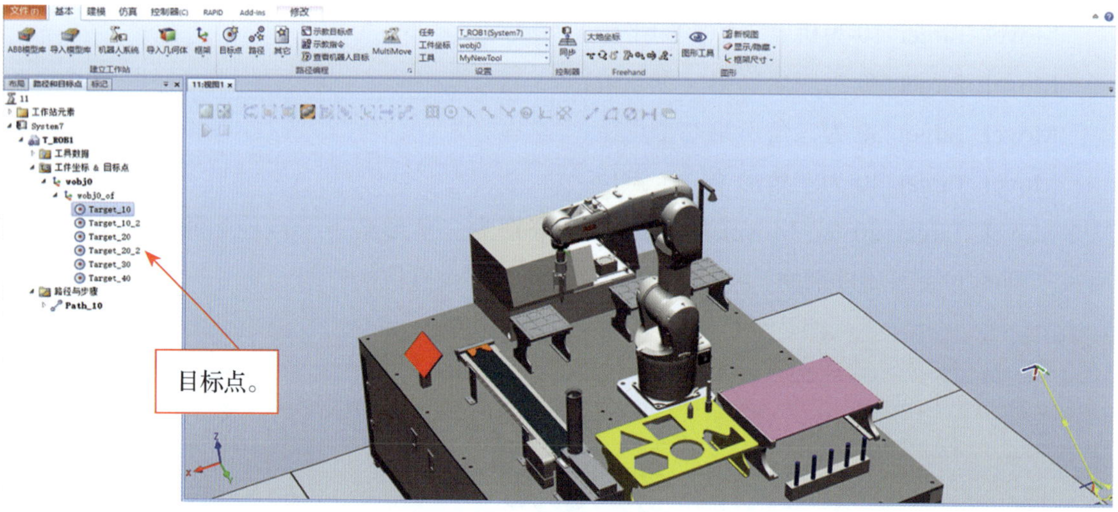

图 1－86　工件坐标

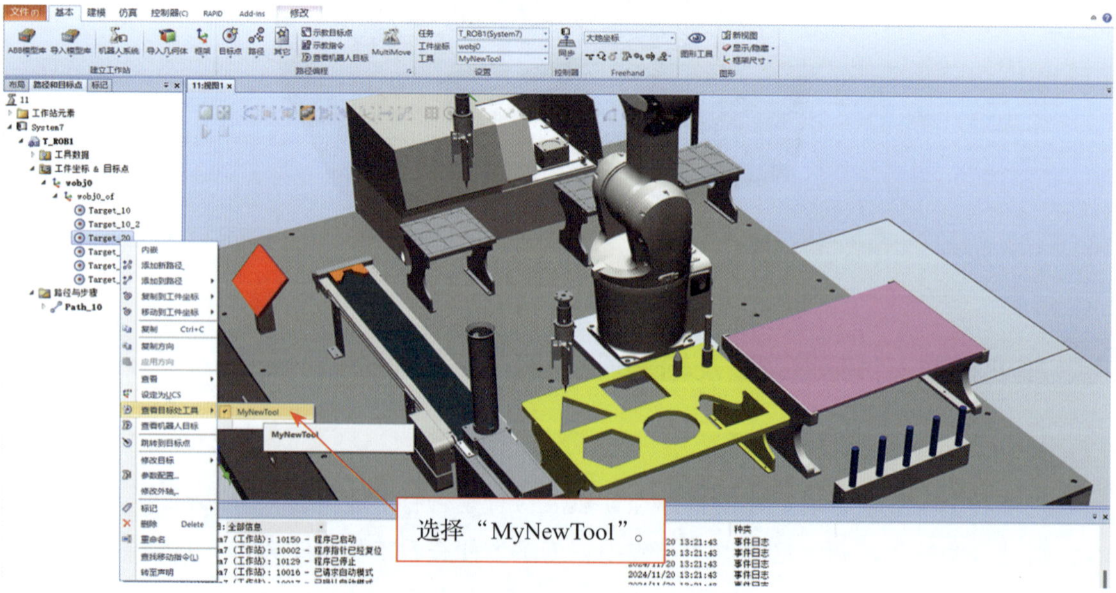

图 1－87　查看工件坐标目标点位置

笔记栏

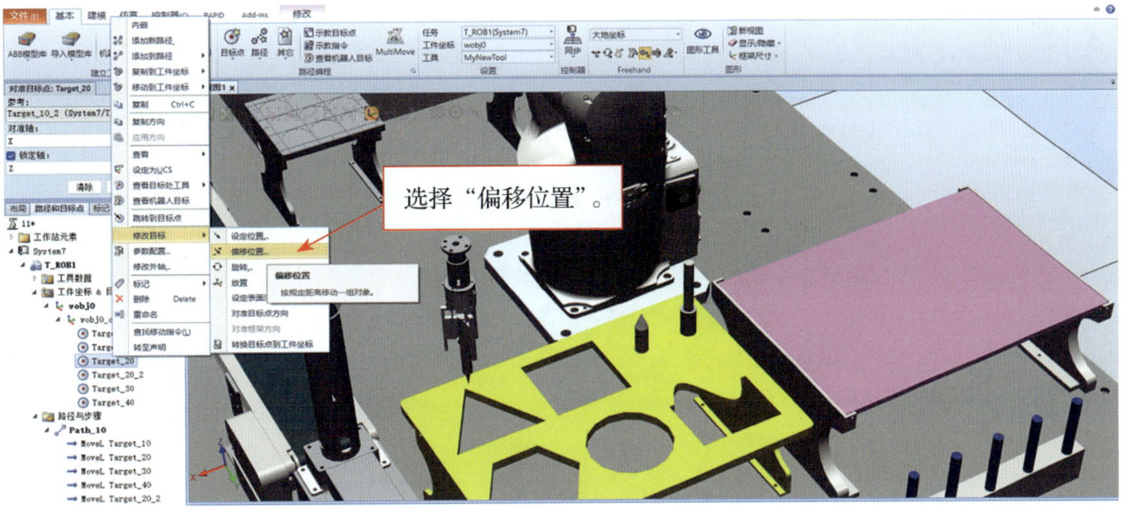

图 1－88　选择相应的点位调整方法

（二）工业机器人轴配置参数调整

工业机器人到达目标点的过程中，可能存在多种关节轴组合情况，即存在多种轴配置参数，用户要为自动生成的目标点调整轴配置参数。若工业机器人能够达到当前目标点，则可以在轴配置列表中查看该目标点的轴配置参数。参数调整方法如图 1－89、图 1－90 所示。

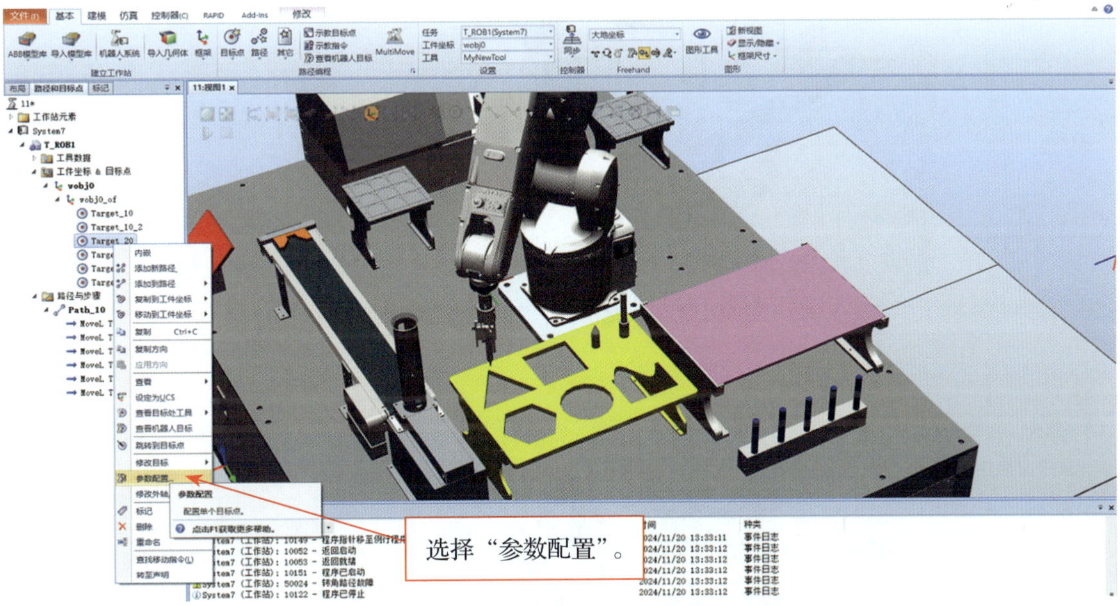

图 1－89　查看机器人参数配置

（三）完善程序并仿真运行

轨迹创建完成后，即可着手完善程序，需要添加轨迹起始接近点、轨迹结束离开点以及安全位置 HOME 点。当前位置为目标点 1，为了使工业机器人在轨迹运行过程中动作更合理，需要添加目标接近点位，也就是沿 *Z* 轴负方向偏移一段距离。完善程序并仿真运行的具体操作如图 1－91 至图 1－103 所示。

笔记栏

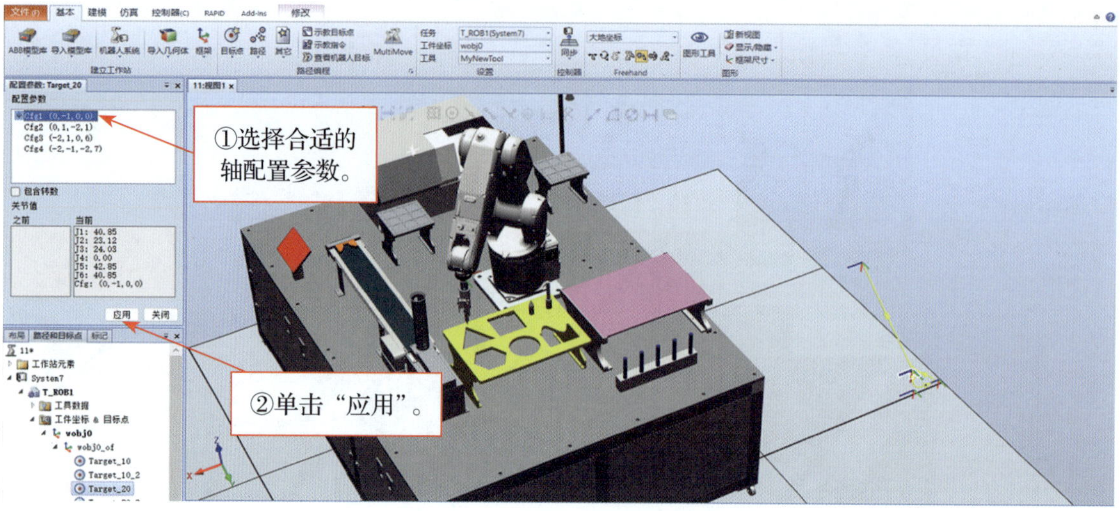

图 1-90　参数调整完成

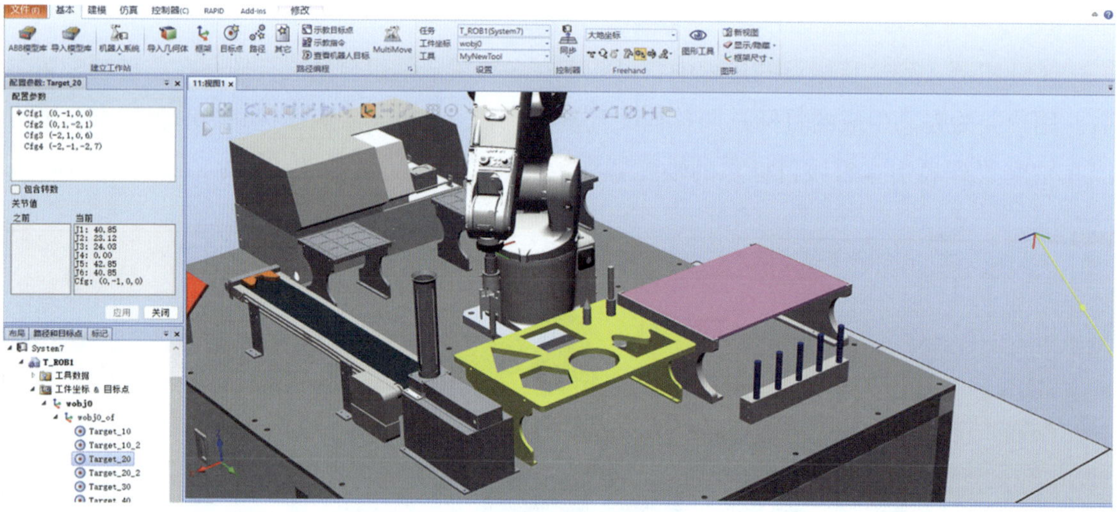

图 1-91　工业机器人工件坐标目标点

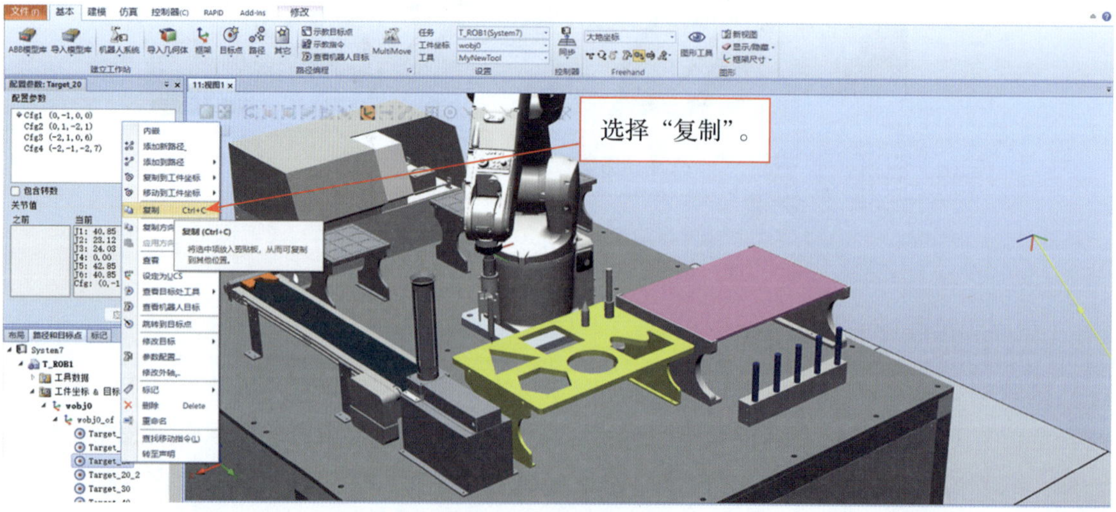

图 1-92　复制目标点

笔记栏

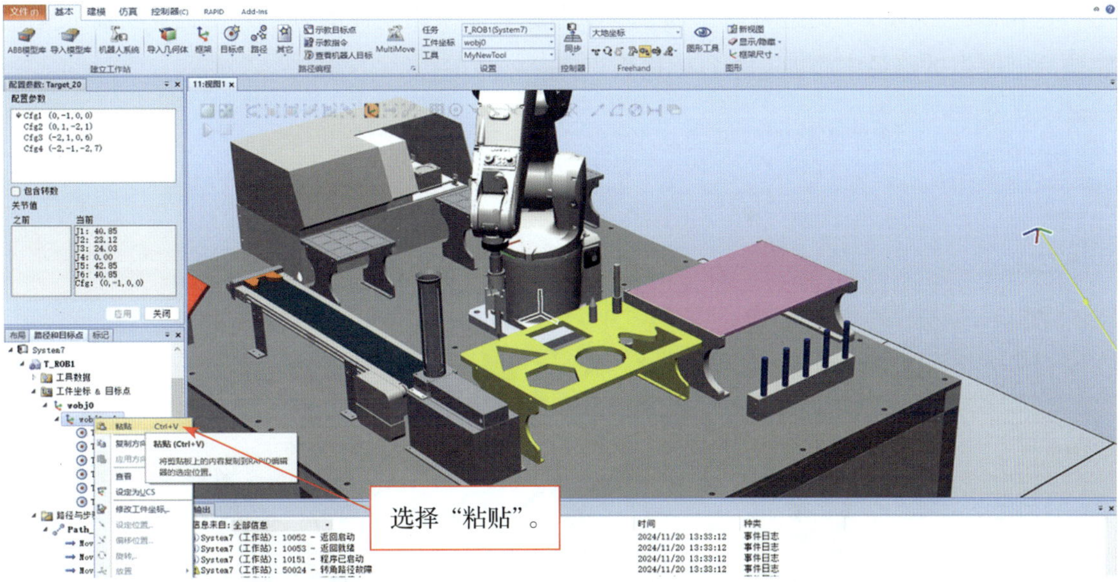

图 1－93 粘贴目标点

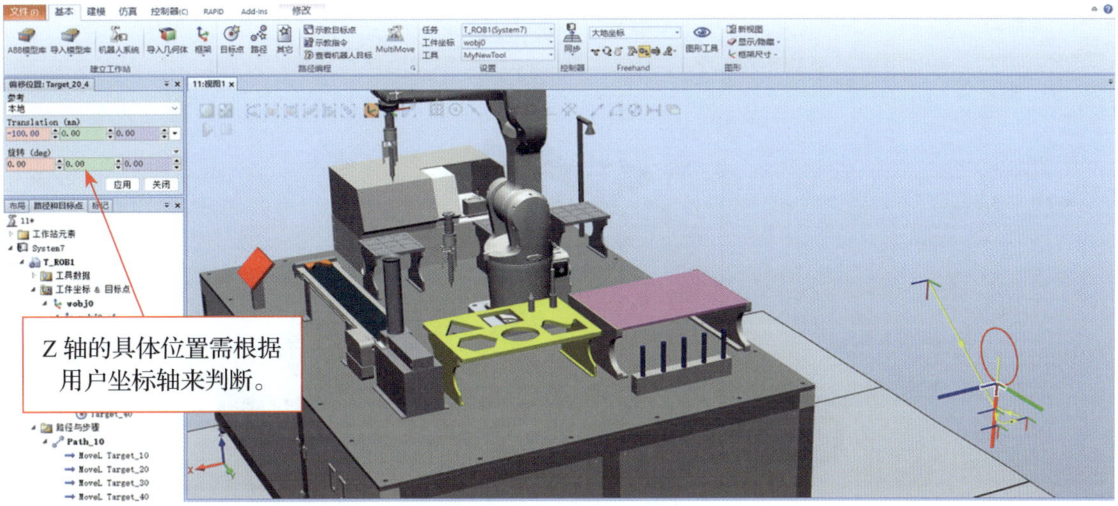

图 1－94 改变 *Z* 轴的位置

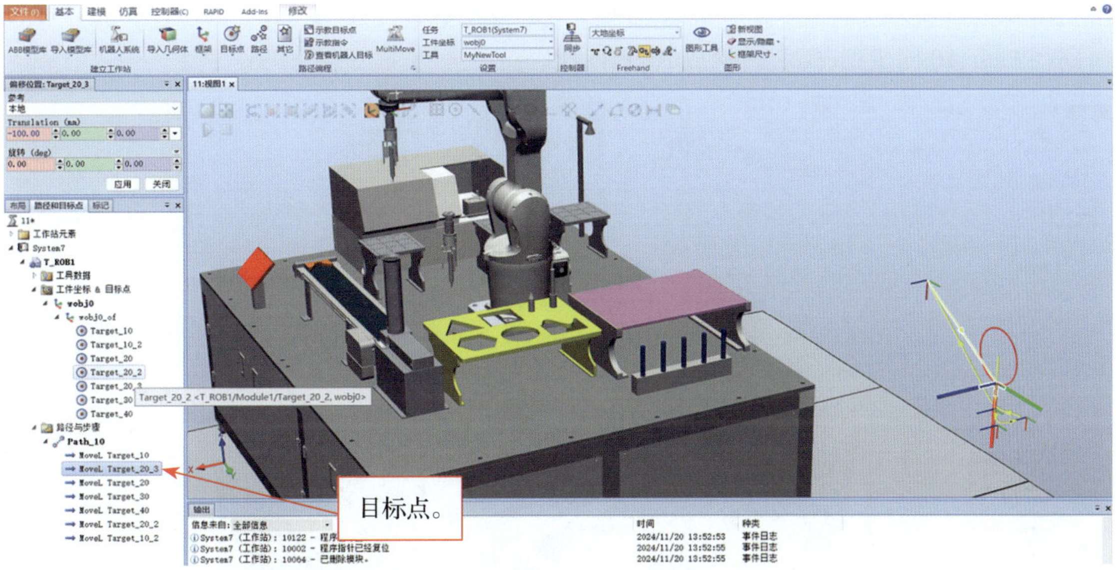

图 1－95 将目标点添加到路径中

笔记栏

这样，在目标点 1 的上方就添加了一个路径点。采用同样的方法，在工业机器人完成轨迹后回原点的路径中添加一个目标接近点。

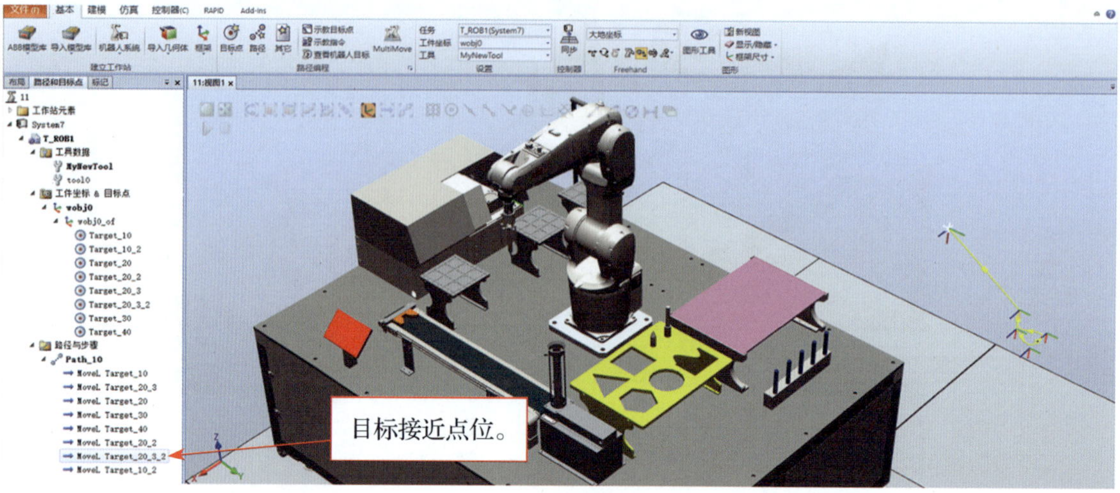

图 1－96　在回原点的路径中添加目标接近点位

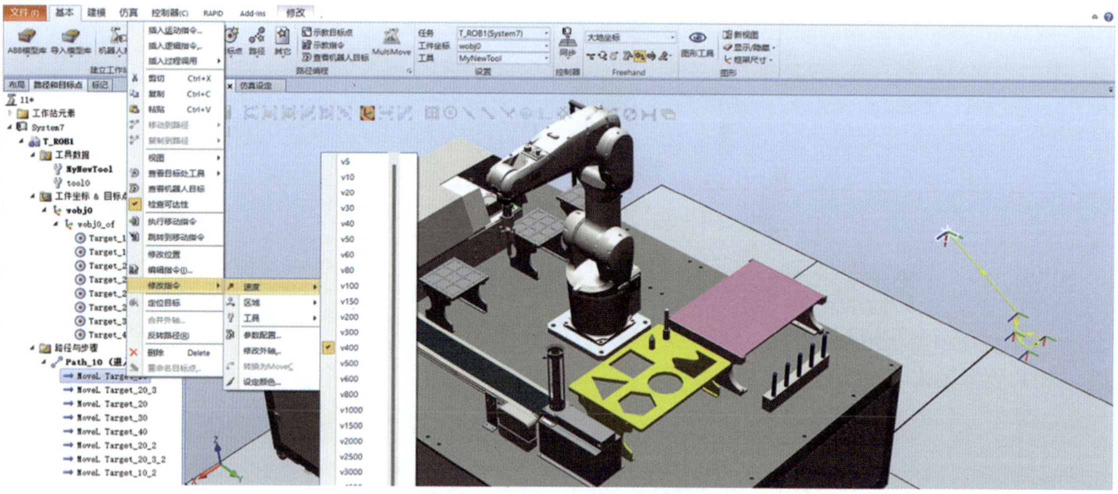

图 1－97　修改工件坐标速度

对每个目标点的运动类型、速度、转弯半径等参数进行合理设置。确认无误后，即可将路径 Path_10 同步到 VC，转换成 RAPID 代码。

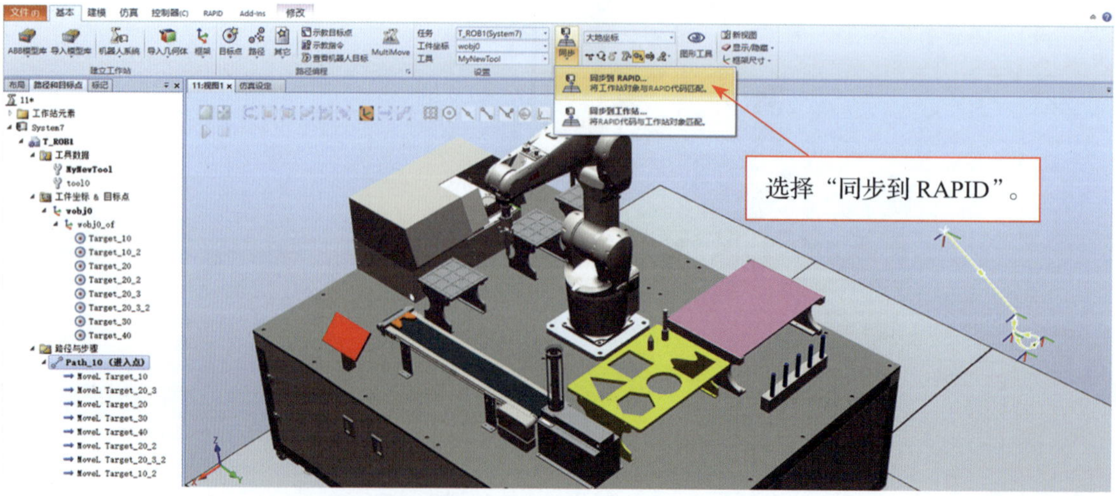

图 1－98　将工作站对象与 RAPID 代码匹配

笔记栏

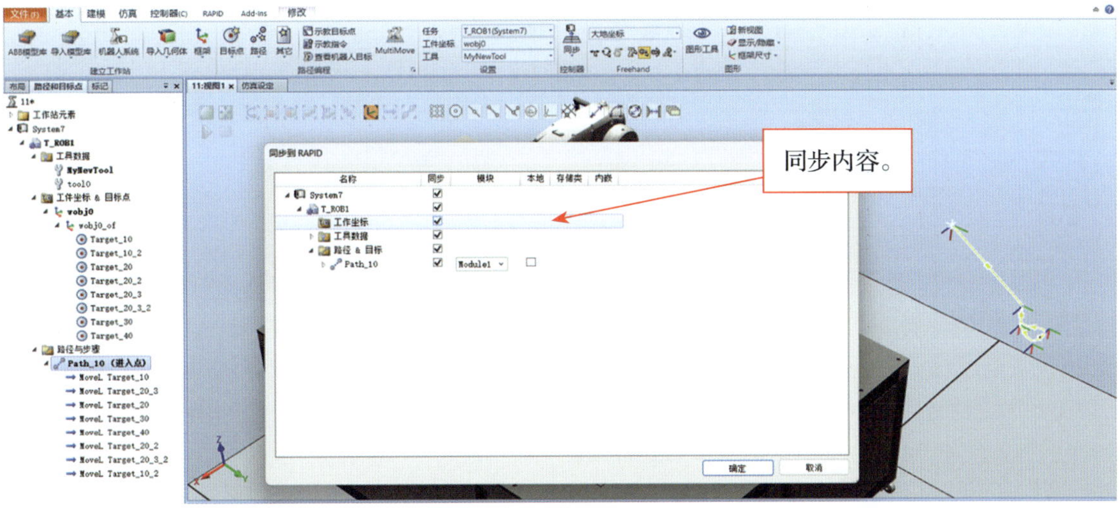

图 1-99 勾选全部同步内容

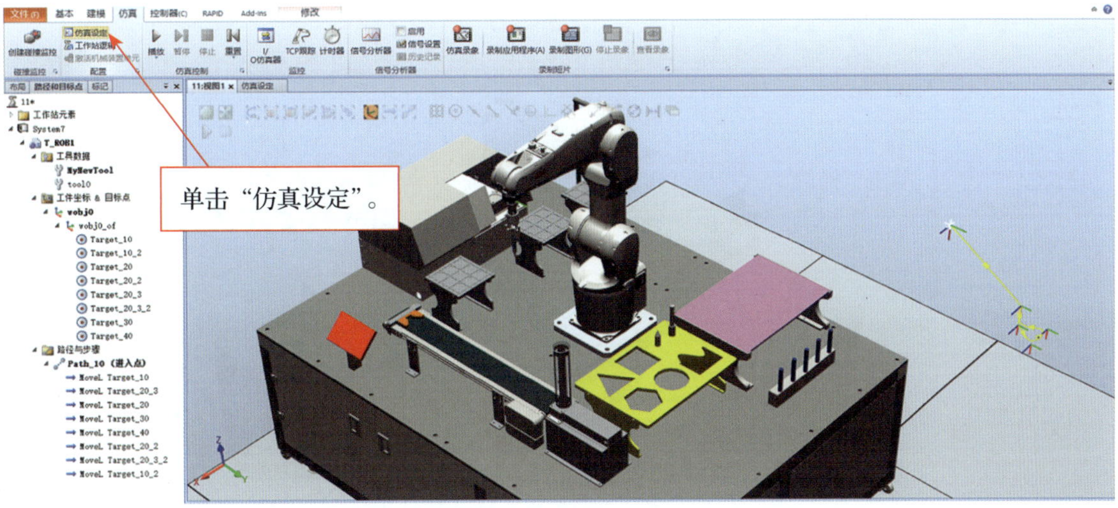

图 1-100 打开“仿真设定”选项卡

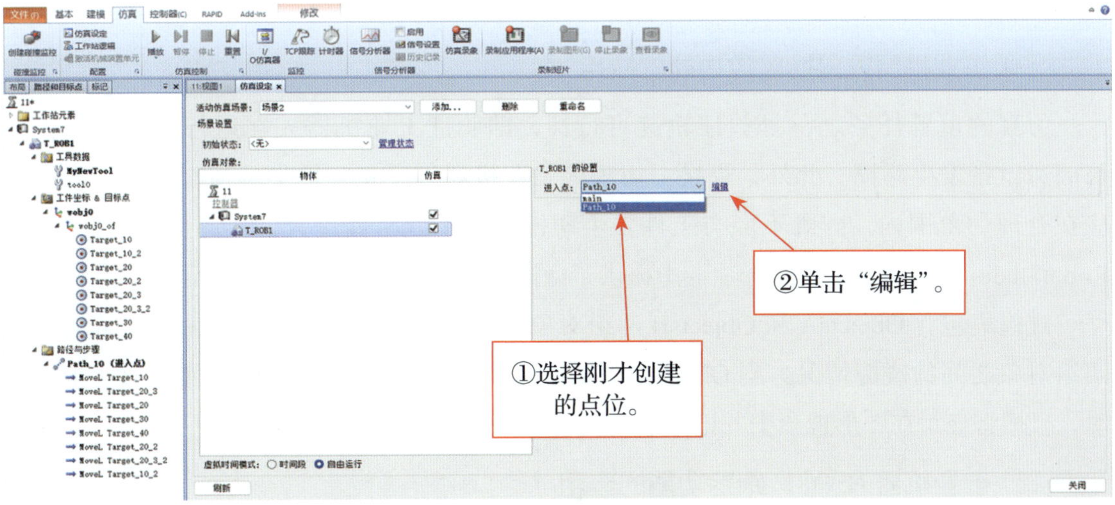

图 1-101 设置 T_ROB1

笔记栏

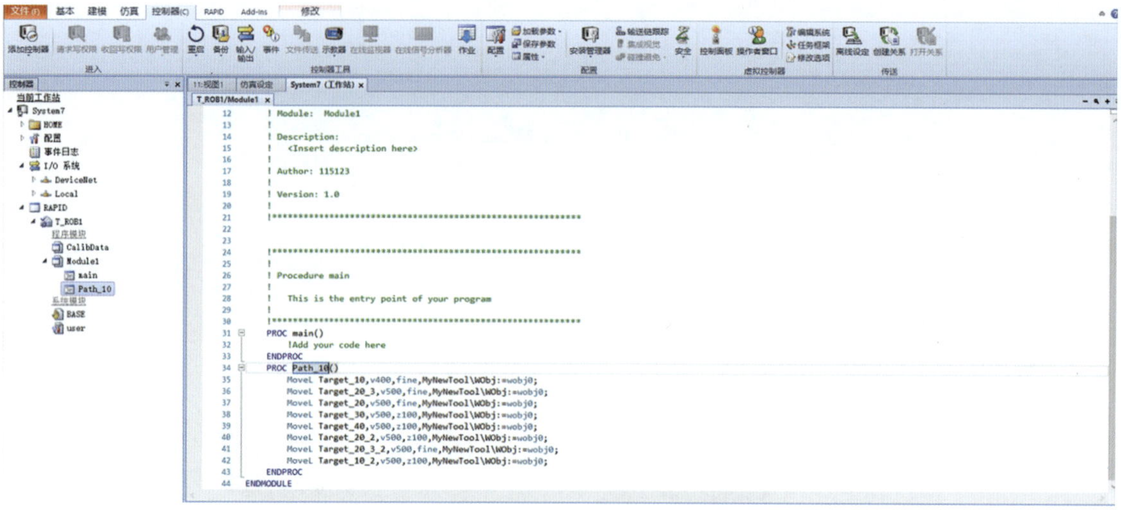

图 1－102　代码同步至 RAPID

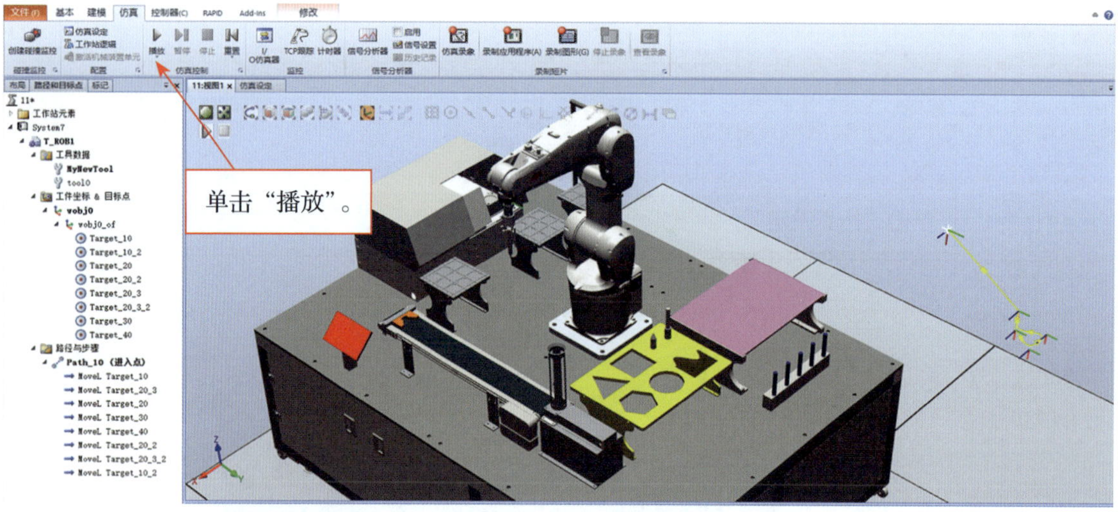

图 1－103　执行仿真

八、工业机器人离线轨迹编程辅助工具

（一）工业机器人碰撞监控功能的应用

仿真的重要任务之一是验证轨迹可行性，即验证工业机器人在运行过程中是否会与周边设备发生碰撞。此外，焊接、切割等工业机器人工具实体尖端与工件表面的距离应在合理的范围内，即既不能与工件发生碰撞，也不能距离过大，从而保证工艺需求。RobotStudio 的“仿真”功能选项卡中提供了碰撞检测功能，如图 1－104 所示。

碰撞集包含 ObjectsA 和 ObjectsB 两组对象，需要将检测对象放入这两组，从而检测两组对象之间的碰撞情况。当 ObjectsA 内的任何对象与 ObjectsB 内的任何对象发生碰撞时，碰撞将显示在图形视图中并记录在输出窗口。

（二）工业机器人 TCP 跟踪功能的应用

在工业机器人运行的过程中，用户可以监控 TCP 的运动轨迹以及运动速度，以便分析时用。为了便于观察，可将碰撞检测关闭。具体操作如图 1－105 和图 1－106 所示。

笔记栏

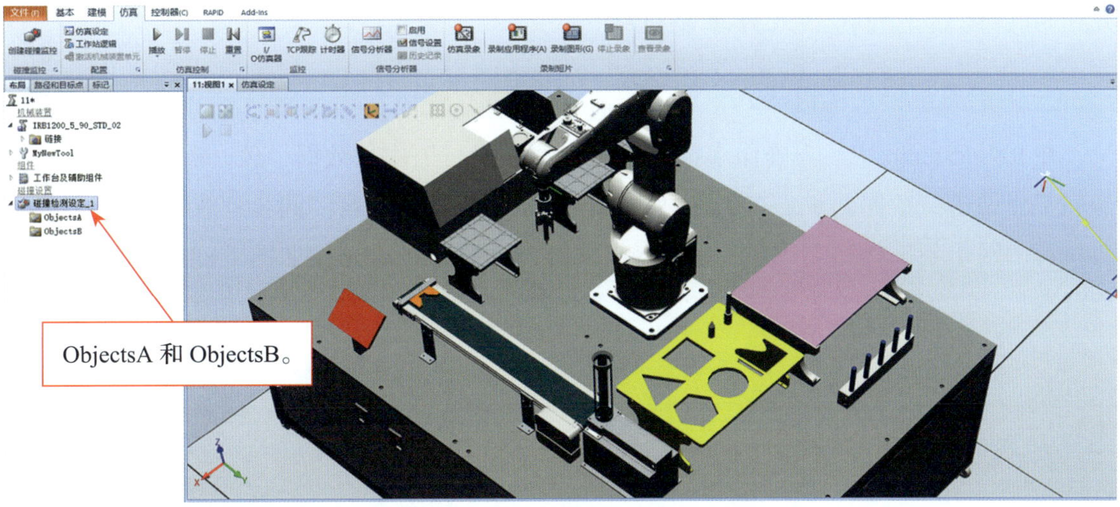

图 1 – 104　展开“碰撞检测设定 _1”

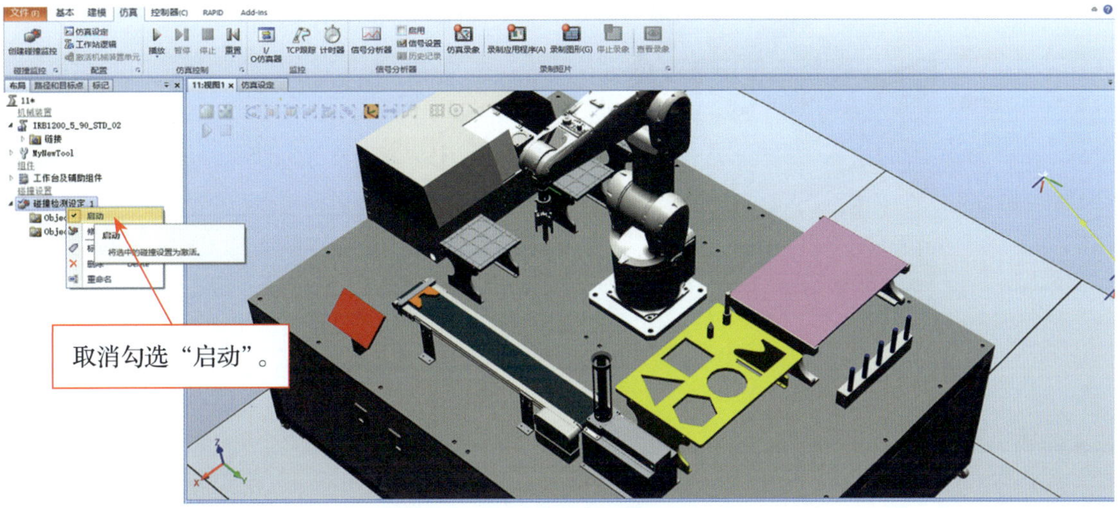

图 1 – 105　关闭碰撞检测

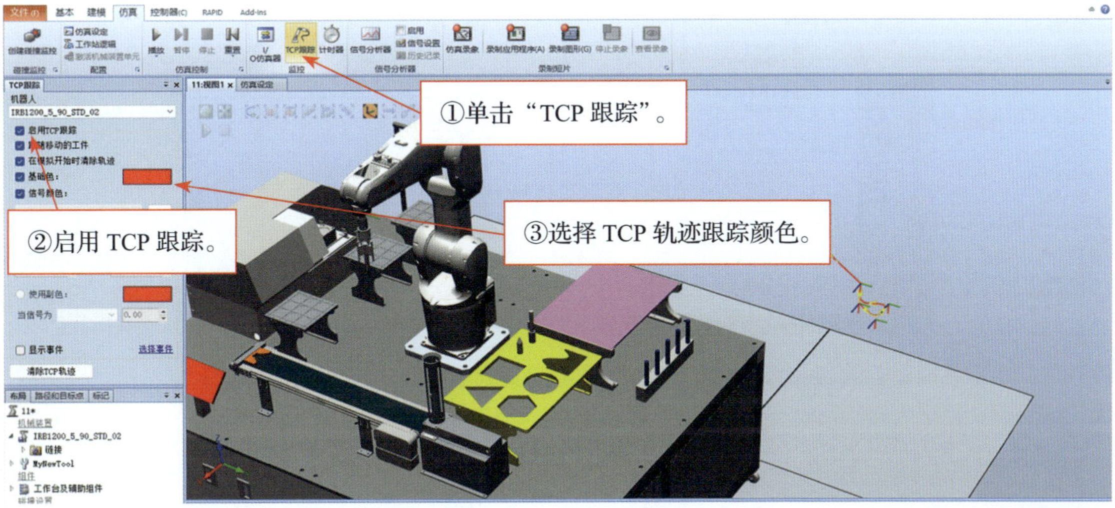

图 1 – 106　TCP 跟踪

笔记栏

九、仿真运行工业机器人并录制视频

(一) 仿真运行工业机器人轨迹

在 RobotStudio 中，为确保虚拟控制器中的数据与工作站数据一致，需要对虚拟控制器和工作站进行数据同步。在工作站中修改数据后，需要执行“同步到 VC”；反之则需要执行“同步到工作站”。仿真运行工业机器人轨迹的具体操作如图 1－107 至图 1－111 所示。

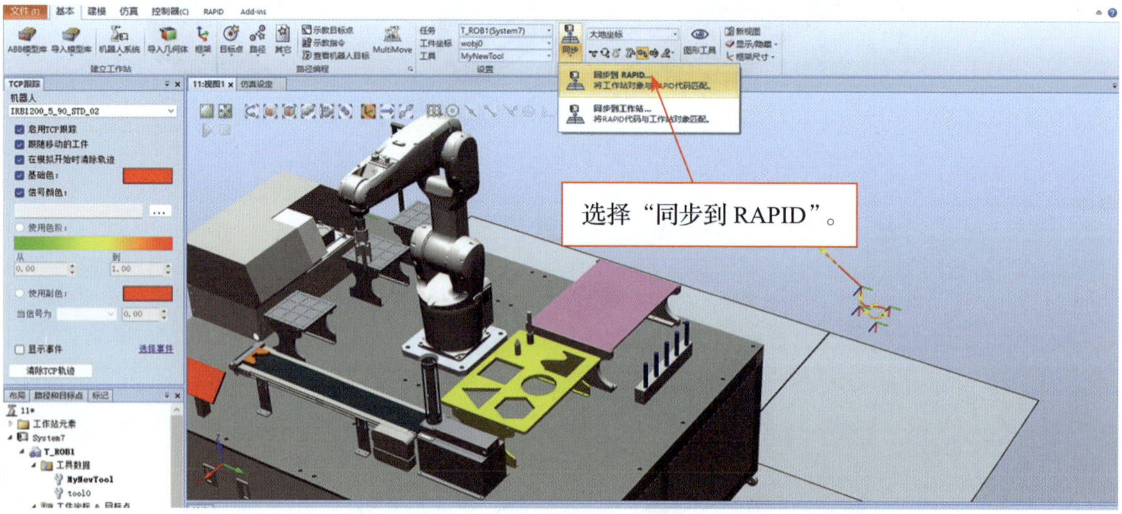

图 1－107　将工作站对象与 RAPID 代码匹配

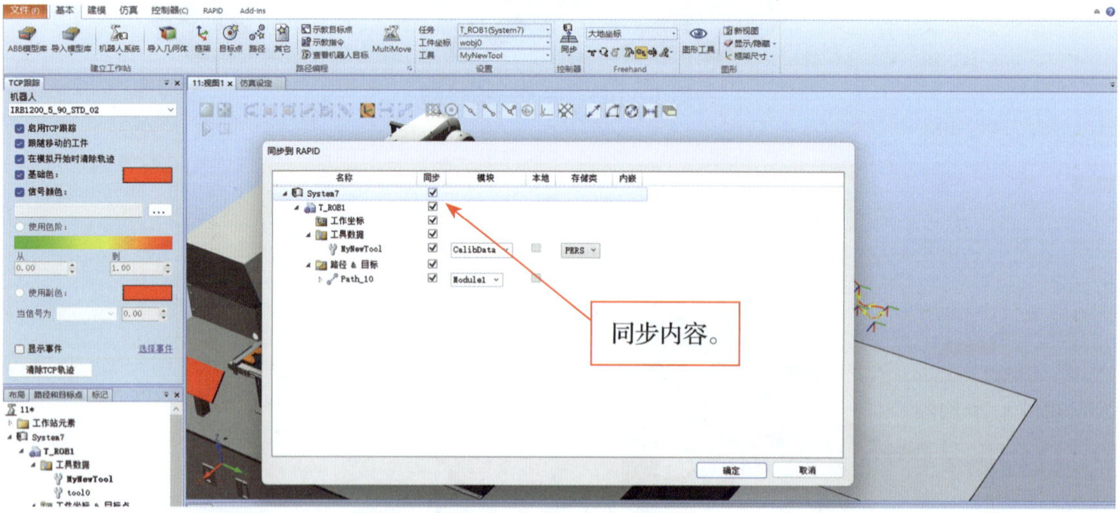

图 1－108　勾选全部同步内容

笔记栏

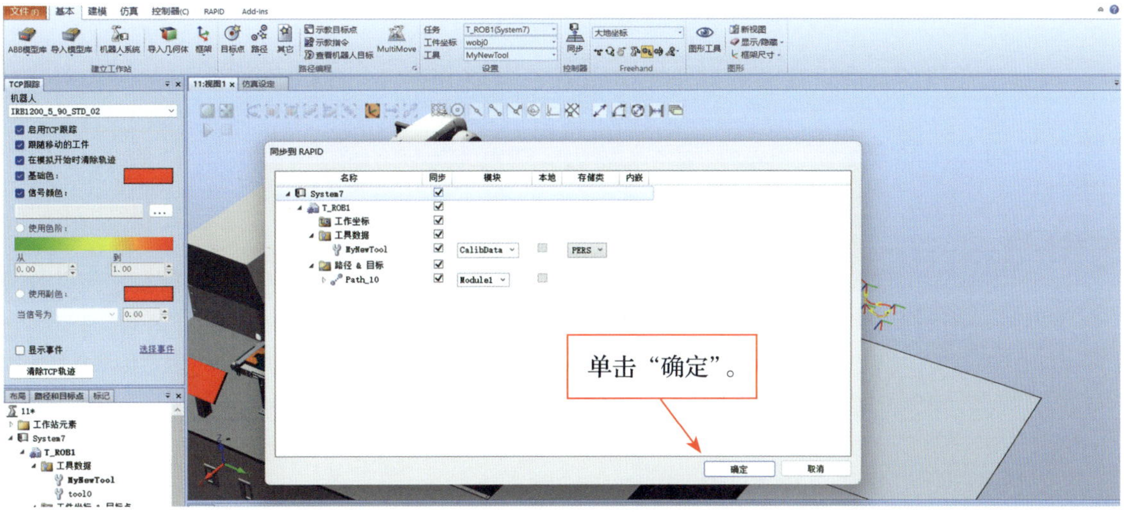

图 1－109　确认同步设置

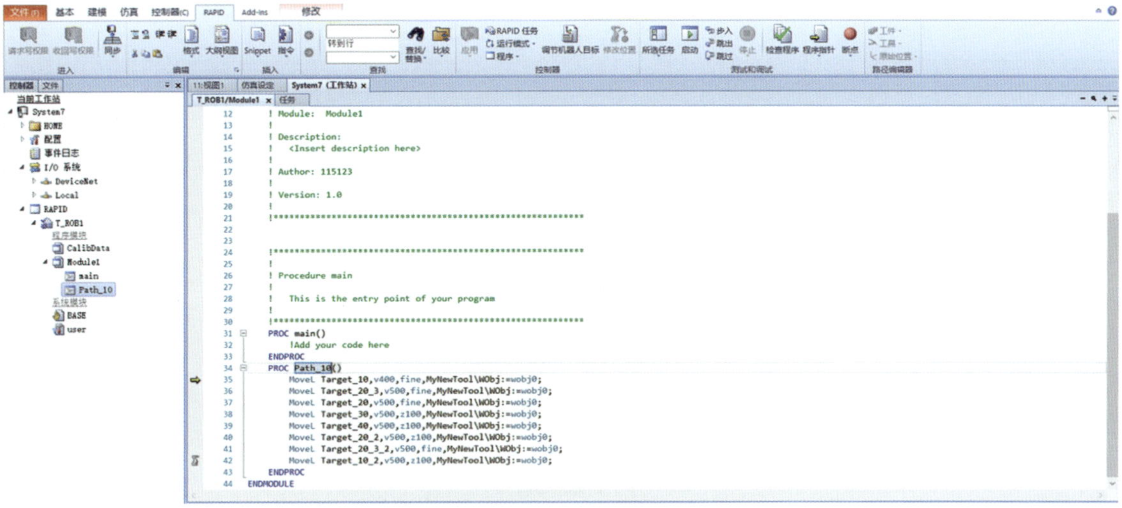

图 1－110　路径点成功同步到 RAPID

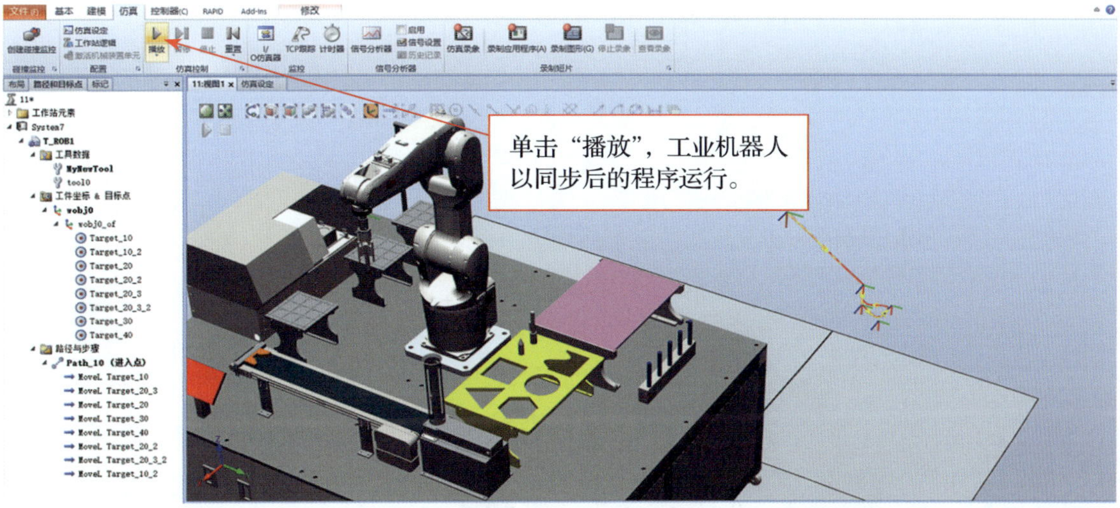

图 1－111　仿真运行

笔记栏

（二）录制工业机器人仿真视频

录制工业机器人仿真视频的具体操作如图 1－112 至图 1－118 所示。

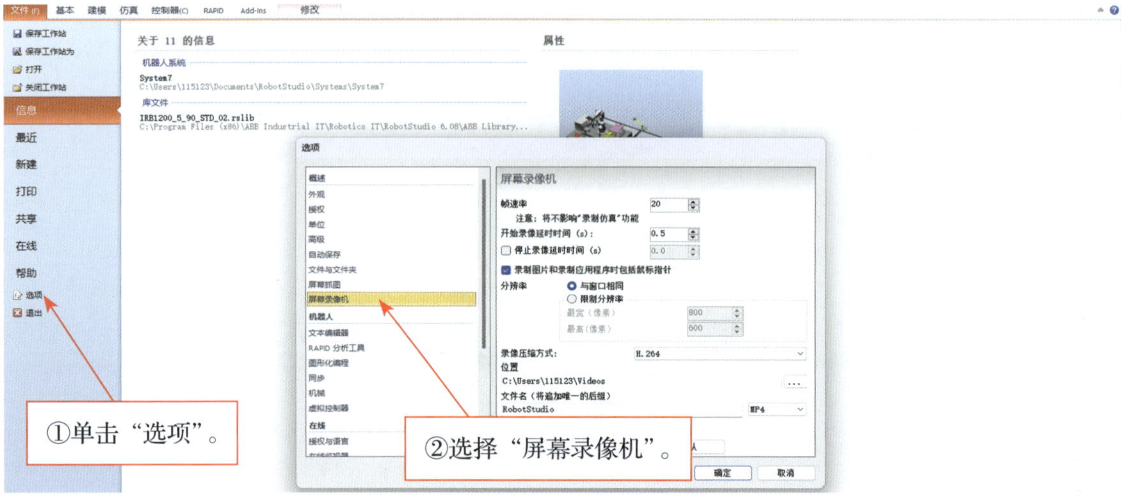

图 1－112　打开“选项”对话框

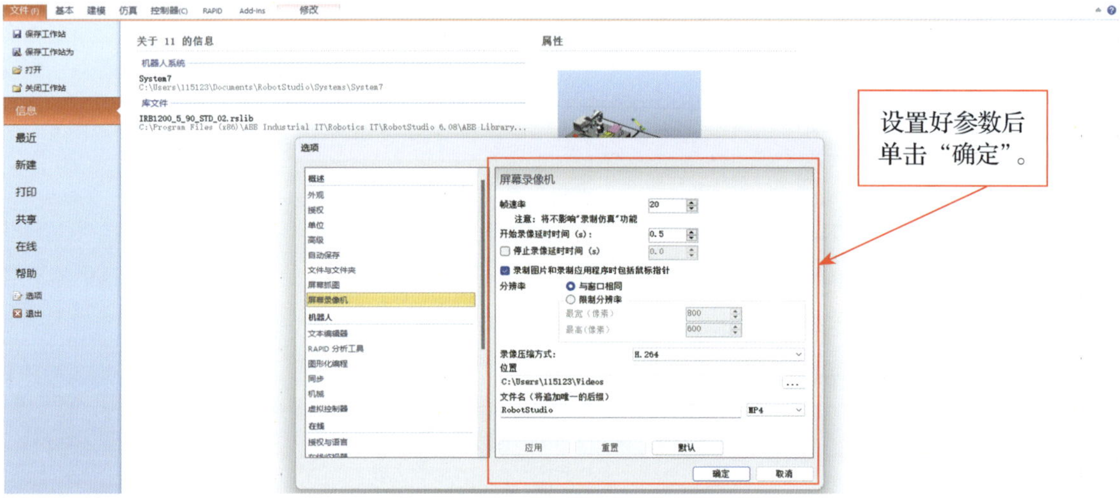

图 1－113　设置屏幕录像机的参数

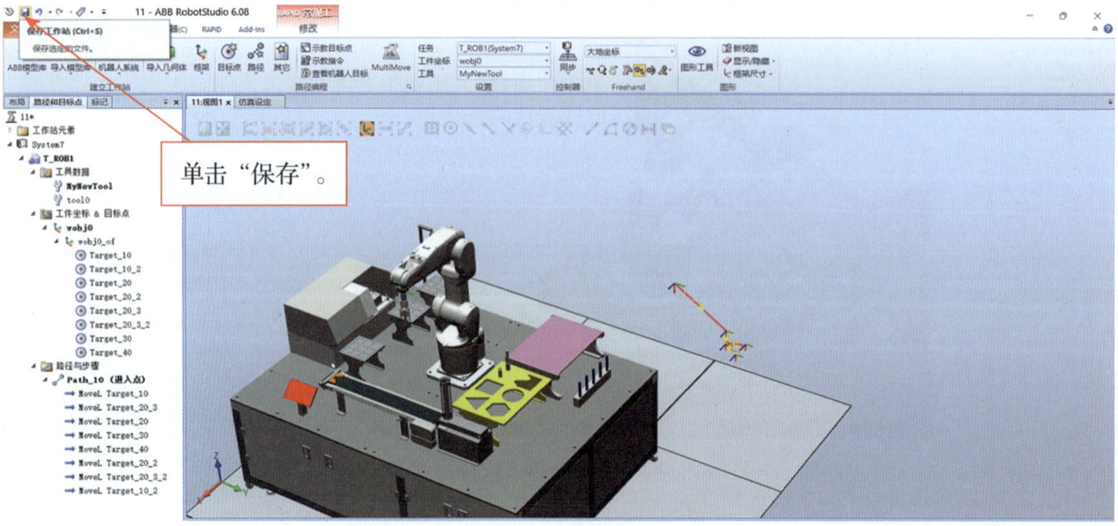

图 1－114　对工作站进行保存

笔记栏

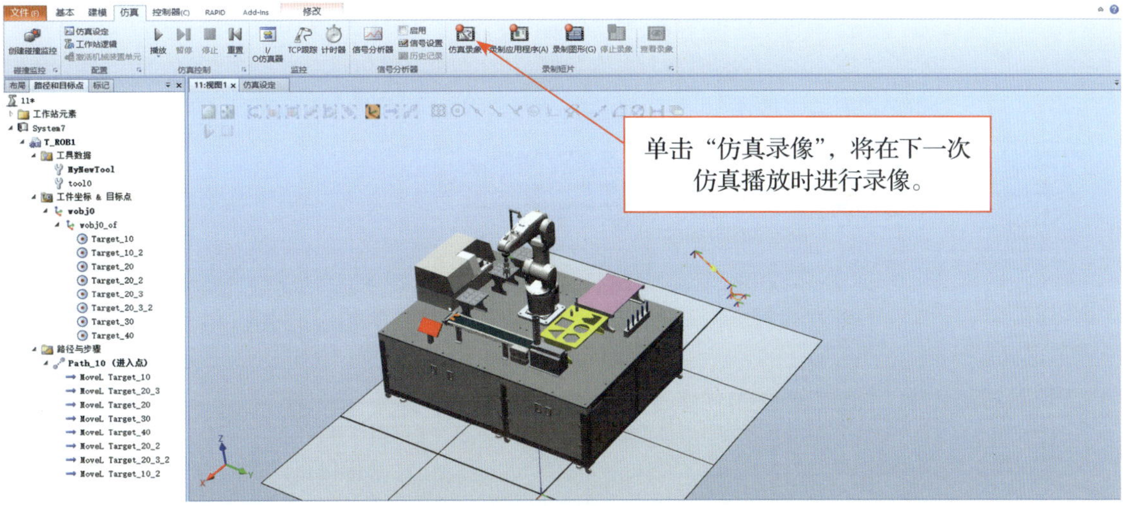

图 1－115　激活仿真录像

注意：此处的仿真录像是指对下一次仿真播放进行录像。

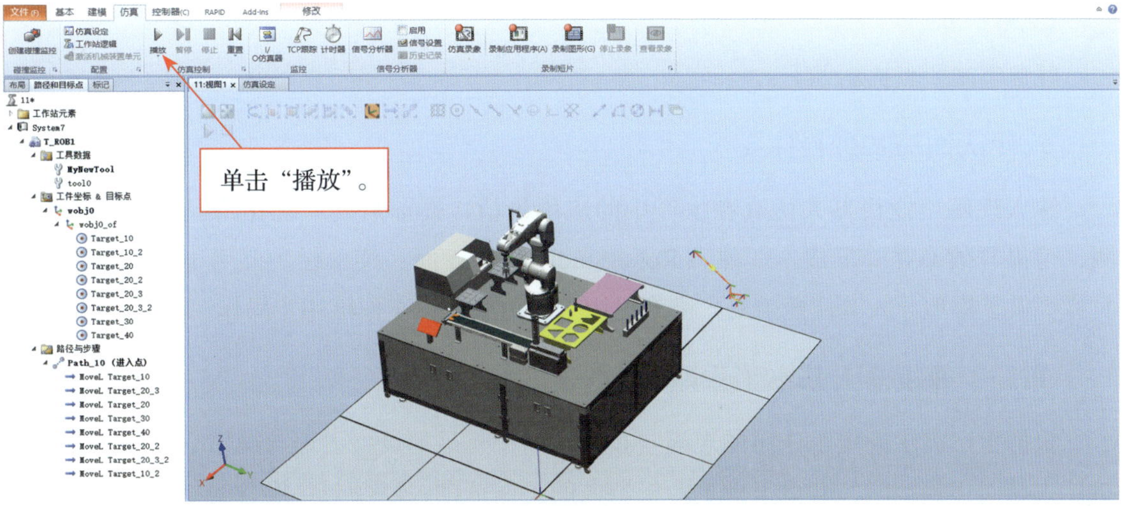

图 1－116　仿真运行并开始录像

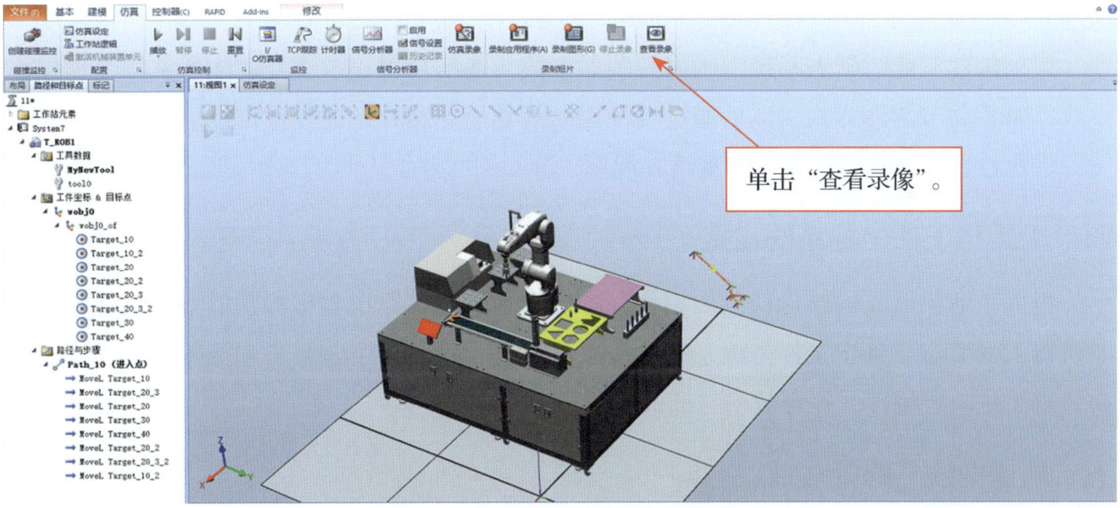

图 1－117　查看上一次仿真录像

笔记栏

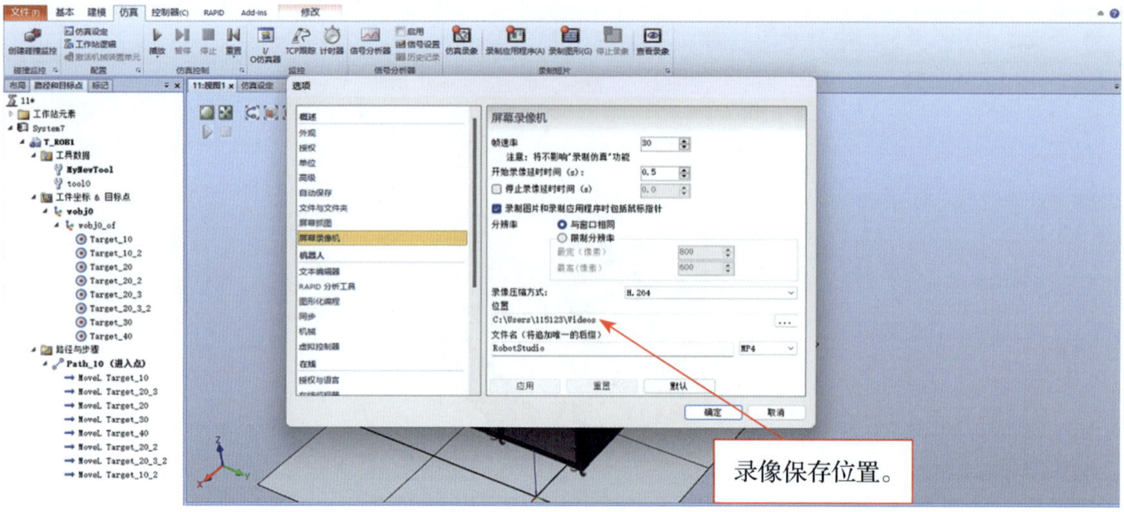

图 1－118　设置录像保存位置

为了确保与各种版本的 RobotStudio 兼容，建议将保存路径和文件名称设为英文。

任务实施

任务实施要点提示如下：

一、软件认知与基础操作

深入理解工业机器人仿真在生产中的应用价值，提前规划、优化路径并进行碰撞检测，可提升效率并降低成本。熟悉 RobotStudio 软件界面：菜单栏主要用于系统设置，工具栏提供了模型导入等便捷工具，模型树用于展示层级，工作区用于操作。

二、布局工业机器人基本工作站

根据生产需求确定工作站的规模与布局，确保充足的设备占地与操作空间。摆放工业机器人与周边模型时，着重考虑工业机器人的工作范围，以及与各设备的相对位置，避免干涉且确保物料传输流畅，如确保工业机器人抓取路径无阻碍。

三、创建工业机器人系统与手动操作

正确构建工业机器人系统，确保控制器参数与通信协议正常交互。注意掌握手动操作模式，熟悉关节活动方式，然后通过线性运动规划简单路径，通过重定位运动精准调整方位，借此检查布局的合理性，发现潜在问题。

四、工具与工件坐标系的设定

根据工业机器人的结构功能和相关标准确定画笔工具原点与坐标系框架，精准控制工业机器人的姿态。确定工件坐标系时，按工件形状、尺寸与工艺要求选择原点和坐标轴方向，可简化轨迹编程，提升效率与准确性。

五、轨迹曲线与路径生成

精准确定顶点坐标，创建三角形轨迹曲线。根据曲线生成路径，确保运动参数合理，

笔记栏

满足生产工艺要求。

六、目标点与轴配置参数调整

优化工业机器人目标点，减少冗余动作与能耗，提高运动精准度。合理调整轴配置参数，依据运动学原理选择最优方案，规避奇异点与死区，确保机器人稳定运行。

七、程序完善与仿真运行

调试排错，完善工业机器人程序。仿真运行，全面检查碰撞、超程、偏差等问题，依结果优化，直至达到理想效果。

八、辅助工具应用

启动碰撞检测设定，根据检测情况调整轨迹或设备，避免事故。利用 TCP 跟踪功能可直观检查轨迹，便于优化编程。

九、仿真结果展示与记录

再次仿真，确保工业机器人运动达标。录制视频展示操作流程与细节，并形成总结。

笔记栏

任务书 1

<table>
<tr><td>任务名称</td><td colspan="7"></td></tr>
<tr><td>班级</td><td></td><td>姓名</td><td></td><td>学号</td><td></td><td>组别</td><td></td></tr>
<tr><td>任务内容</td><td colspan="7">仿真运行工业机器人并完成视频录制</td></tr>
<tr><td>任务目标</td><td colspan="7">（1）会布局工业机器人基本工作站；
（2）会创建工业机器人工件坐标系；
（3）会创建工业机器人离线轨迹曲线及路径；
（4）会设置工业机器人目标点并配置轴参数；
（5）会使用工业机器人离线轨迹编程辅助工具；
（6）会仿真运行工业机器人并录制视频</td></tr>
<tr><td colspan="2">资料</td><td colspan="3">工具</td><td colspan="3">设备</td></tr>
<tr><td colspan="2">工作站模型</td><td colspan="3">RobotStudio 软件</td><td colspan="3"></td></tr>
<tr><td colspan="2"></td><td colspan="3"></td><td colspan="3"></td></tr>
<tr><td colspan="2"></td><td colspan="3"></td><td colspan="3"></td></tr>
<tr><td colspan="2"></td><td colspan="3"></td><td colspan="3"></td></tr>
<tr><td colspan="2"></td><td colspan="3"></td><td colspan="3"></td></tr>
</table>

任务完成报告 1

<table>
<tr><td>任务名称</td><td colspan="7"></td></tr>
<tr><td>班级</td><td></td><td>姓名</td><td></td><td>学号</td><td></td><td>组别</td><td></td></tr>
<tr><td>任务详情</td><td colspan="7"></td></tr>
</table>

任务测评

笔记栏

测试题

1. 简述工业机器人的系统组成。
2. 六自由度的工业机器人的本体有几个电动机？
3. 举例说明工业机器人控制柜的类型。
4. 简述工业机器人的发展历程。
5. 工业机器人的显著特点是什么？

测评表

项目	技术要求	分值	评分细则	评分记录	备注
认识工业机器人仿真软件	会操作 RobotStudio 软件	10	操作流程		
布局工业机器人基本工作站	（1）会导入工业机器人和周边模型； （2）能够手动操作工业机器人	10	操作流程		
创建工业机器人系统与手动操作	（1）会创建工业机器人系统； （2）会摆放工业机器人本体和周边模型	10	操作流程		
创建工业机器人用画笔工具	（1）会设定工具的本体原点； （2）会创建工具坐标系框架； （3）会创建工具	10	操作流程		
创建工业机器人工件坐标系	会创建工业机器人轨迹工件坐标系	10	操作流程		
创建工业机器人离线轨迹曲线及路径	（1）会创建三角形曲线； （2）会生成三角形路径	10	操作流程		
工业机器人目标点及轴配置参数调整	（1）会调整目标点； （2）会调整轴配置参数； （3）会完善程序	10	操作流程		
工业机器人离线轨迹编程辅助工具应用	（1）会使用碰撞监控功能； （2）会使用 TCP 跟踪功能	10	操作流程		
仿真运行工业机器人并录制视频	（1）会仿真运行； （2）会录制仿真视频	10	操作流程		
安全操作	符合上机实训要求	10	操作流程		

笔记栏

任务创新

带导轨工业机器人工作站轨迹的仿真设计如何实现?

在现代工业生产领域，带导轨工业机器人工作站占据着重要的地位，其在汽车制造、电子产品组装等领域均有着广泛的应用。从图 1－119 中能够清晰识别带导轨工业机器人工作站的关键组成部分：导轨为工业机器人提供线性运动路径，拓展了工作空间；工业机器人手臂承担抓取、装配、焊接等一系列操作任务。

展望未来，这几个颇具挑战性的开放性问题值得深入探讨：如何有效降低仿真设计的成本？怎样使轨迹规划变得更加灵活，从而能够完美适配多种类型的生产任务？如何显著提升工作站应对突发情况的能力？

请结合所学内容，思考图 1－119 所示的带导轨工业机器人工作站轨迹的仿真设计如何实现。

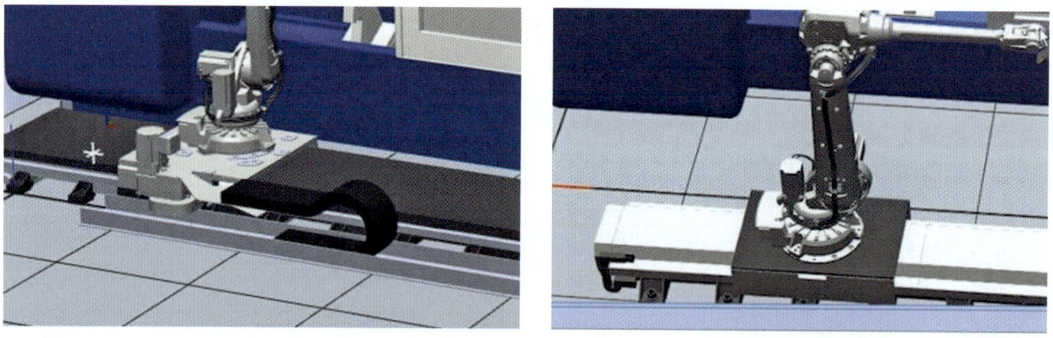

（a）导轨　　　　（b）手臂

图 1－119　带导轨工业机器人工作站

笔记栏

任务 2 输送链的仿真设计

素养园地

“中国首个”“世界第一”不断涌现

在一家中国制造企业的工厂内，机械臂在汽车上飞舞，除了几个坐在屏幕前的主管外，现场几乎没有其他工人——西班牙《日报》网站近日报道的这一富有科技感的画面，在如今的中国已不是新鲜事。

2024 年 11 月下旬，国际机器人联合会发布《2024 年世界机器人报告》显示，在工业机器人密度方面，中国以每 1 万名员工配有 470 台机器人的密度，在全球排名第三，仅次于韩国和新加坡。路透社指出，机器人密度是衡量制造业自动化程度的国际重要指标。近年来，中国大力推动自动化技术发展，在 2019 年以来的短短几年间，成功将机器人密度翻了一番。

机器人赋能千行百业，是中国科技创新日新月异的一个生动缩影。2024 年，中国科技创新突破不断、成果丰硕：国产首艘大型邮轮“爱达·魔都号”开启商业首航；中国自主研制的 AG60E 电动飞机成功首飞；嫦娥六号任务圆满成功，实现世界首次月球背面采样返回；中国科学家首次在月壤中发现分子水；“中国天眼”核心阵试验样机开工建设……这一年，一项项“中国首个”“世界第一”不断涌现，一系列突破性、标志性科技成就点亮中国科技创新的一个个高光时刻。

资料来源：严瑜. 这一年，中国科技创新又有新突破. 中华人民共和国国务院新闻办公室官网，2024-12-30.（有删改）

任务目标

知识目标

（1）了解夹具与输送链的配合原理。

（2）掌握输送链限位传感器的设定方法和注意事项。

（3）掌握输送链信号的设置与链接方法。

技能目标

（1）能熟练设置输送链限位传感器。

（2）能熟练创建信号与链接，高效地实现仿真。

（3）能准确设计夹具的拾取、放置、开合动作，并使其与输送链的运动相协调，实现物料的精准抓取和释放。

笔记栏

素质目标

（1）勇于尝试新方法、新思路，培养创新思维和解决问题的能力。

（2）通过仿真实践，提高动手能力和实践操作能力，为未来的职业发展打下坚实的基础。

（3）培养团队协作精神和沟通能力。

（4）关注工业自动化技术的发展趋势及其对社会的影响，培养社会责任感和使命感。

任务分析

一、三爪夹具机械装置的创建

（1）根据夹具的特性，将其拆分为固定本体和可动卡爪，并分别建模。

（2）设置夹爪的开合范围，确保其能适应不同尺寸的工件。设定夹具的运动方式，建立符合生产需求的三爪夹具模型，使其能够完成物料的稳定夹持和释放。

二、动态输送链的创建

通过 Smart 组件建立可控的输送链，实现物料输送、检测和信号交互。

（1）根据要求设定物料的生成规则，设定输送链的速度、加速度等参数，确保其能够稳定输送工件。设定合适的启停逻辑，使输送链能够在特定条件下启动或停止运行。

（2）根据要求设定限位传感器，并设定传感器的触发条件，如工件通过时信号变化等。准确检测工件是否到达特定位置。

（3）设定输送链的参数，使其能够与其他设备兼容。设置关联传感器信号，使输送链能够根据传感器反馈调整运行状态。

（4）设定输送链与夹具之间的信号交互逻辑，确保夹具能够根据输送链的运行状态拾取或放置工件。

（5）运行仿真，观察输送链的运动情况，检测是否能够顺利输送工件，并根据仿真结果调整参数。

三、动态夹具的创建

建立一个智能夹具，使其能够完成工件的检测、拾取、放置和开合动作，并能与输送链协同工作。

（1）根据要求设定夹具的类型、尺寸、材料属性等，使其具备良好的夹持稳定性。

（2）在夹具上添加合适的检测传感器，用于判断工件是否到位，并设定传感器的触发逻辑，如检测到工件后发送信号给夹具控制系统。

（3）根据实际需求，设定夹具的拾取和放置动作轨迹，验证夹具在拾取和放置物品时的准确性和稳定性。

（4）根据夹具的工作原理，设定卡爪的开合动作时间和力度。验证夹具在开合过程中的运动轨迹和稳定性。

笔记栏

（5）为夹具及其相关组件设置属性，如运动范围、速度等。创建夹具与输送链之间的连结，确保它们能够协同工作。

（6）设定夹具与控制系统之间的信号传输方式，连接好夹具与控制系统之间的信号线，确保控制指令能够准确传递，系统运行流畅，无明显逻辑错误。

（7）运行仿真软件，观察夹具的抓取和放置动作以及输送链的运行状态。记录并分析仿真数据，评估夹具和输送链的性能是否满足设计要求。

机器人工具——夹爪的机械装置

知识准备

一、创建三爪夹具机械装置

创建三爪夹具机械装置的具体操作如图 2 - 1 至图 2 - 23 所示。

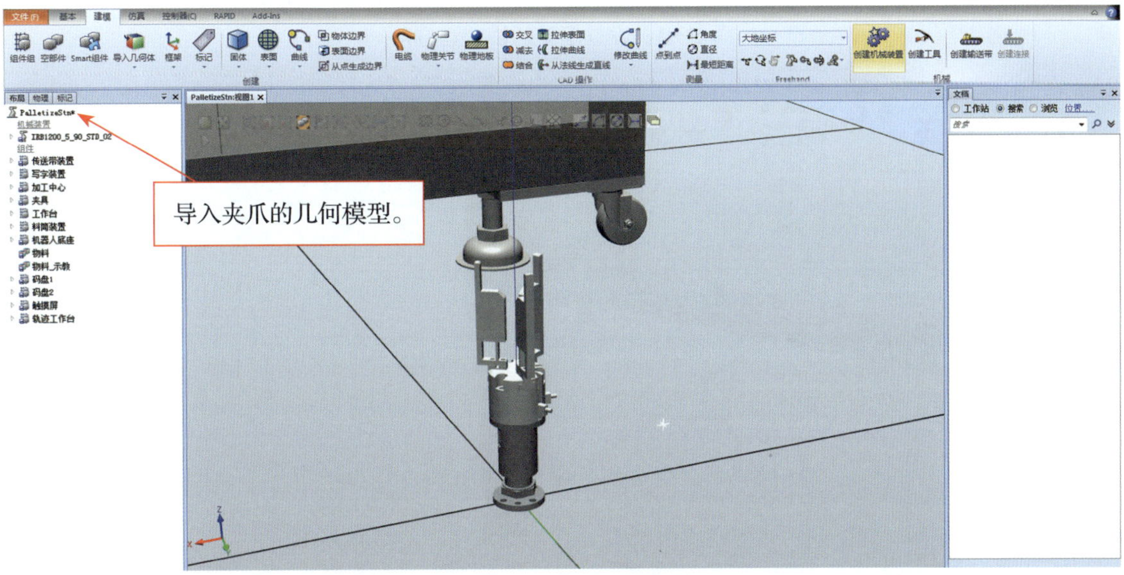

图 2 - 1　导入模型

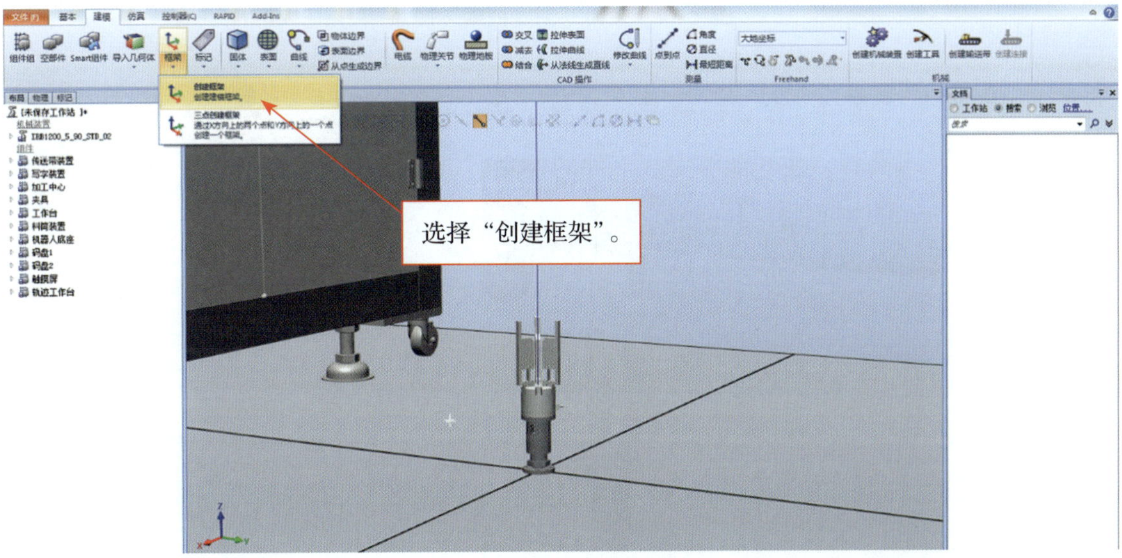

图 2 - 2　创建建模框架

笔记栏

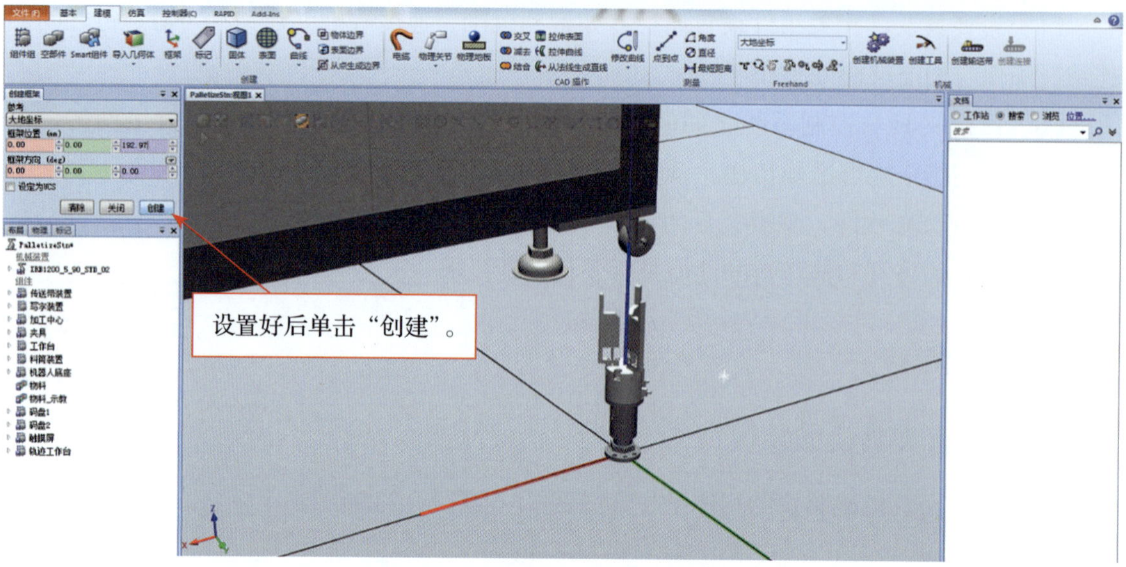

图 2-3　设置框架的位置和方向

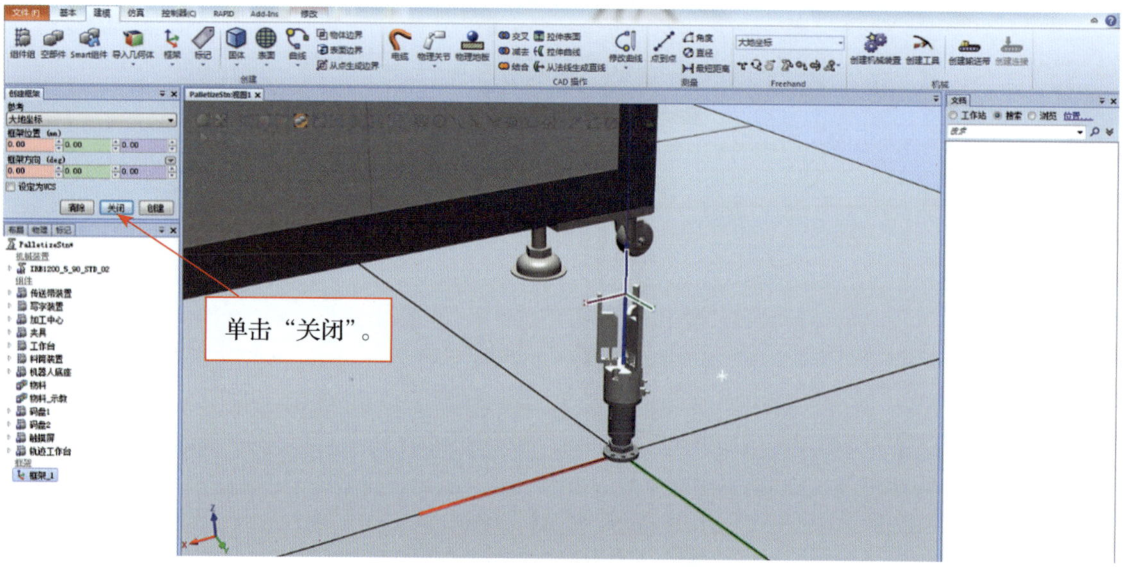

图 2-4　关闭“创建框架”窗口

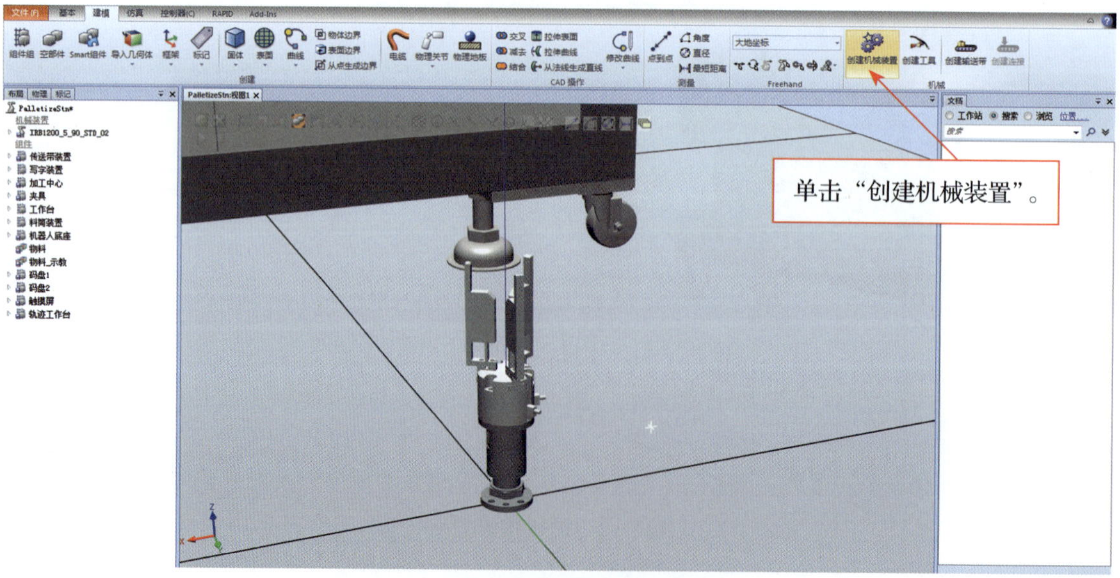

图 2-5　打开“创建机械装置”窗口

笔记栏

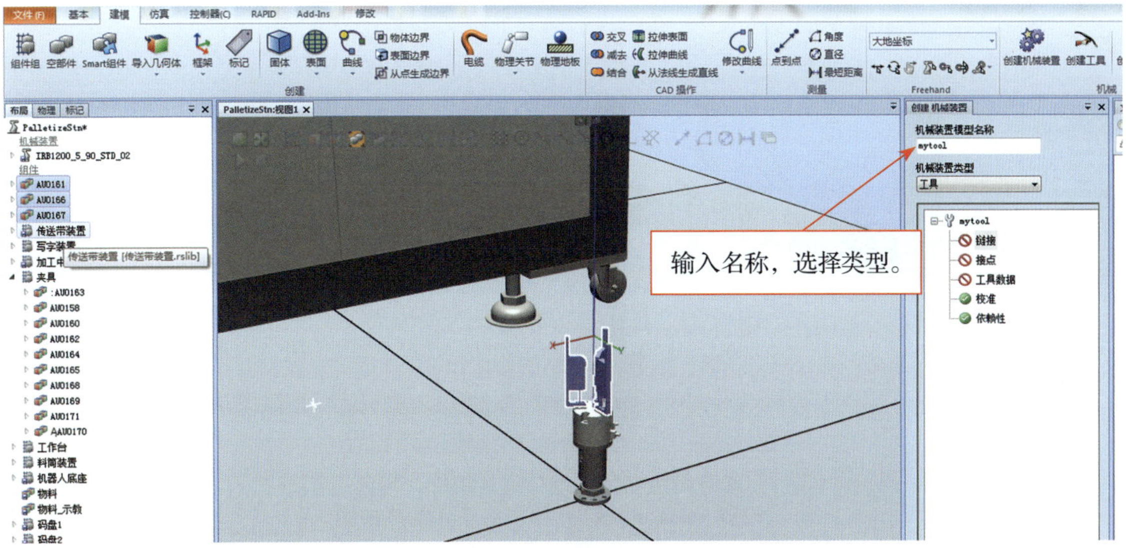

图 2－6 修改机械装置的模型名称和类型

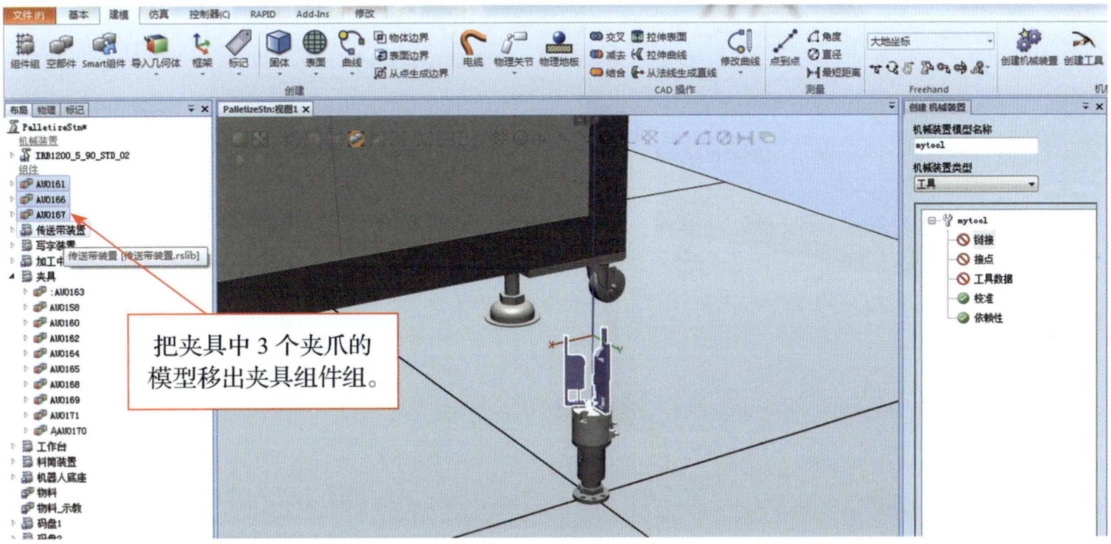

图 2－7 断开库连接

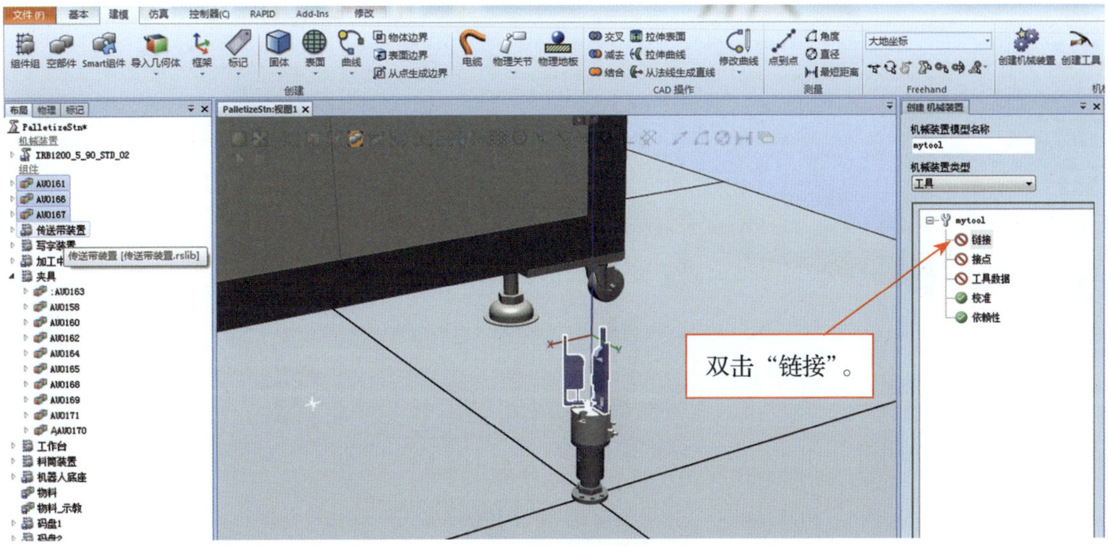

图 2－8 建立链接

笔记栏

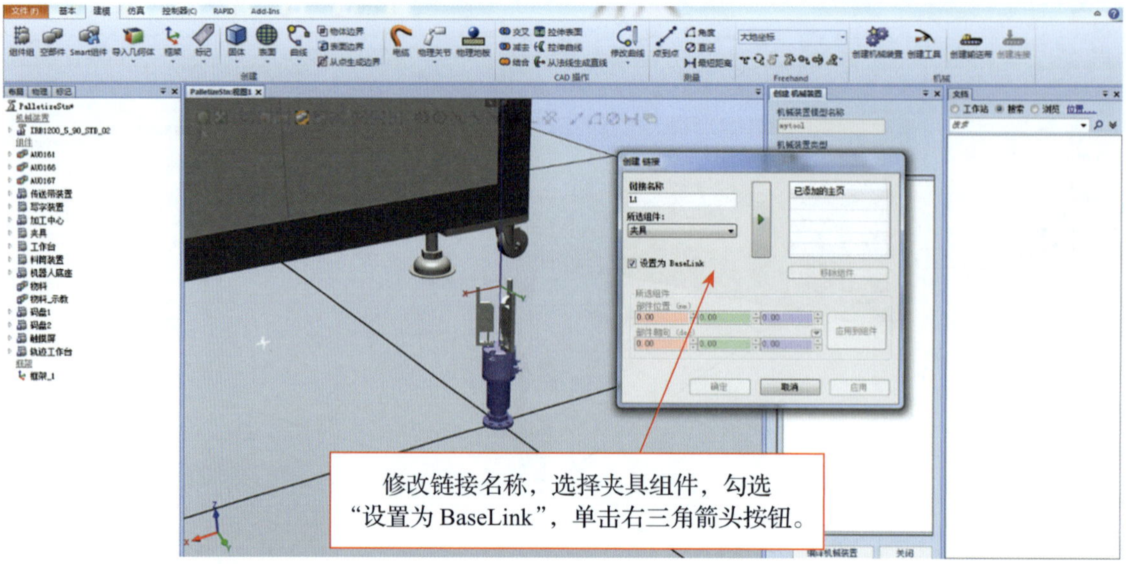

图 2－9　将链接添加到主页

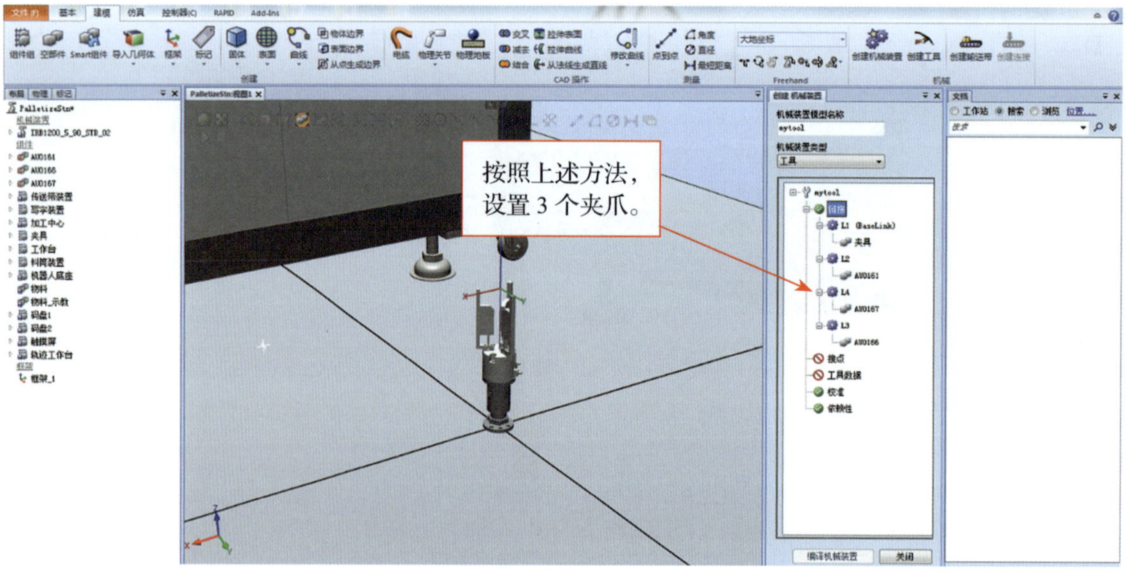

图 2－10　完成夹爪设置

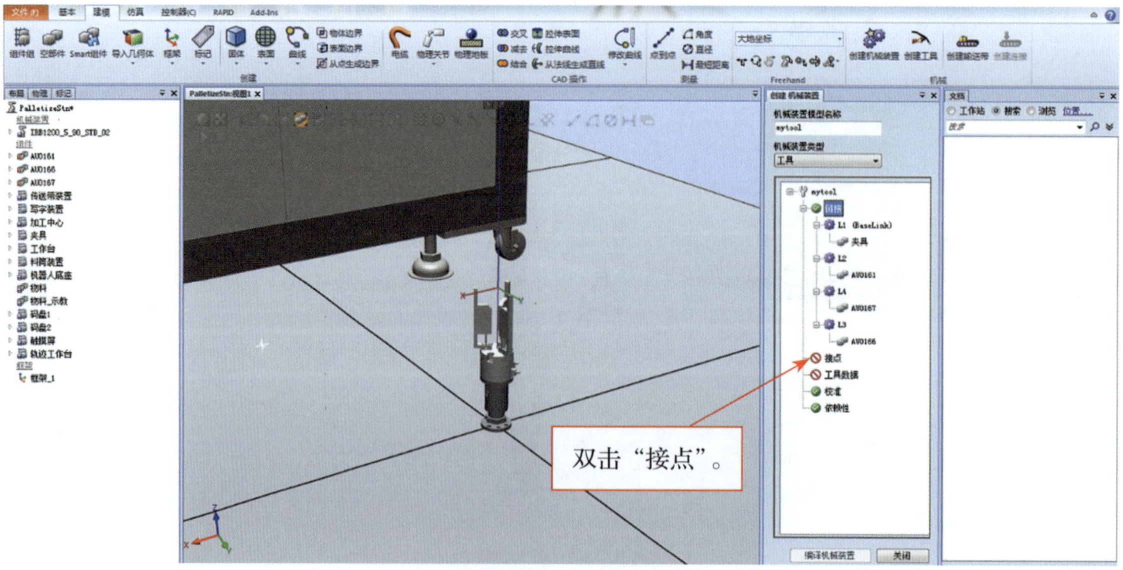

图 2－11　创建接点

笔记栏

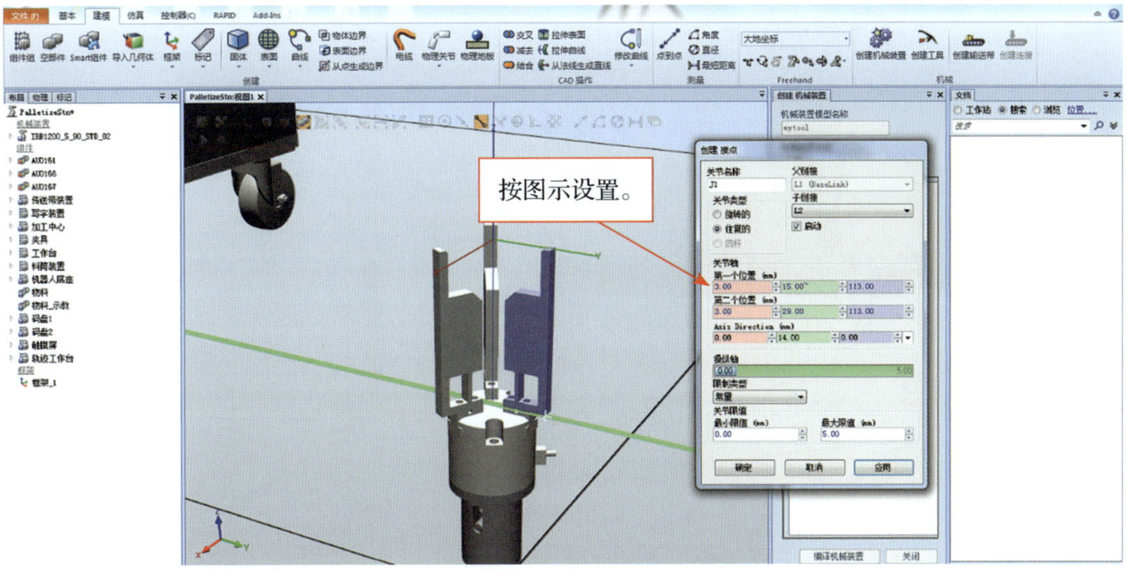

图 2－12　设置接点参数

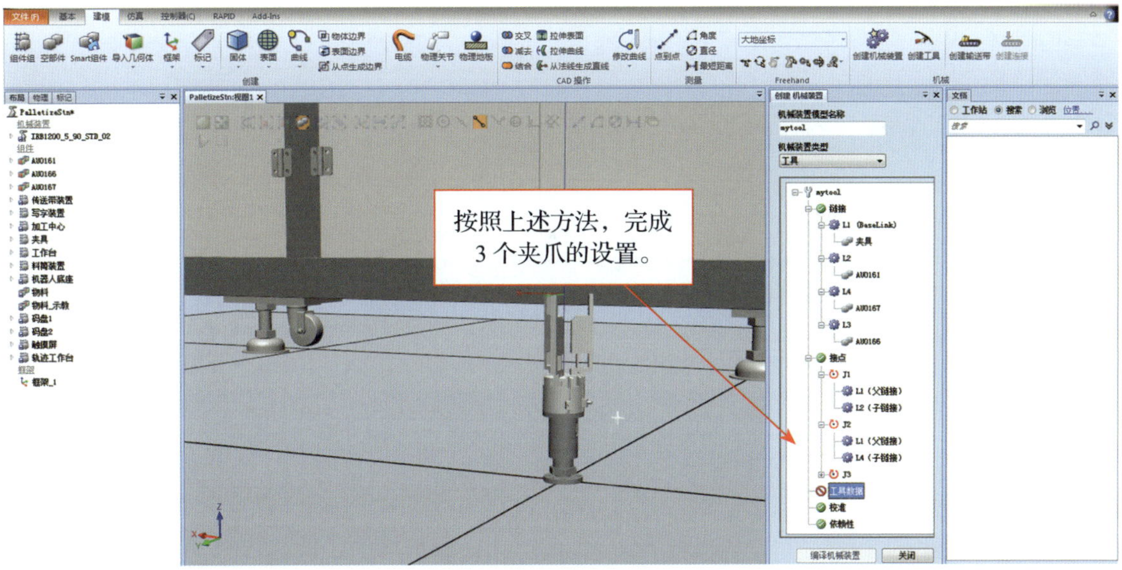

图 2－13　完成夹爪设置

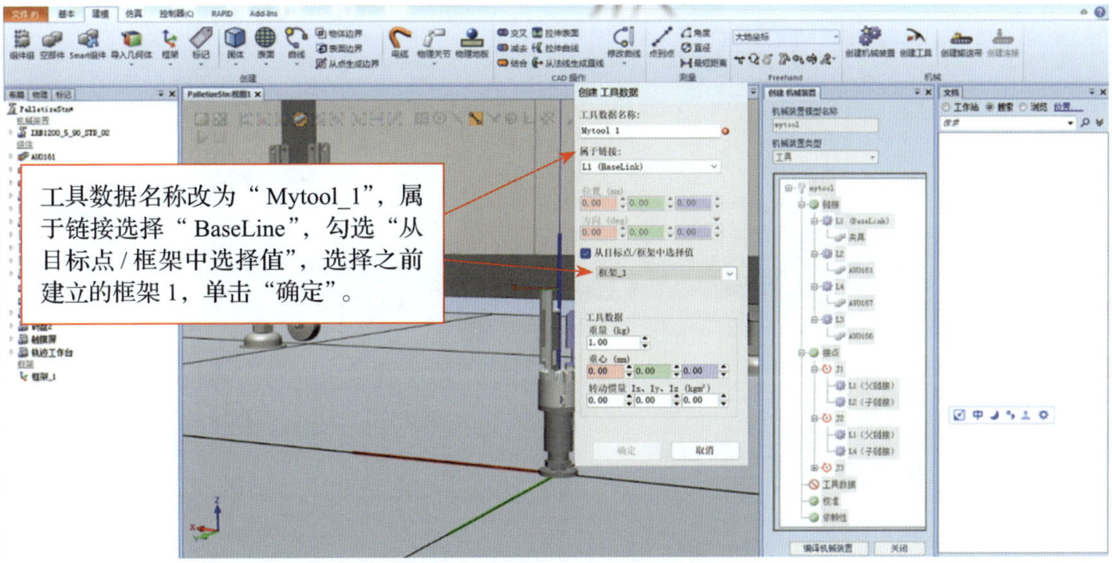

图 2－14　设置工具数据参数

笔记栏

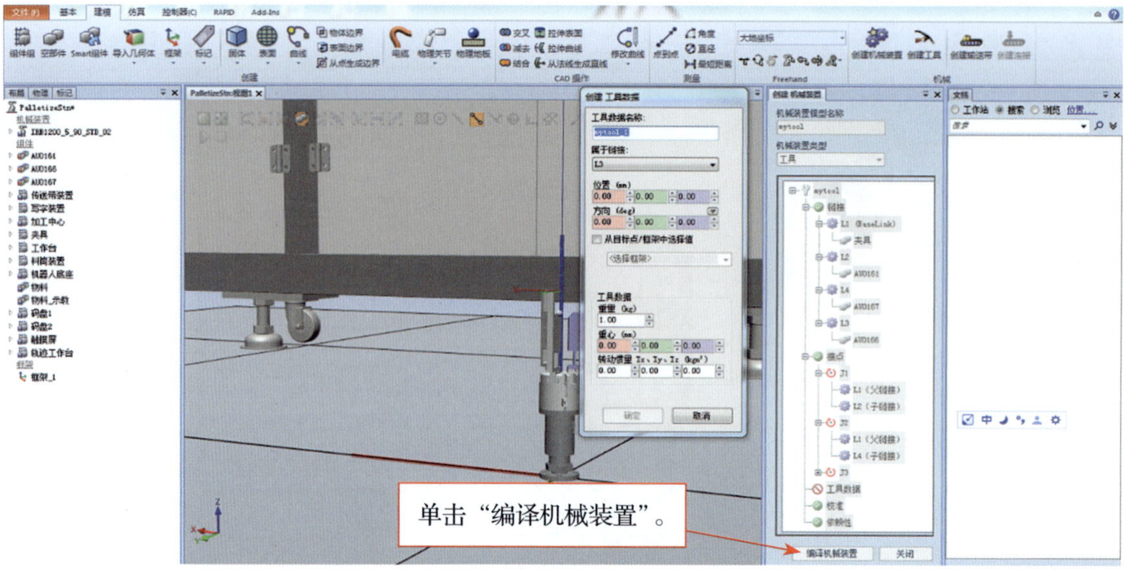

图 2-15　创建夹具装置

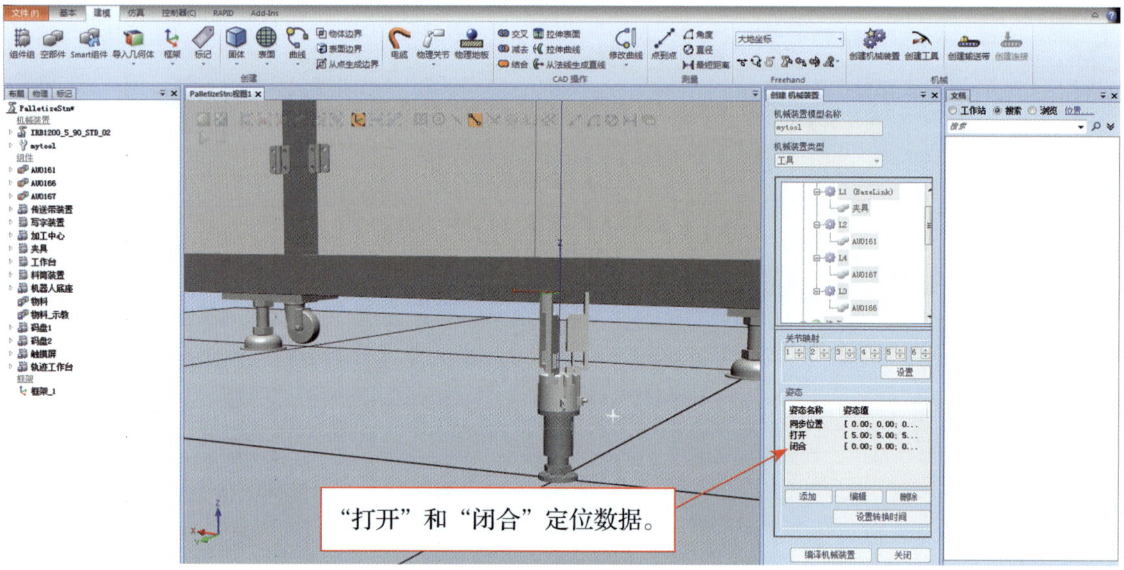

图 2-16　添加定位数据

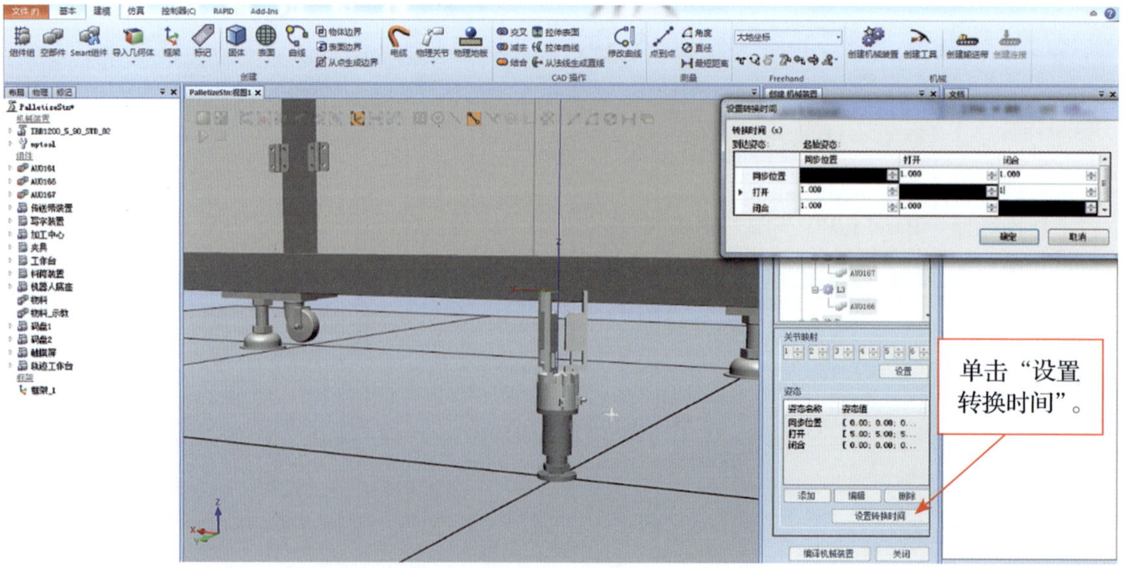

图 2-17　打开“设置转换时间”对话框

笔记栏

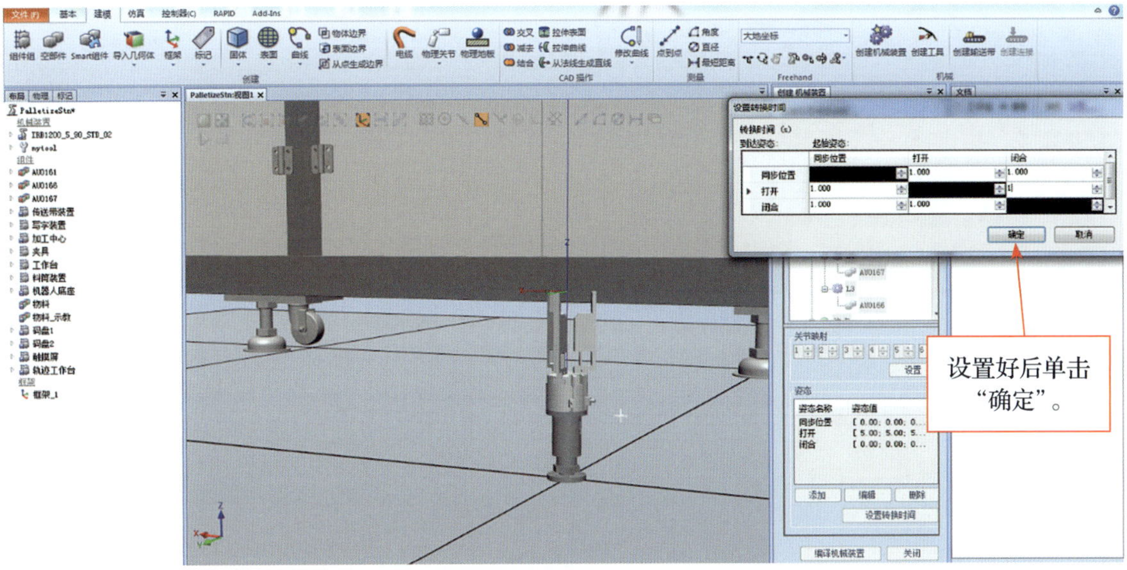

图 2-18　设置夹具在两个位置之间运动的时间

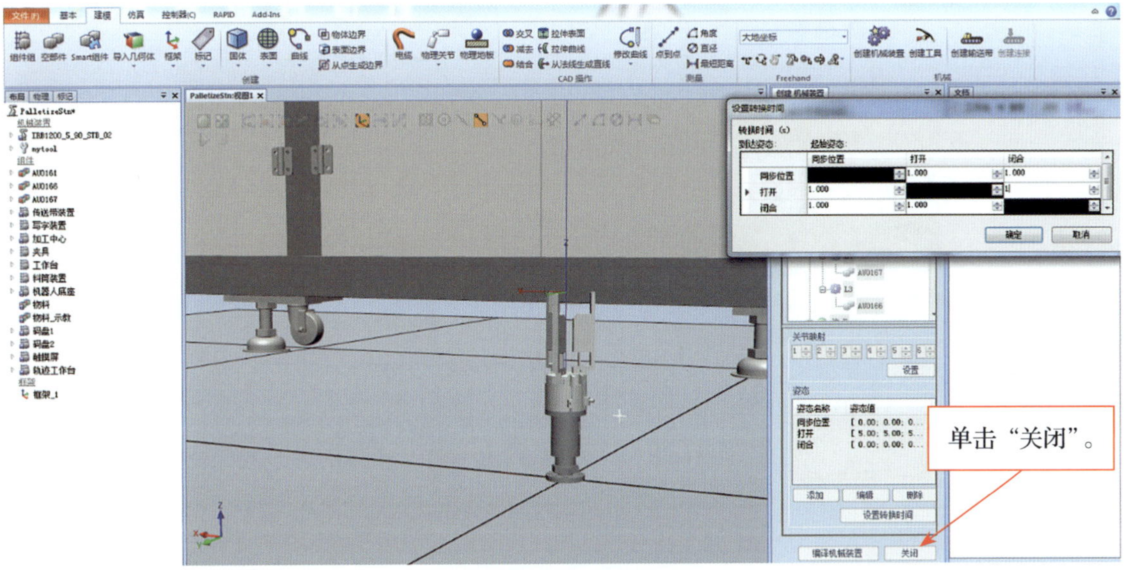

图 2-19　关闭“创建机械装置”窗口

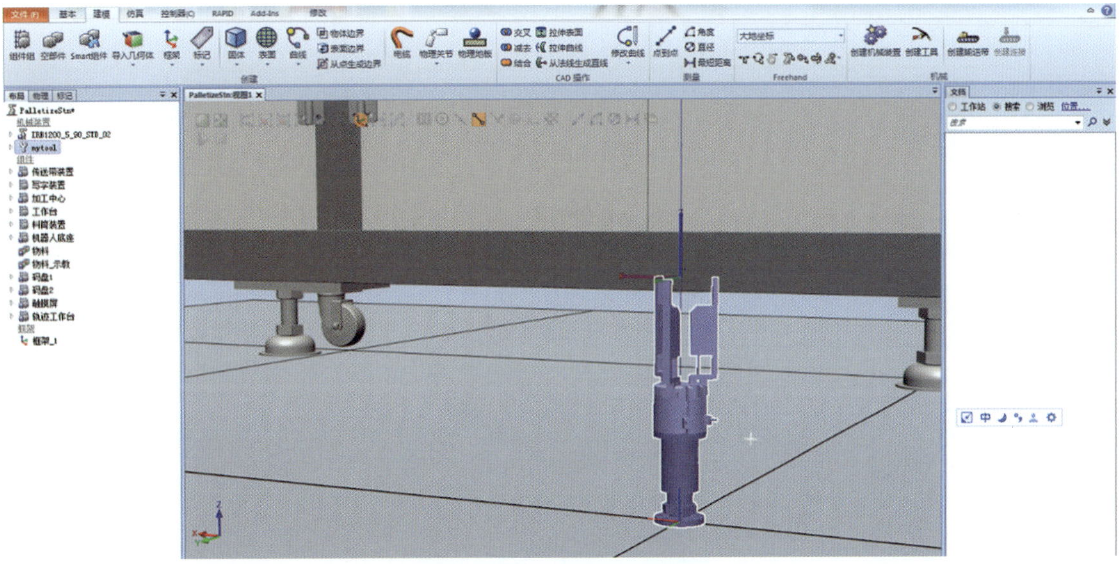

图 2-20　夹具完成效果

笔记栏

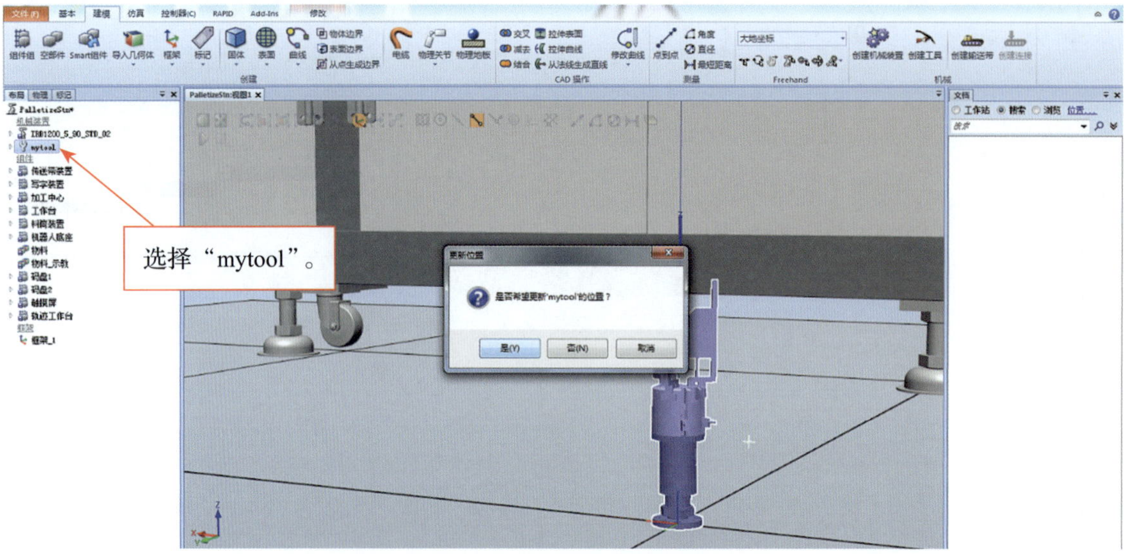

图 2-21　将夹具安装到工业机器人上

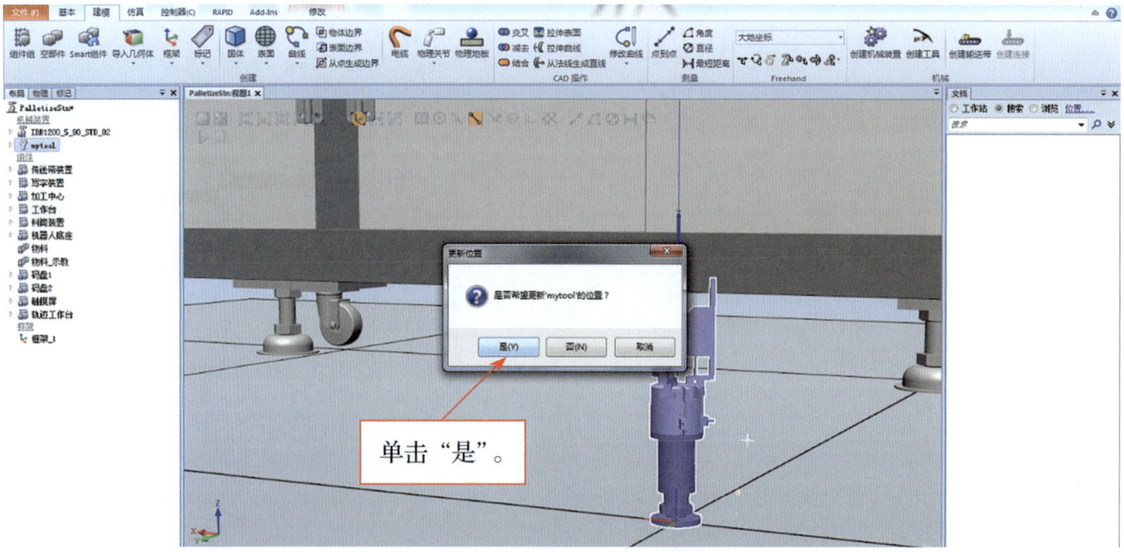

图 2-22　确认位置更新

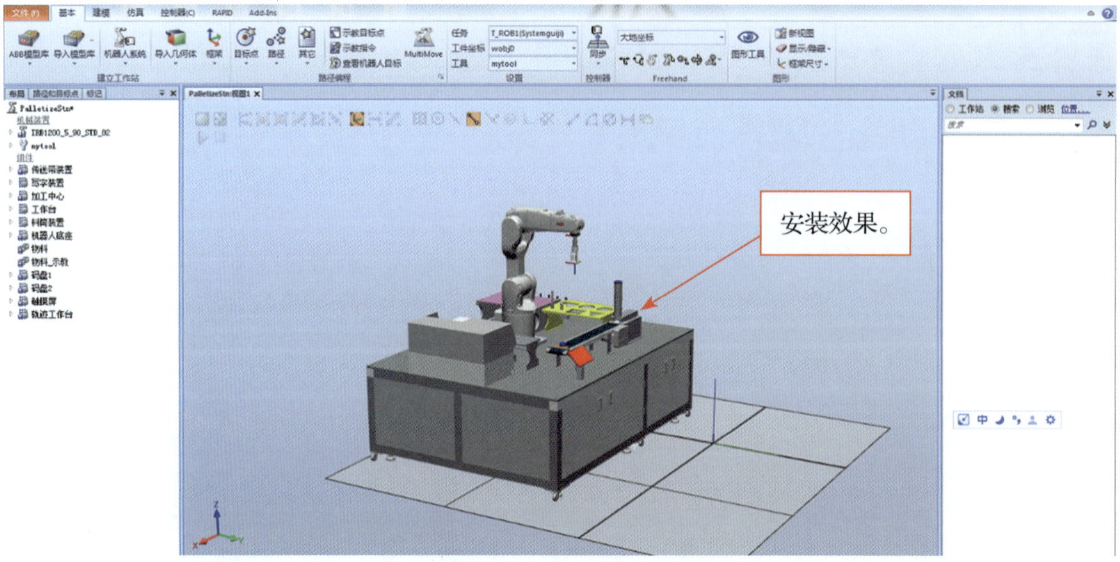

图 2-23　夹具安装完成

笔记栏

二、用 Smart 组件创建动态输送链

输送链的动态效果对码垛工作站的仿真至关重要。Smart 组件用于在 RobotStudio 中实现动画效果。Smart 组件输送链动态效果包括输送链前端自动生成产品、产品随着输送链运动、产品到达输送链末端后停止运动、产品被移走后输送链前端再次生成产品，依此循环。

应用 Smart 组件创建动态输送链——设定输送链产品源

(一) 设置输送链产品源（Source）

Source 属性及信号说明见表 2－1。

表 2－1　Source 属性及信号说明

类别	名称	说明
属性	Source	要复制的对象
	Copy	包含复制的对象
	Parent	增加拷贝的位置，如果同样的父对象为源则无效
	Orientation	拷贝的方向与父对象相对应
	Transient	在临时仿真的过程中对已创建的复制对象进行标记，防止内存错误的发生
	PhysicsBehavior	规定副本的物理行为
信号	Execute (Digital)	设定为 high (1)，去创建一个拷贝
	Executed (Digital)	变成 high (1)，当此操作完成

设置输送链产品源的具体操作如图 2－24 至图 2－29 所示。

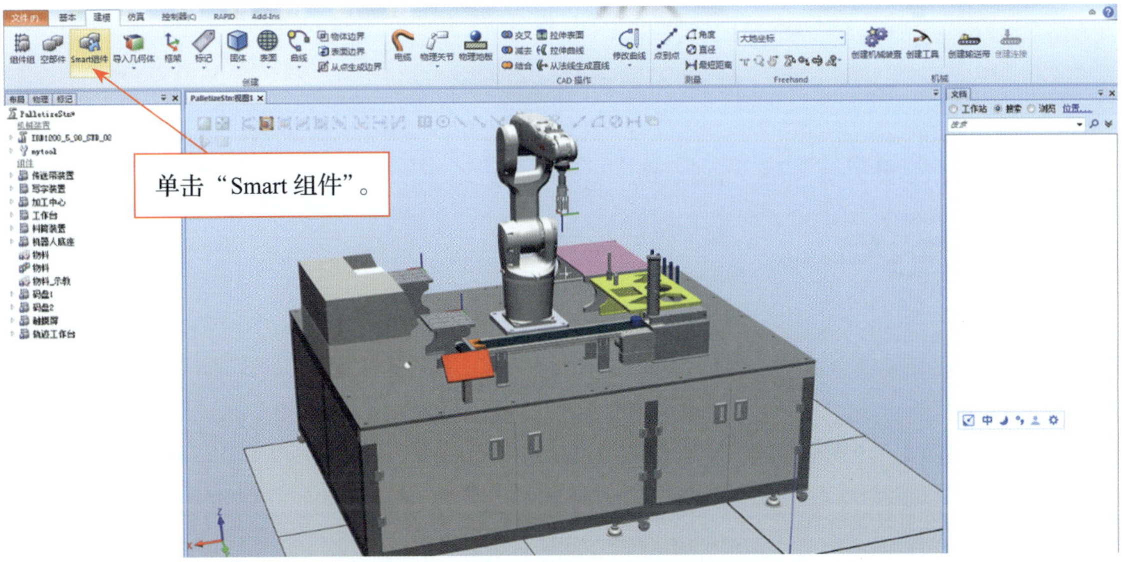

图 2－24　新建一个 Smart 组件

笔记栏

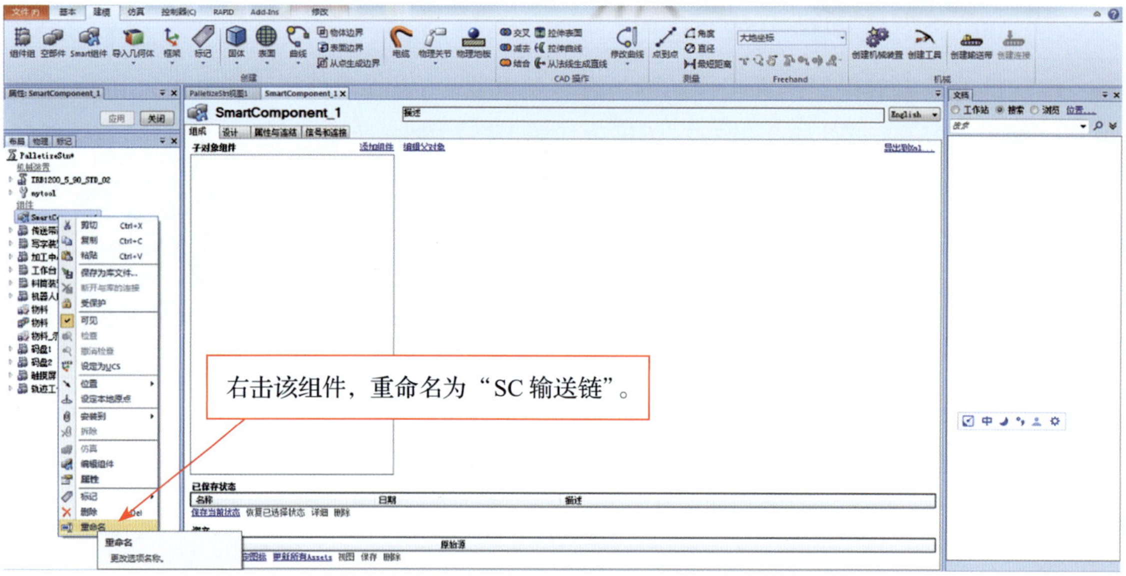

图 2－25　对组件进行重命名

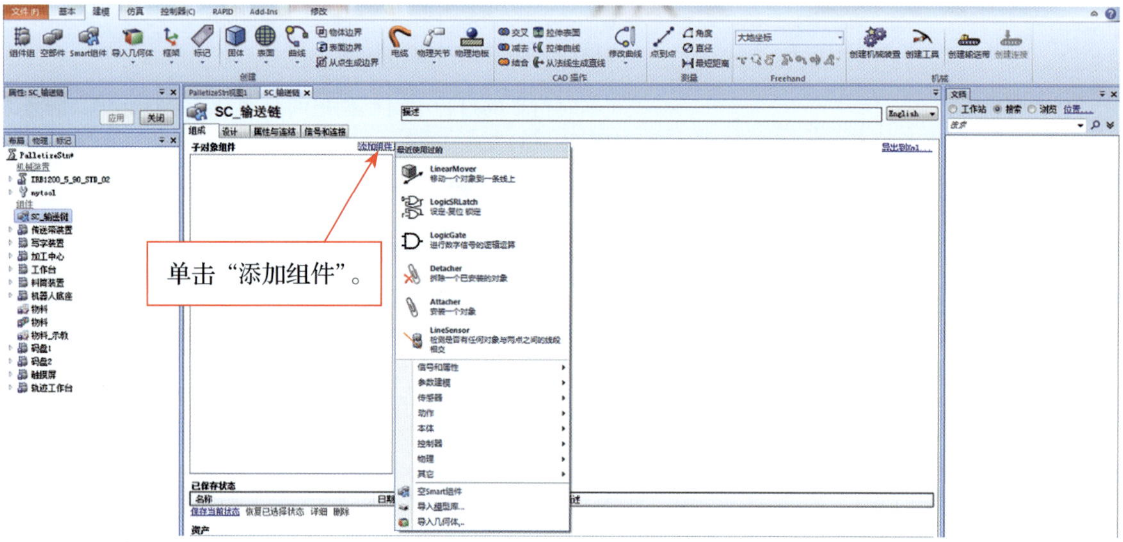

图 2－26　打开“添加组件”菜单

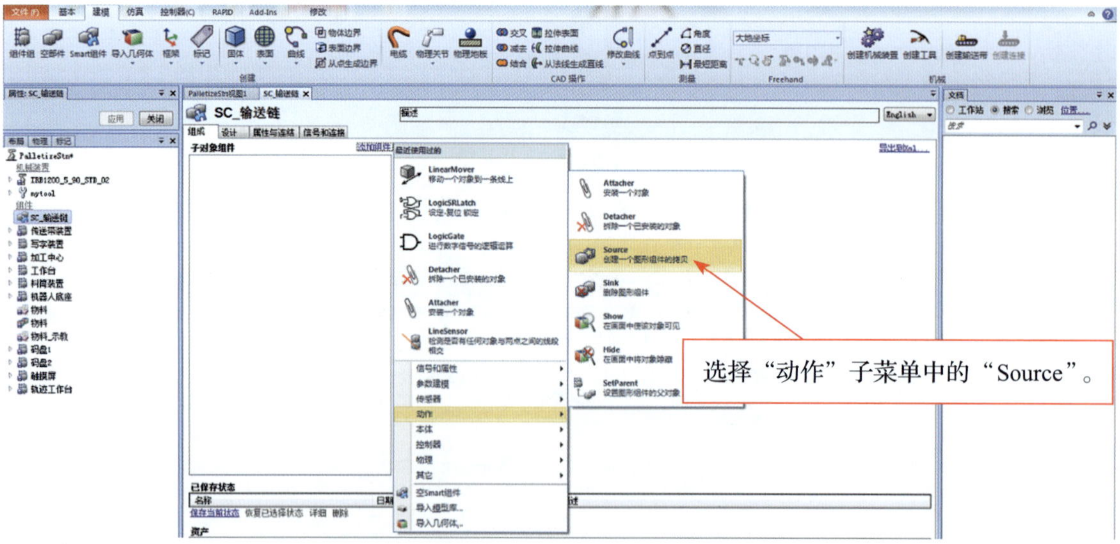

图 2－27　实现“创建一个图形组件的拷贝”

笔记栏

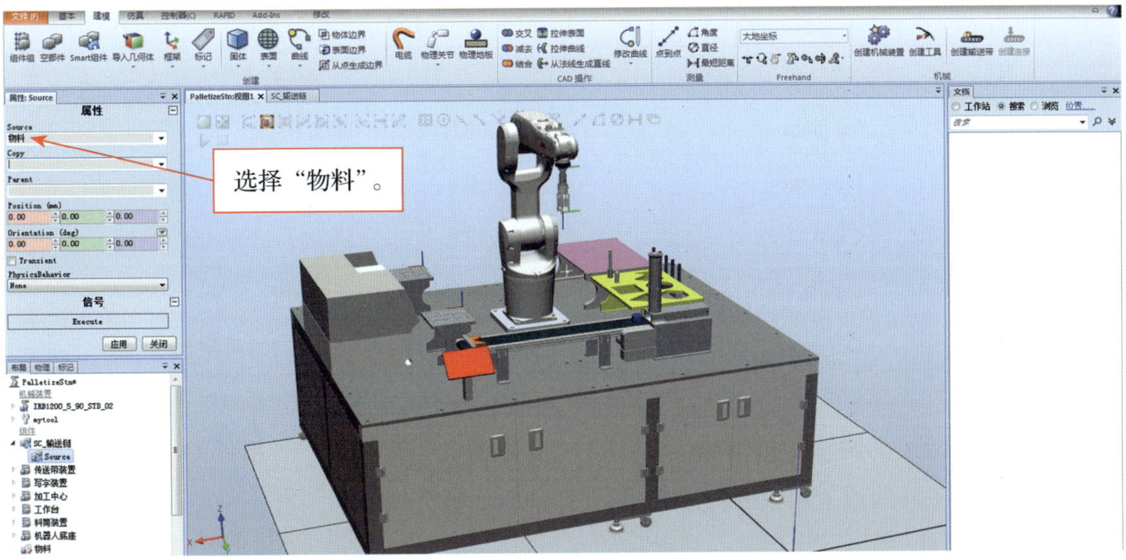

图 2－28 属性设置

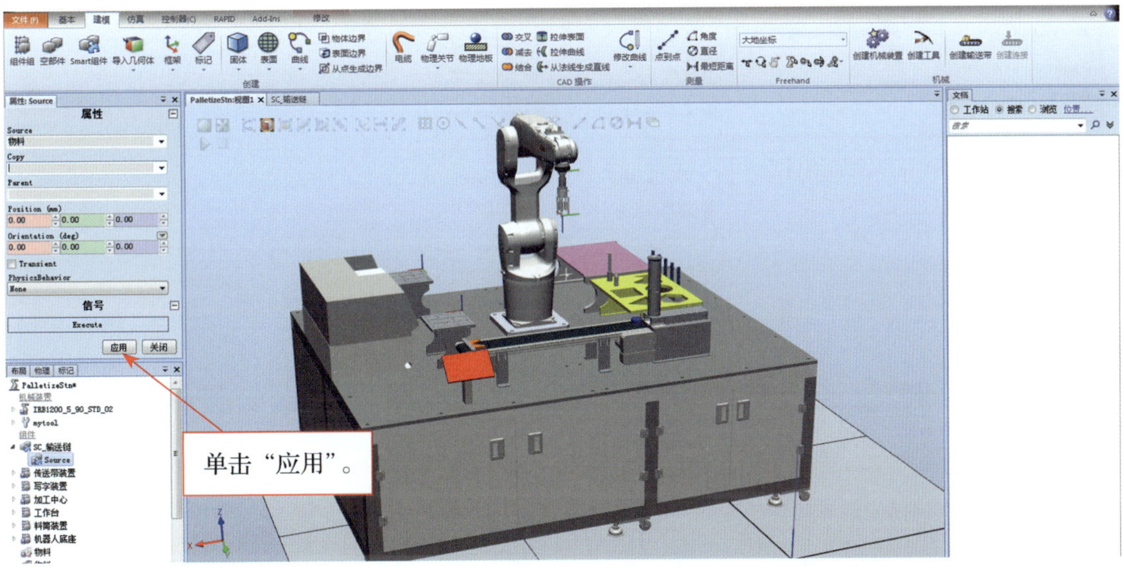

图 2－29 输送链产品源设置完成

每当触发一次 Source 子组件，系统都会自动生成一个产品源的复制品。本任务将码垛产品设定为产品源。

(二) 设置输送链运动属性 (Queue)

Queue 属性及信号说明见表 2－2。

表 2－2 Queue 属性及信号说明

类别	名称	说明
属性	Back	对象进入队列
	Front	第一个对象在队列
	NumberOfObjects	队列中对象的数量

笔记栏

续表

类别	名称	说明
信号	Enqueue	将后面的对象添加到队列中
	Dequeue	变成 high (1)，当此操作完成
	Clear	清空队列
	Delete	在工作站和队列中移除 Front 对象
	DeleteAll	清除队列并删除所有工作站的对象

设置输送链运动属性的具体操作如图 2－30 至图 2－37 所示。子组件 Queue 可以将同类型物体当作队列处理，这里暂时不需要设定 Queue 属性。

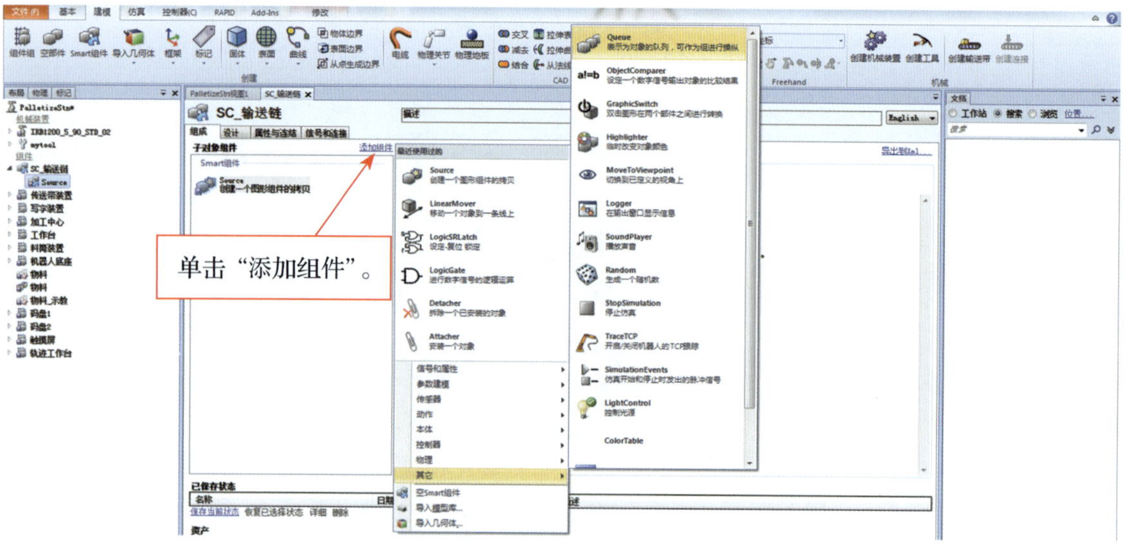

图 2－30　打开“添加组件”菜单

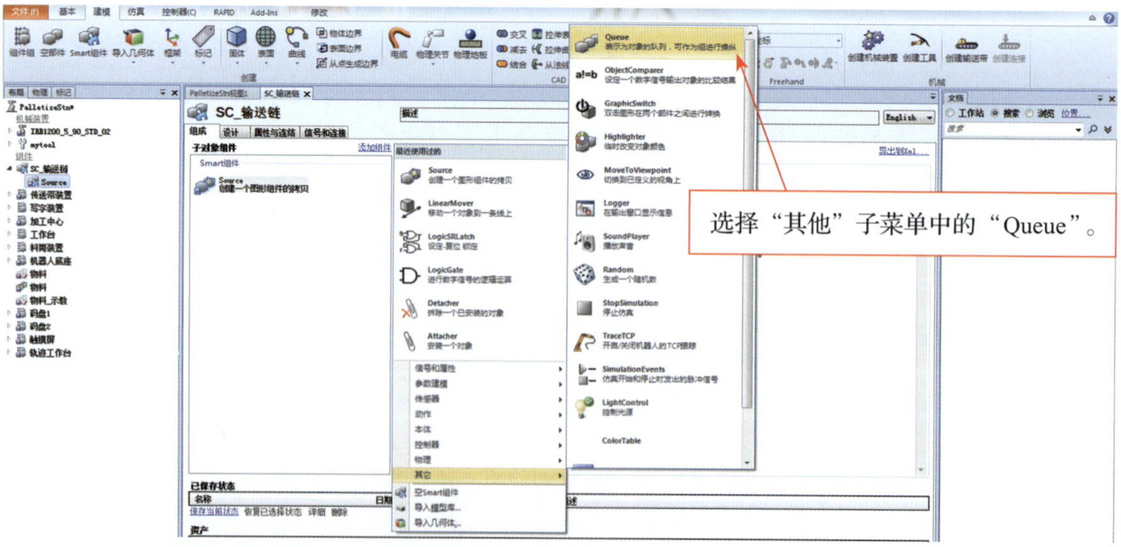

图 2－31　实现“表示为对象的队列，可作为组进行操纵”

笔记栏

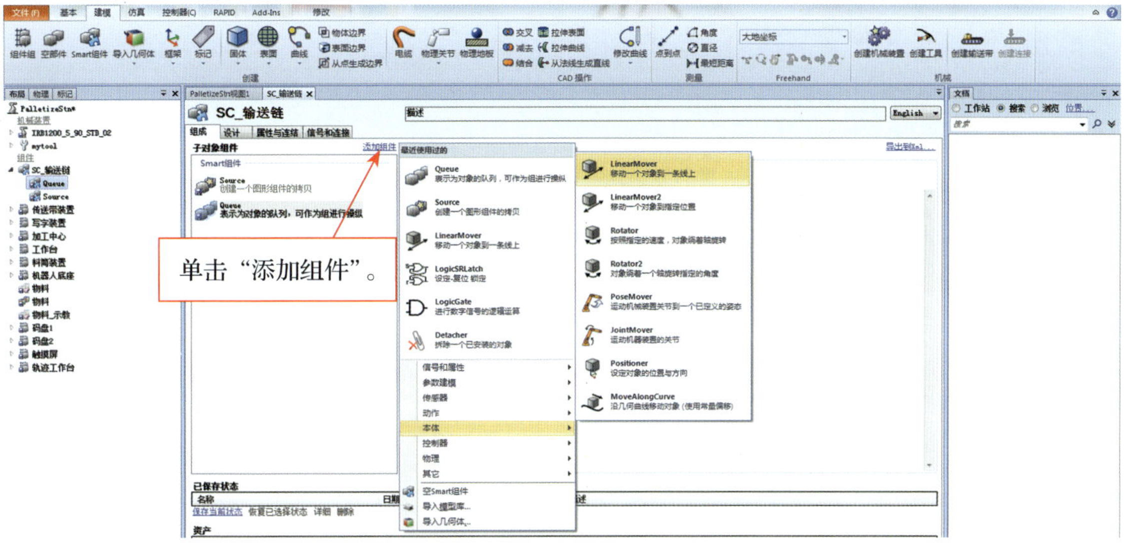

图 2－32　打开“添加组件”菜单

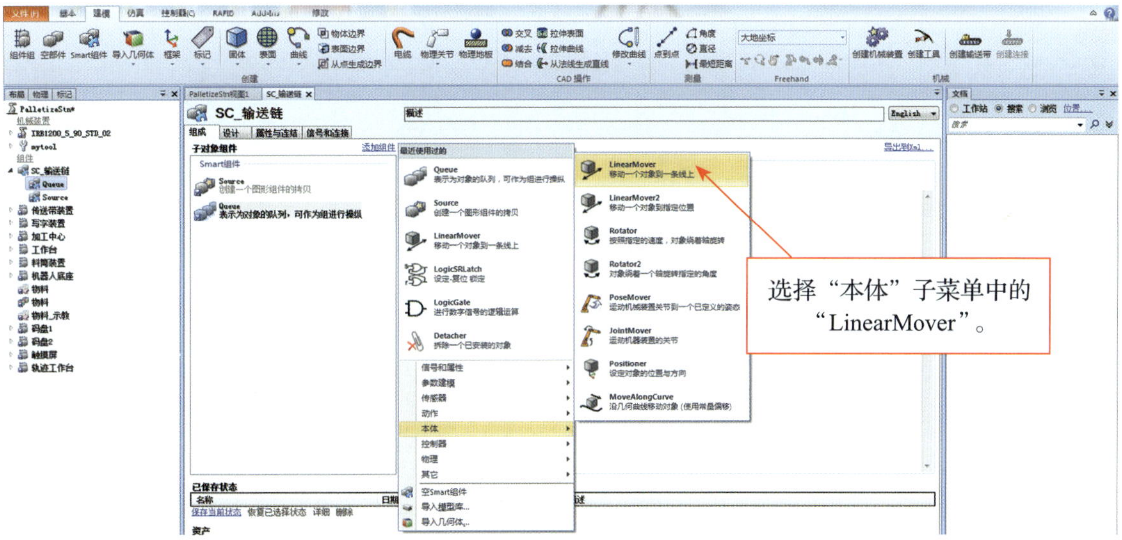

图 2－33　实现“移动一个对象到一条线上”

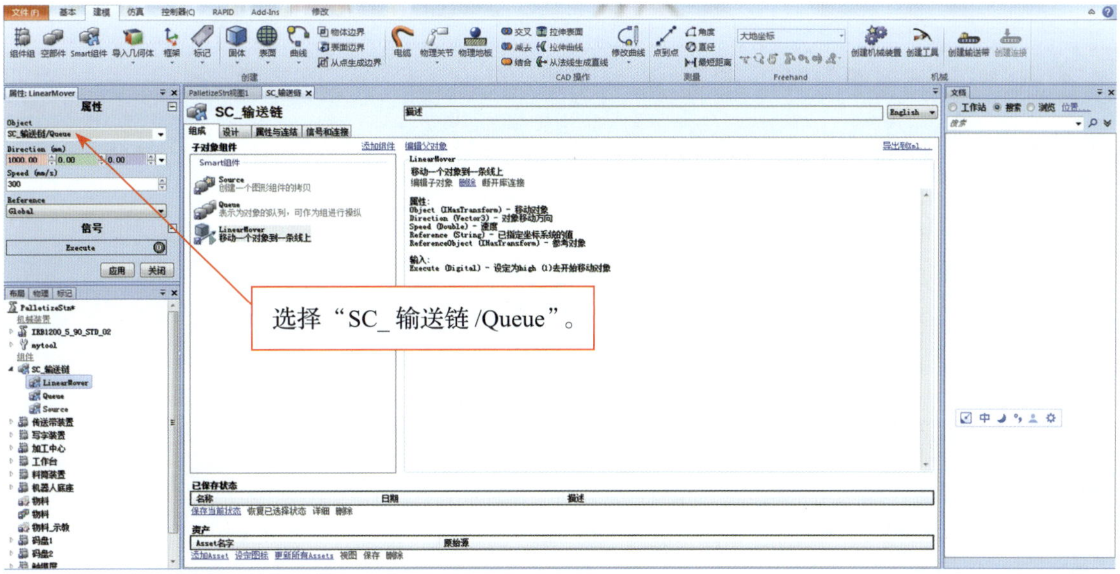

图 2－34　设置属性 Object

笔记栏

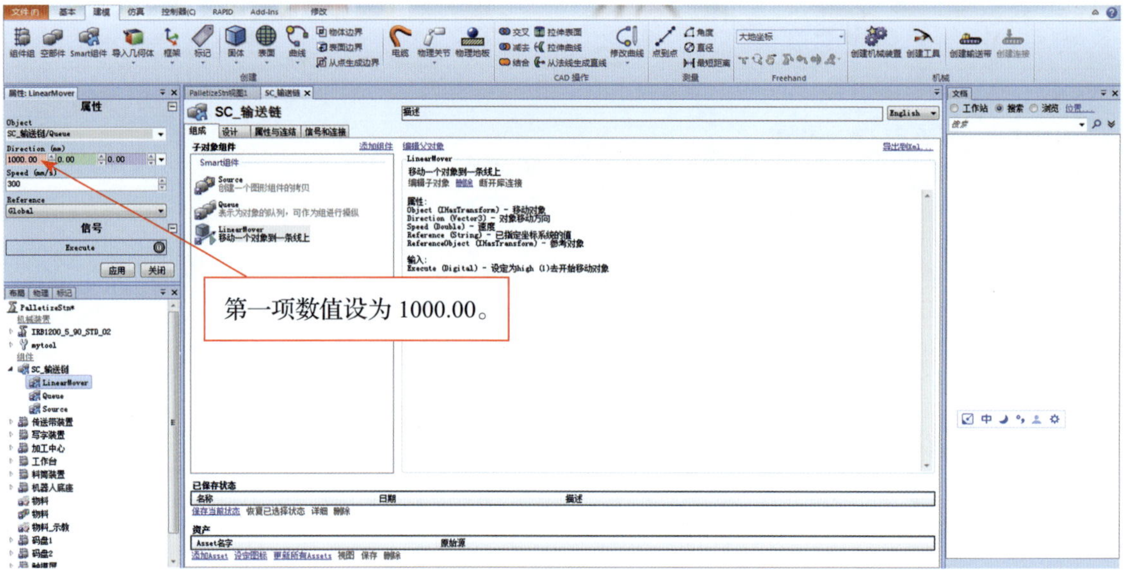

图 2-35　属性设置 Direction

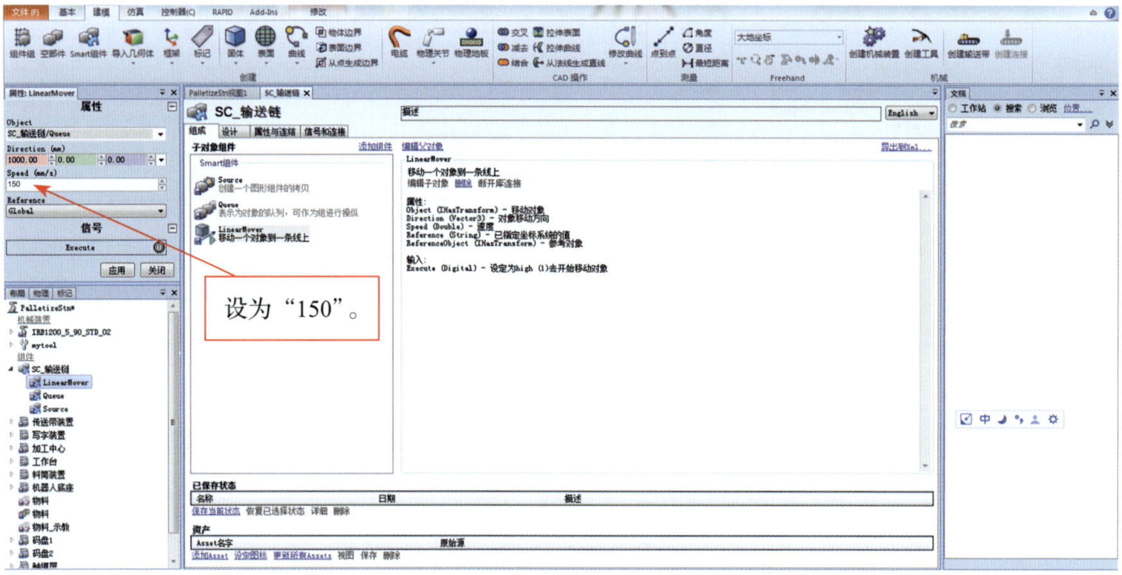

图 2-36　属性设置 Speed

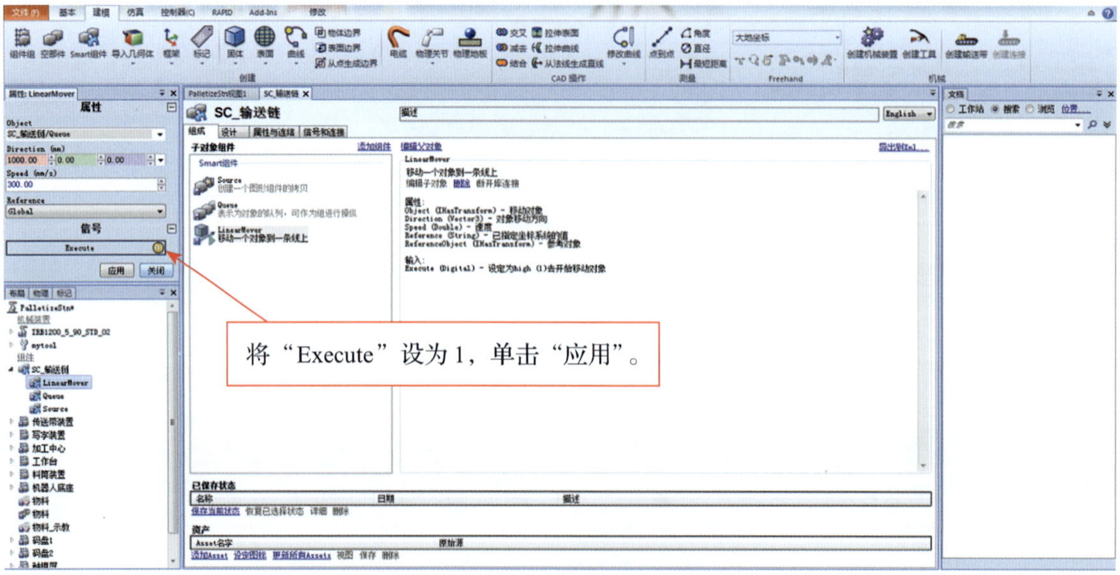

图 2-37　输送链运动属性设置完成

笔记栏

子组件 LinearMover 用于设置运动属性，包括指定运动物体、运动方向、运动速度、参考坐标等。这里将设置好的 Queue 设为运动物体，运动方向为大地坐标系的 X 轴正方向 1000mm，速度为 150mm/s，将 Execute 设置为 1 后该运动处于一直执行的状态。

应用 Smart 组件创建动态输送链——设定输送链限位传感器

（三）设置输送链限位传感器

设置输送链限位传感器的具体操作如图 2－38 至图 2－51 所示。

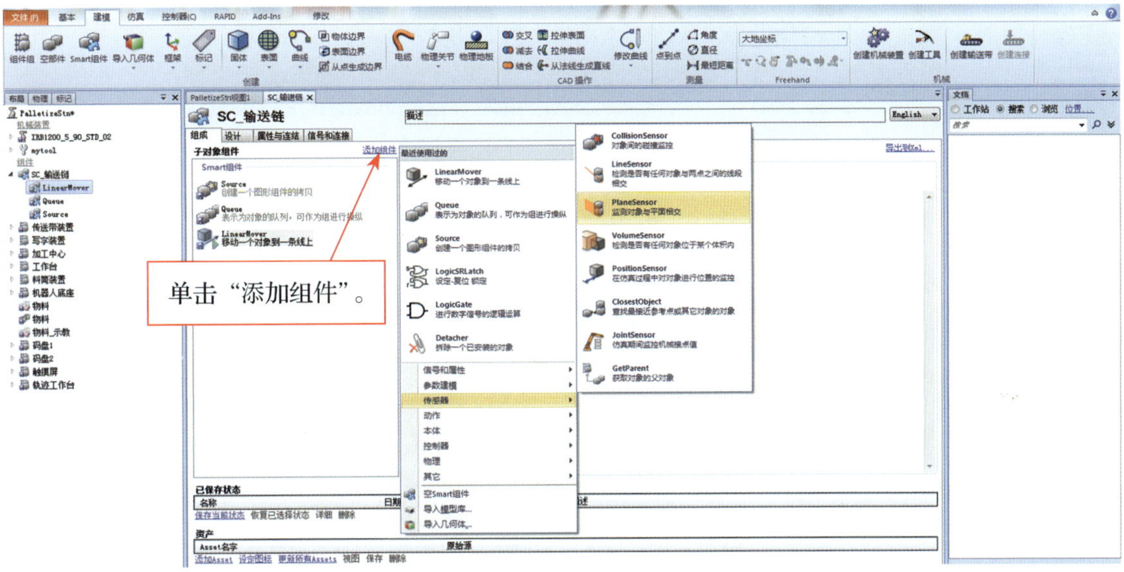

图 2－38　打开“添加组件”菜单

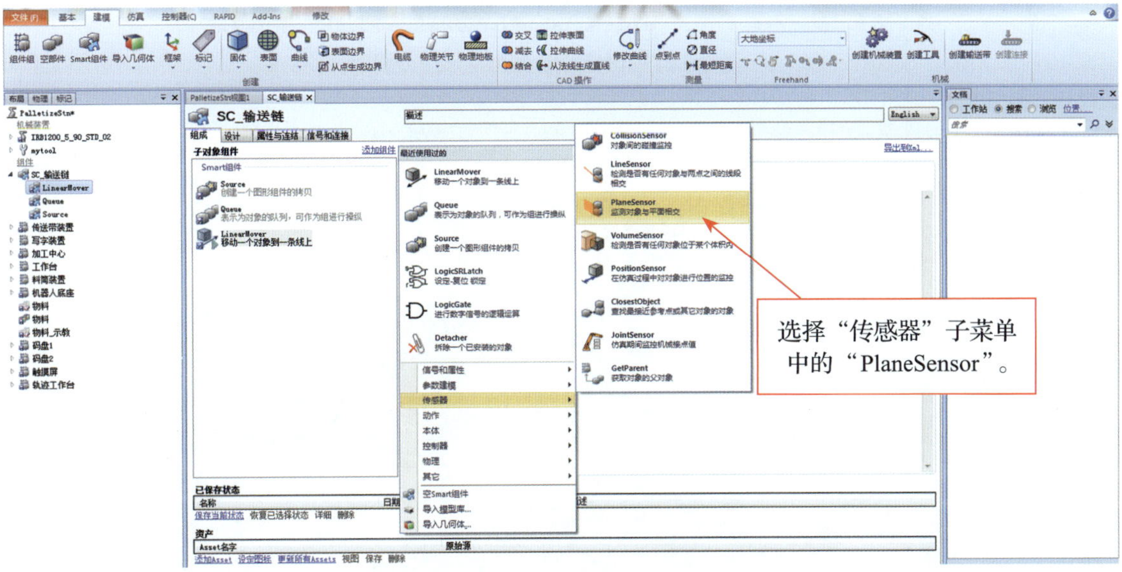

图 2－39　实现“监测对象与平面相交”

笔记栏

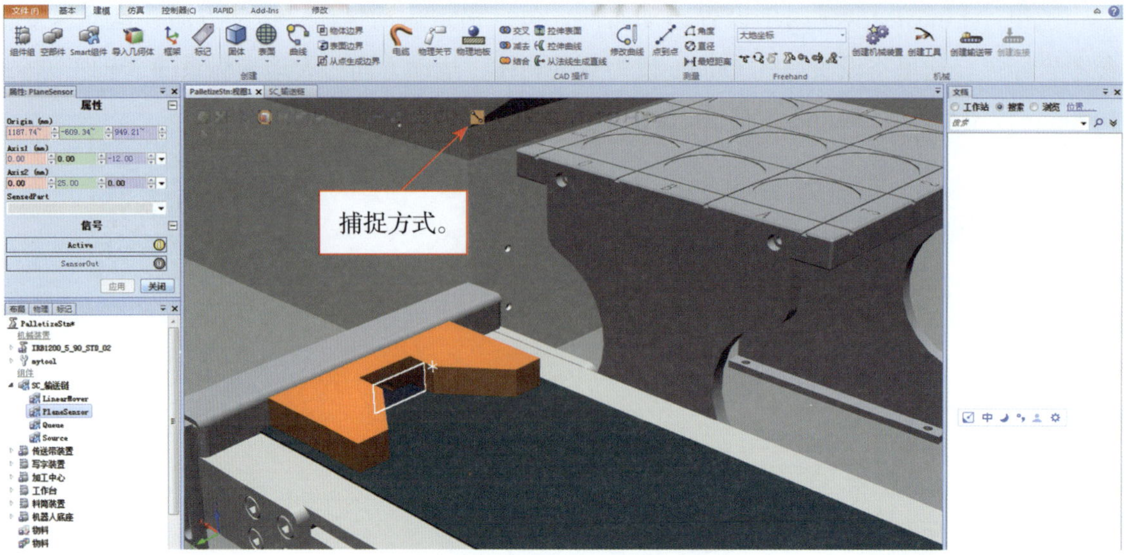

图 2－40　选择合适的捕捉方式

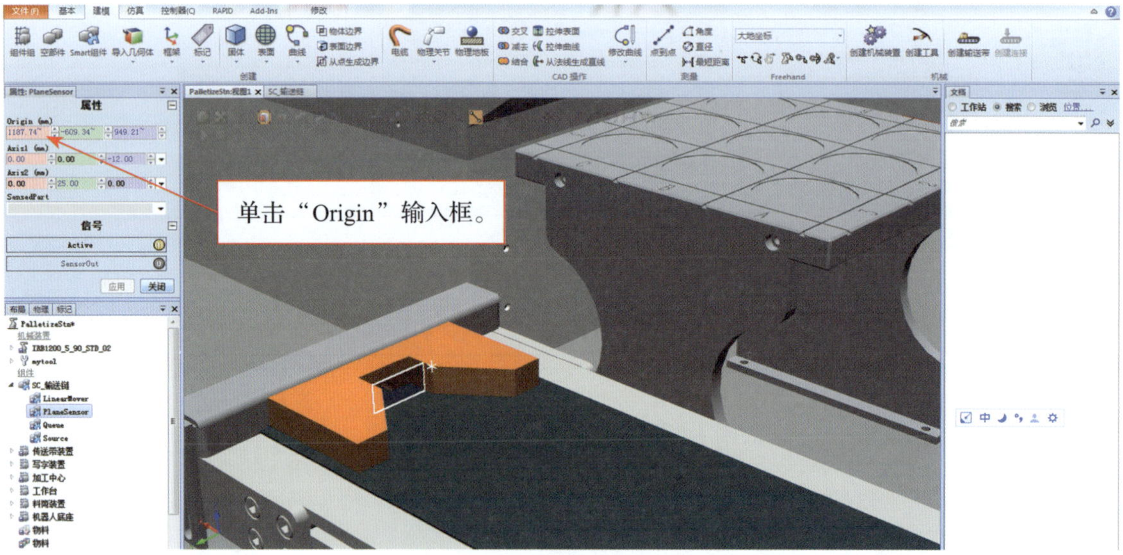

图 2－41　设定输送链限位传感器

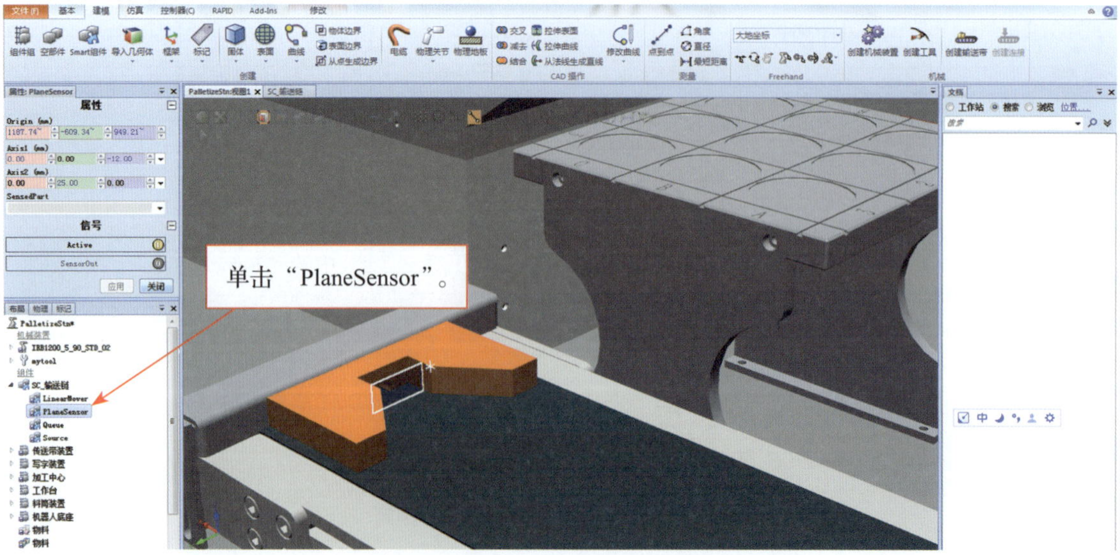

图 2－42　将“PlaneSensor”作为原点

笔记栏

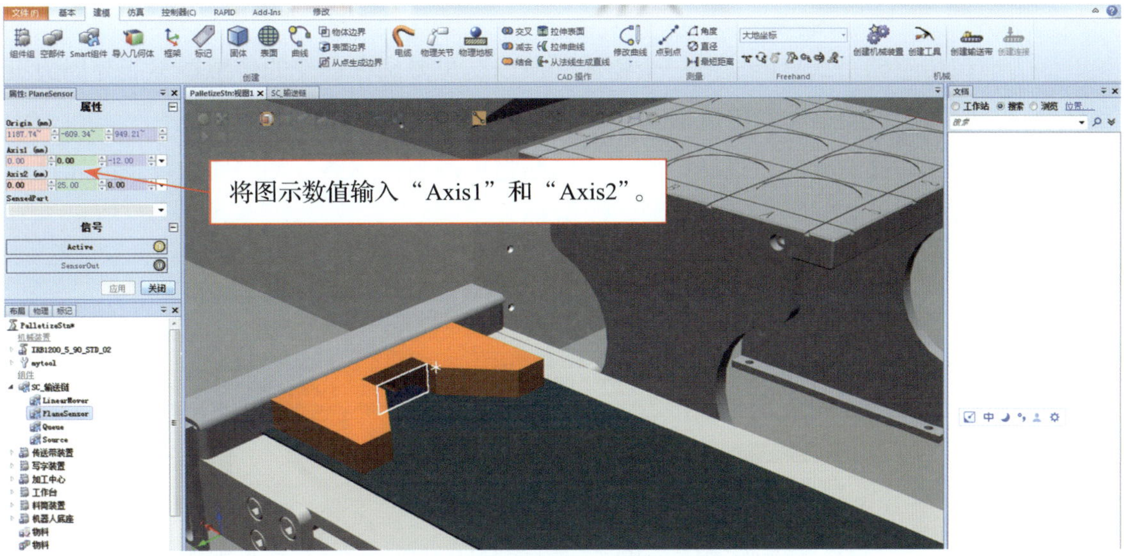

图 2－43　设定输送链限位传感器数值

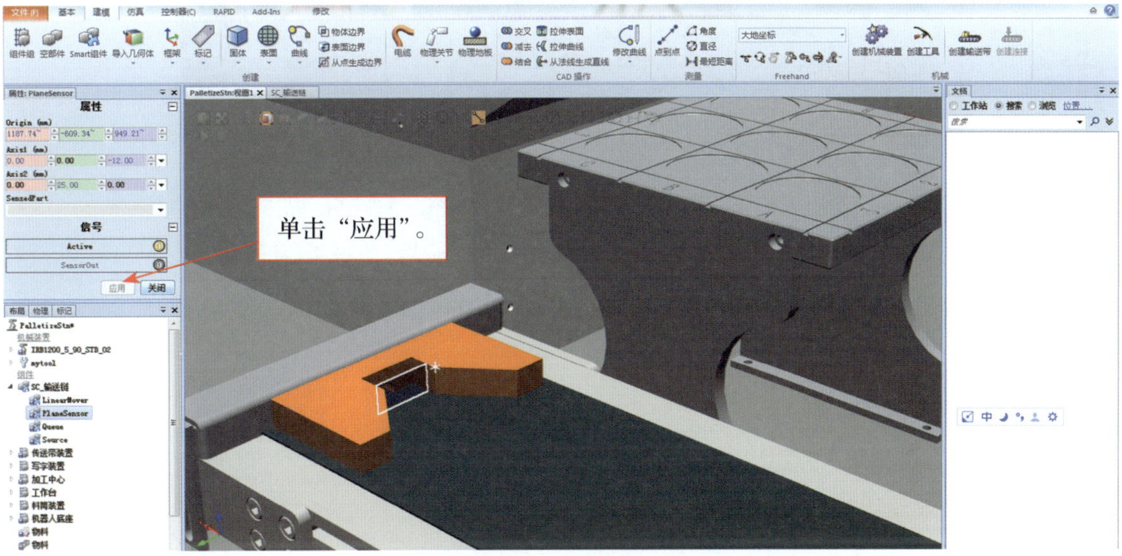

图 2－44　参数设置完成

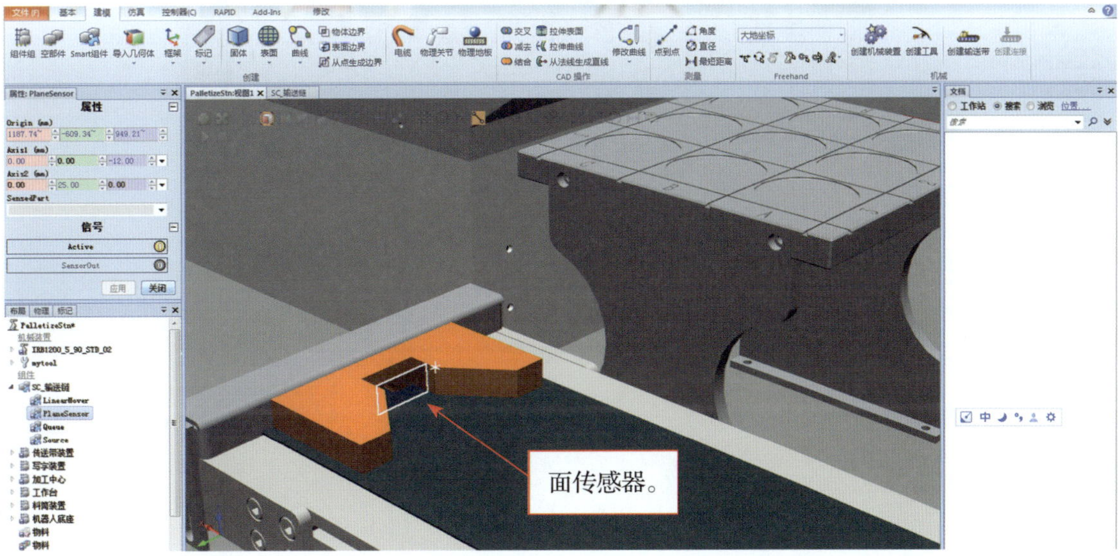

图 2－45　在输送链末端创建一个面传感器

笔记栏

因为虚拟传感器一次只能检测一个物体，所以这里要确保创建的传感器不能与周边设备接触，否则无法检测运动到传送带末端的产品。

可以在创建时便避开周边设备，常用做法是将可能与传感器接触的周边设备的属性设为“不可由传感器检测”。

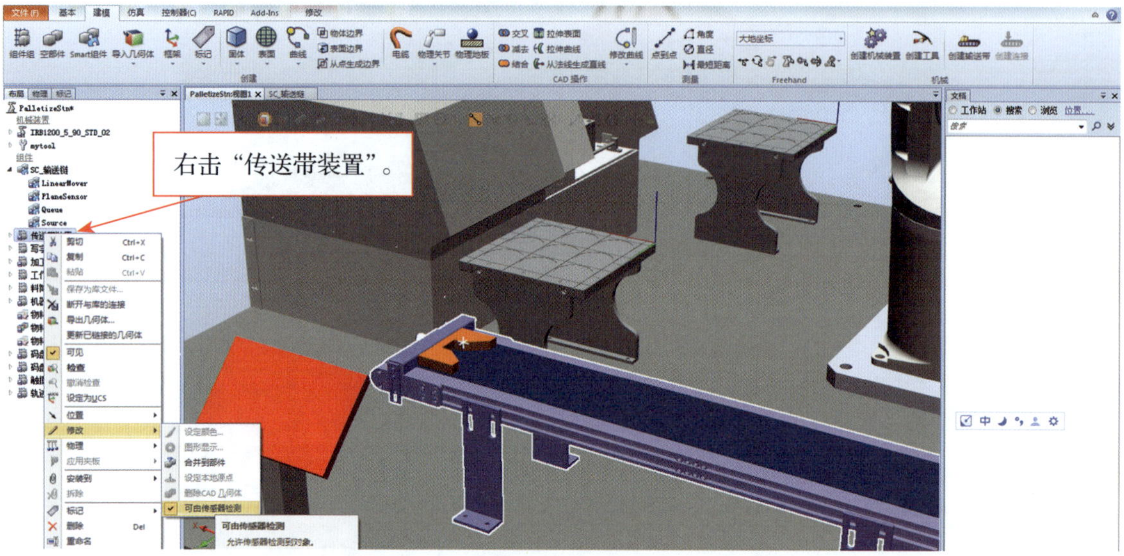

图 2－46　打开“传送带装置”快捷菜单

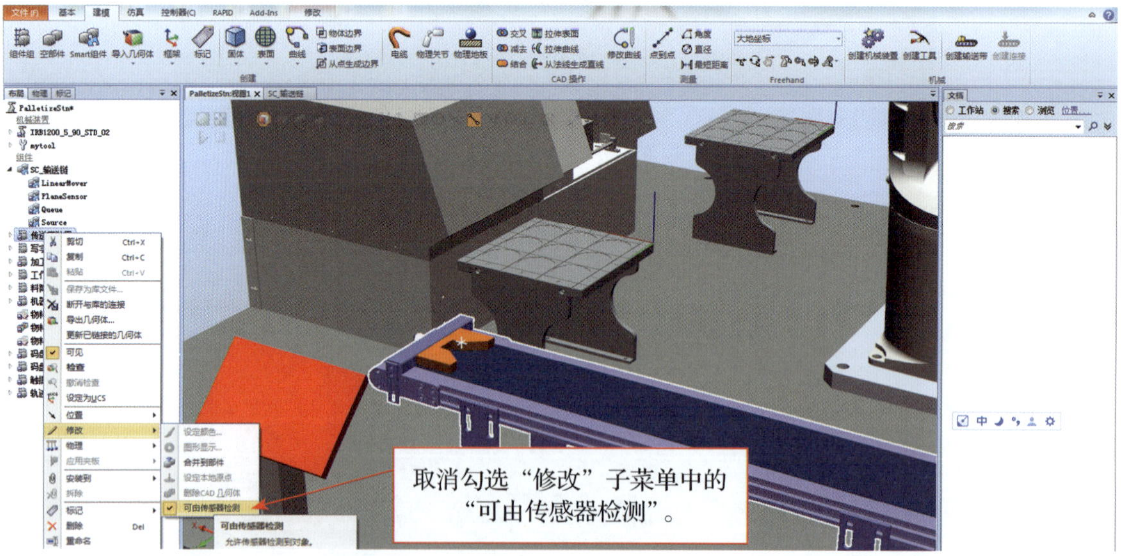

图 2－47　设为不可由传感器检测

笔记栏

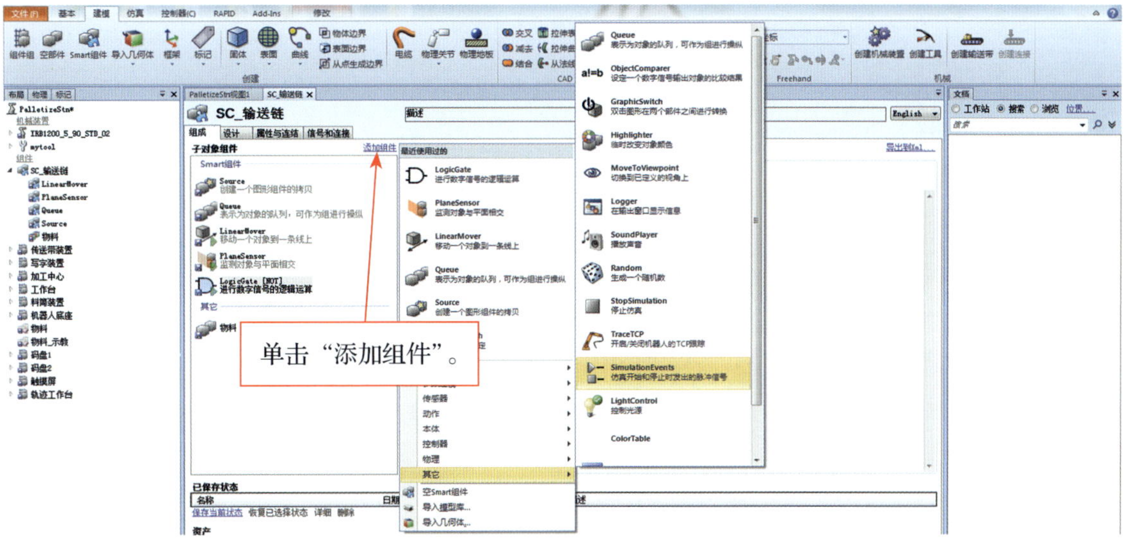

图 2－48　打开“添加组件”菜单

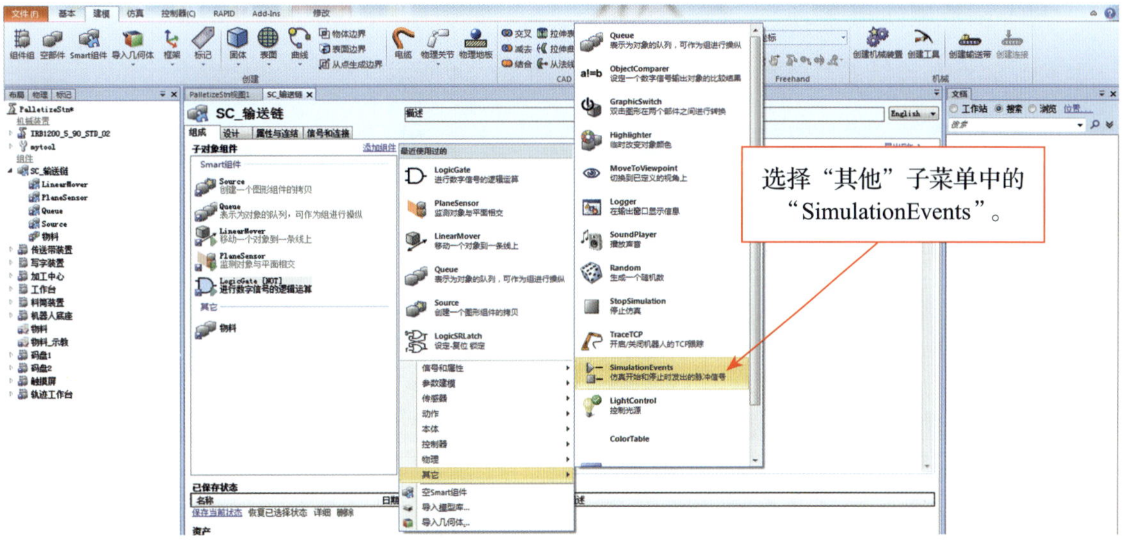

图 2－49　实现“仿真开始和停止时发出脉冲信号”

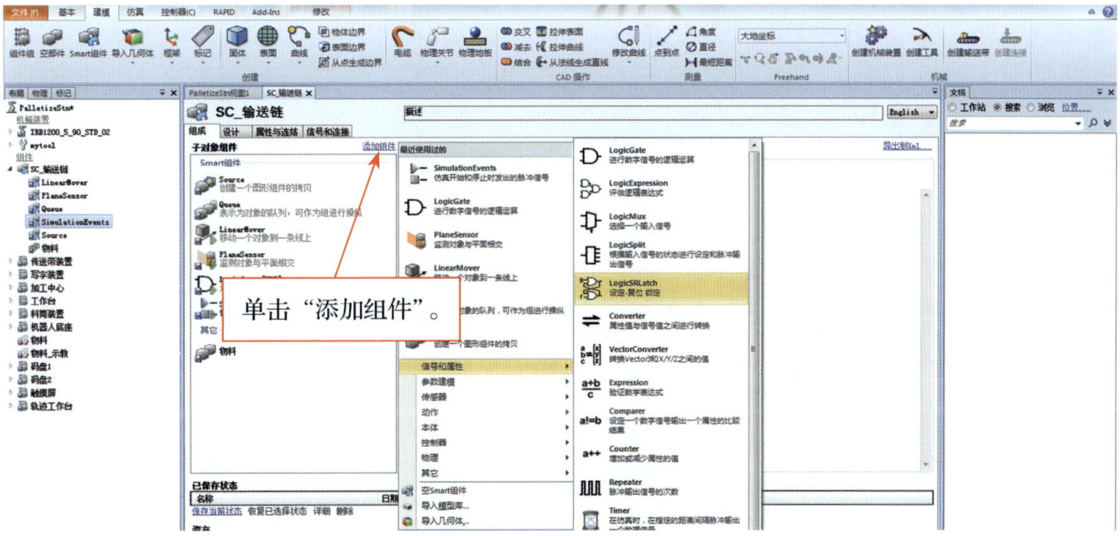

图 2－50　打开“添加组件”菜单

笔记栏

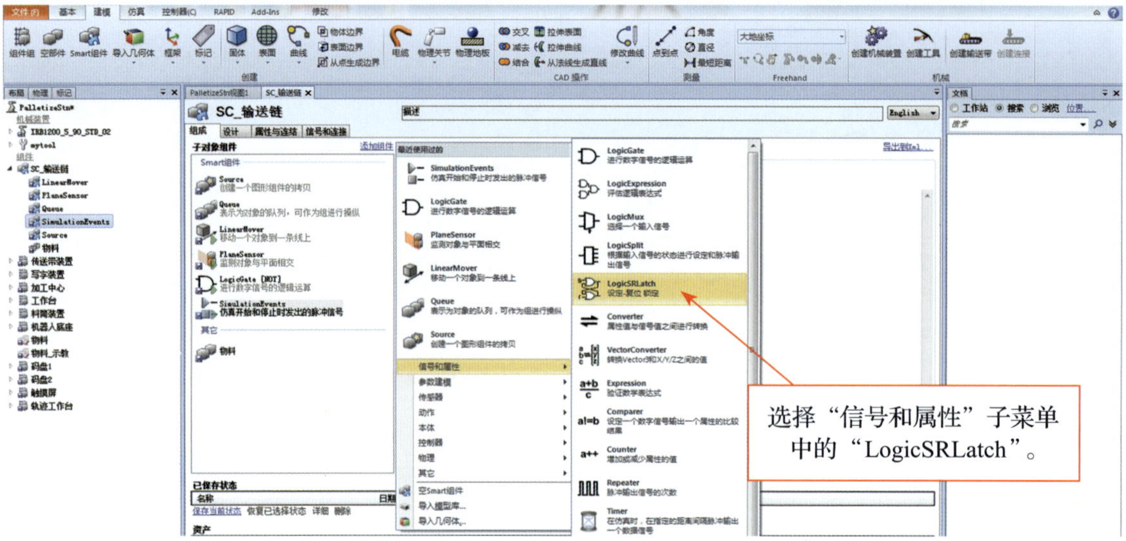

图 2-51　实现“设定－复位　锁定”

（四）创建属性与连结

创建属性与连结的具体操作如图 2-52 至图 2-54 所示。

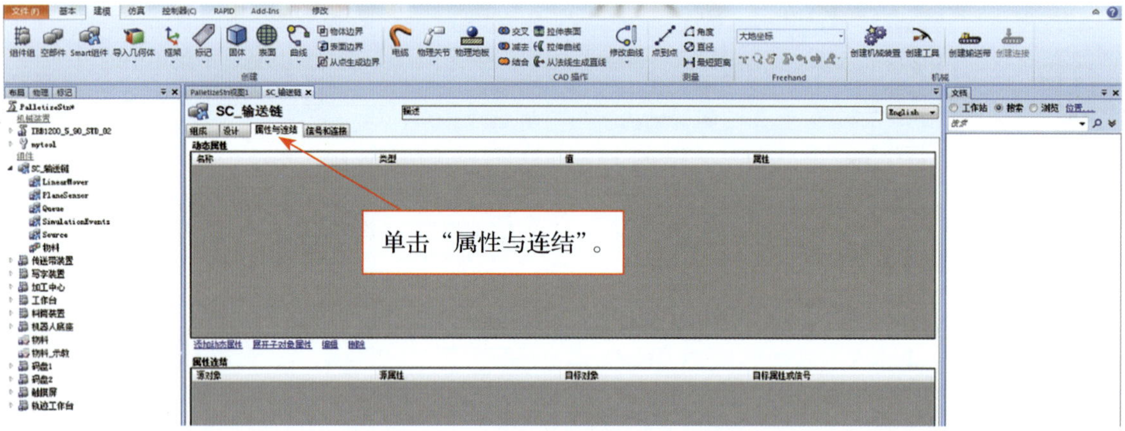

图 2-52　打开“属性与连结”选项卡

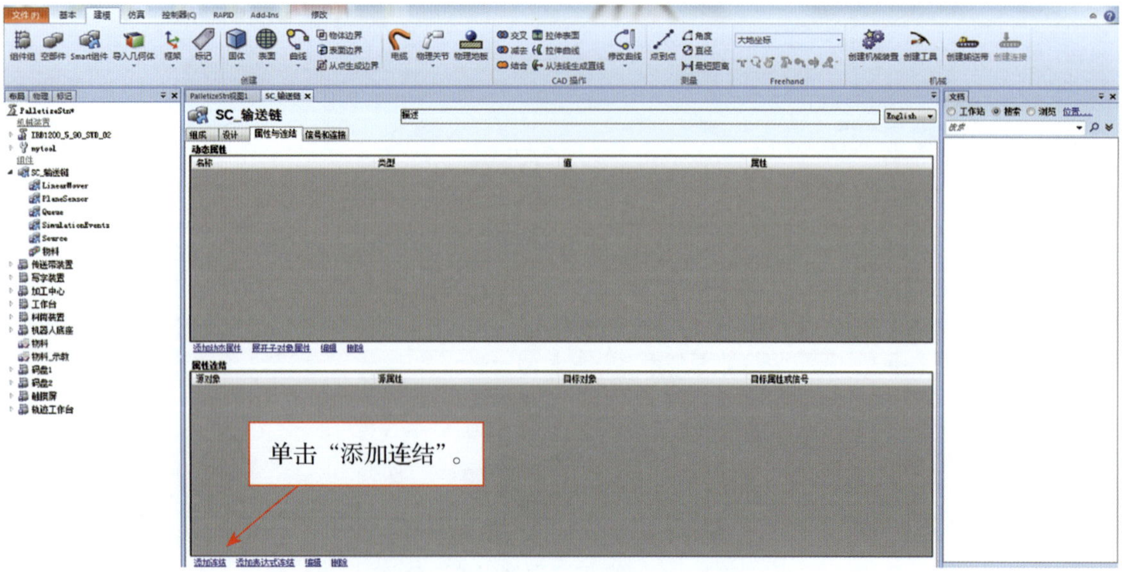

图 2-53　打开“添加连结”对话框

笔记栏

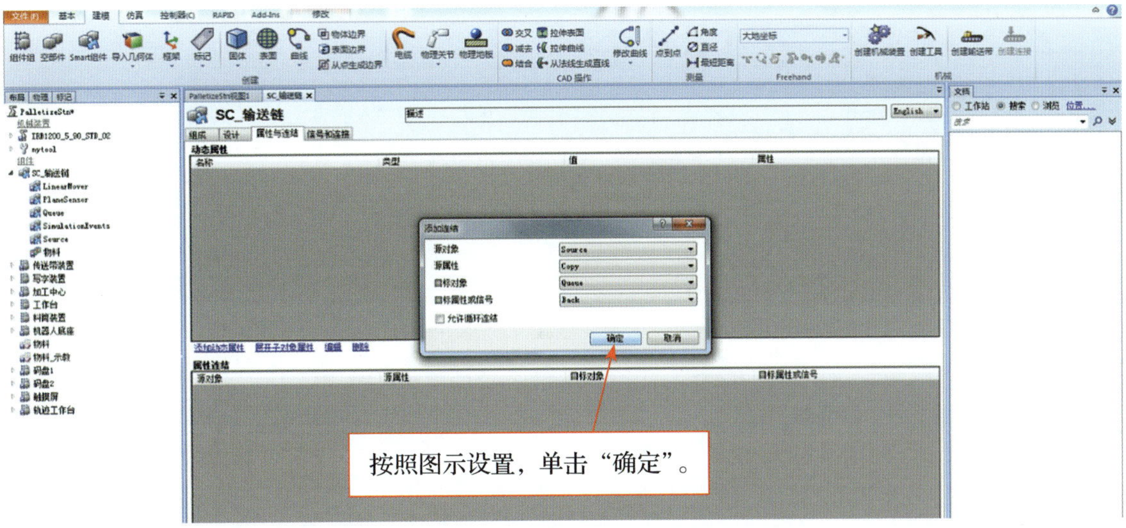

图 2－54　属性与连结设置完成

（五）创建信号和连接

创建信号和连接的具体操作如图 2－55 至图 2－66 所示。

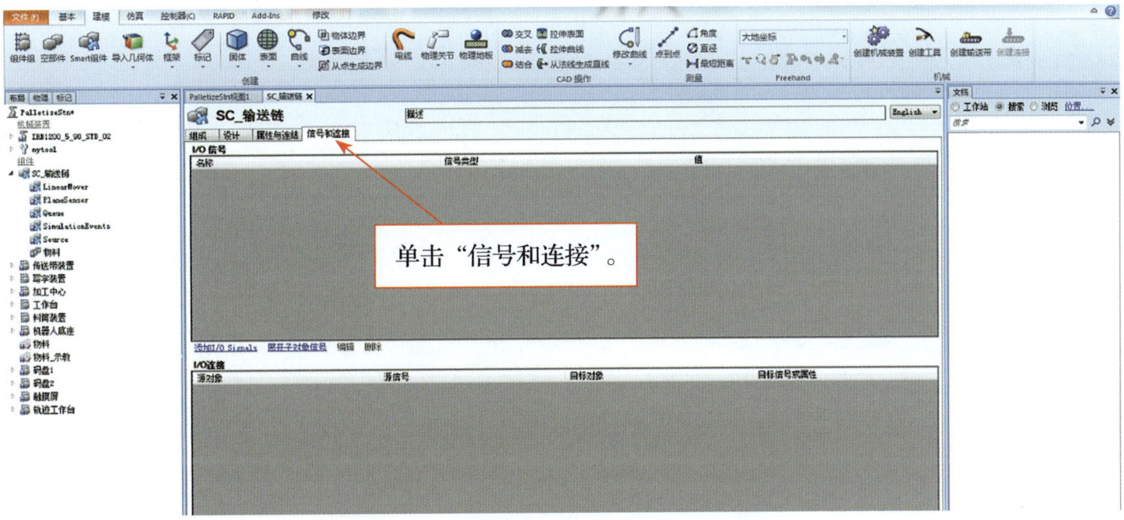

图 2－55　打开“信号和连接”选项卡

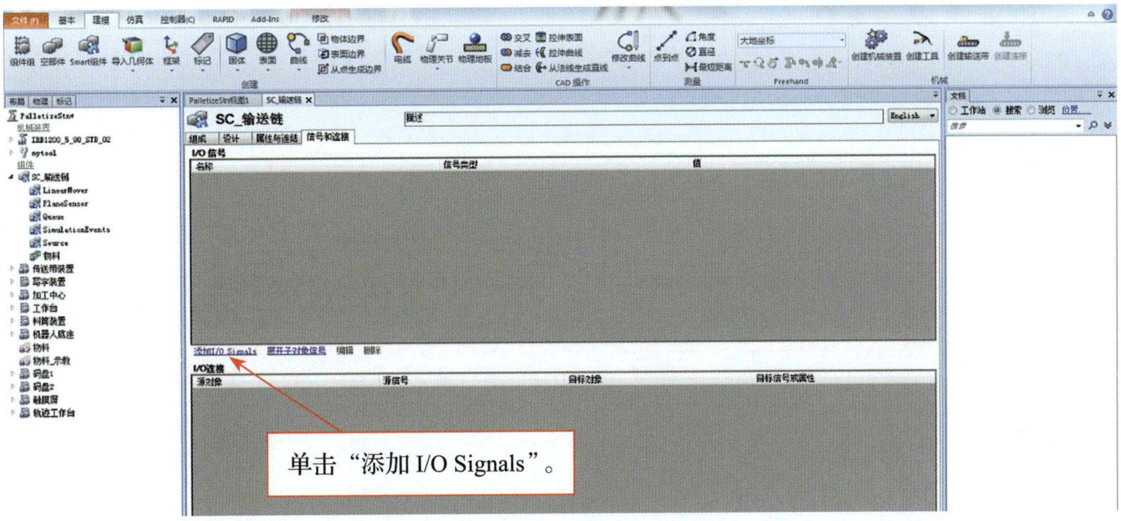

图 2－56　打开“添加 I/O Signals”对话框

笔记栏

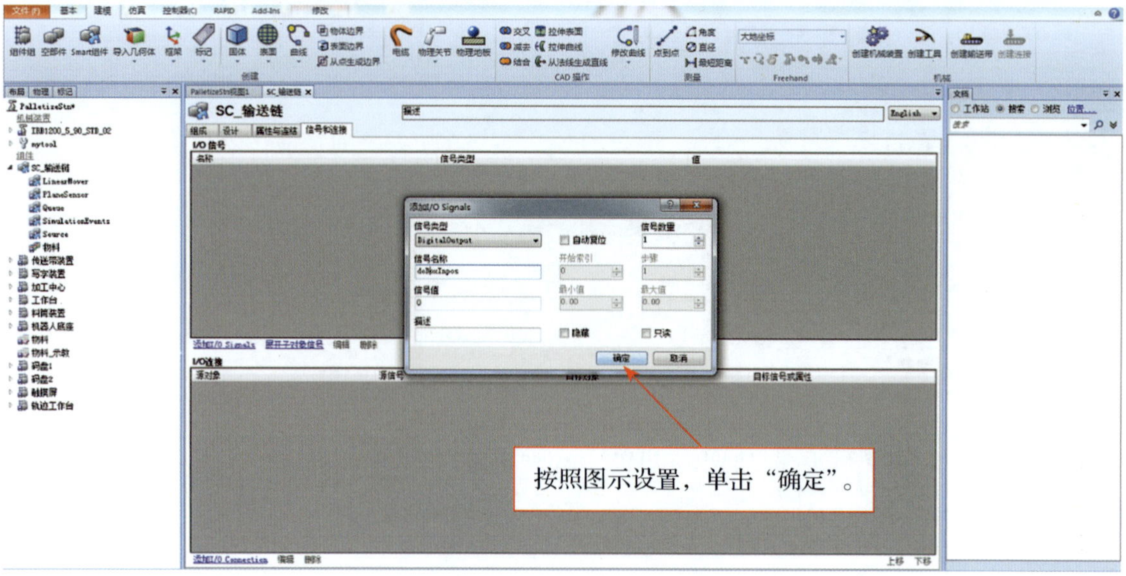

图 2－57　I/O Signals 设置完成

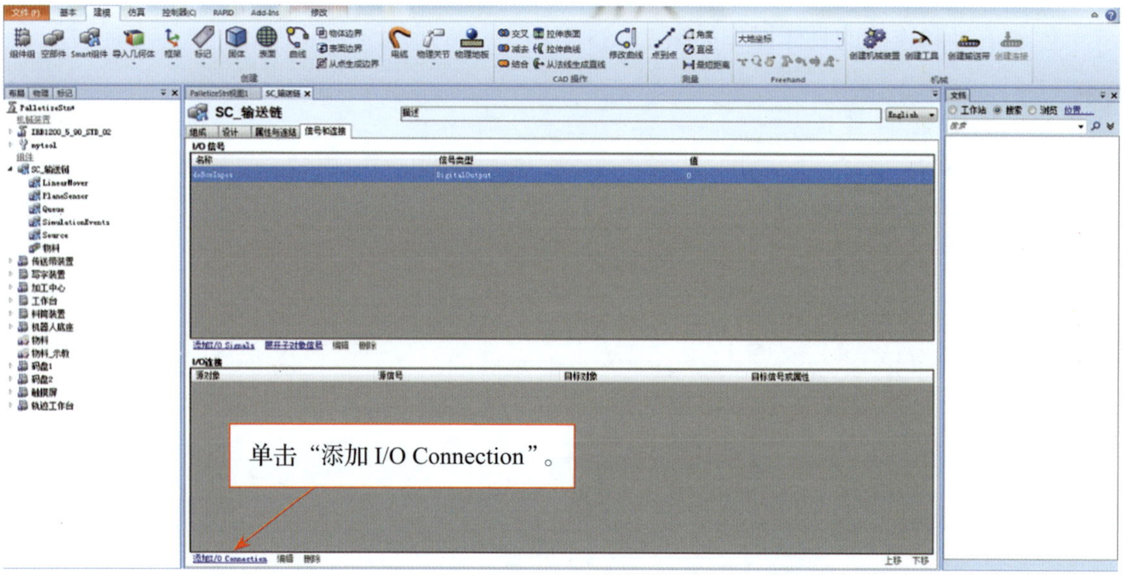

图 2－58　打开“添加 I/O Connection”对话框

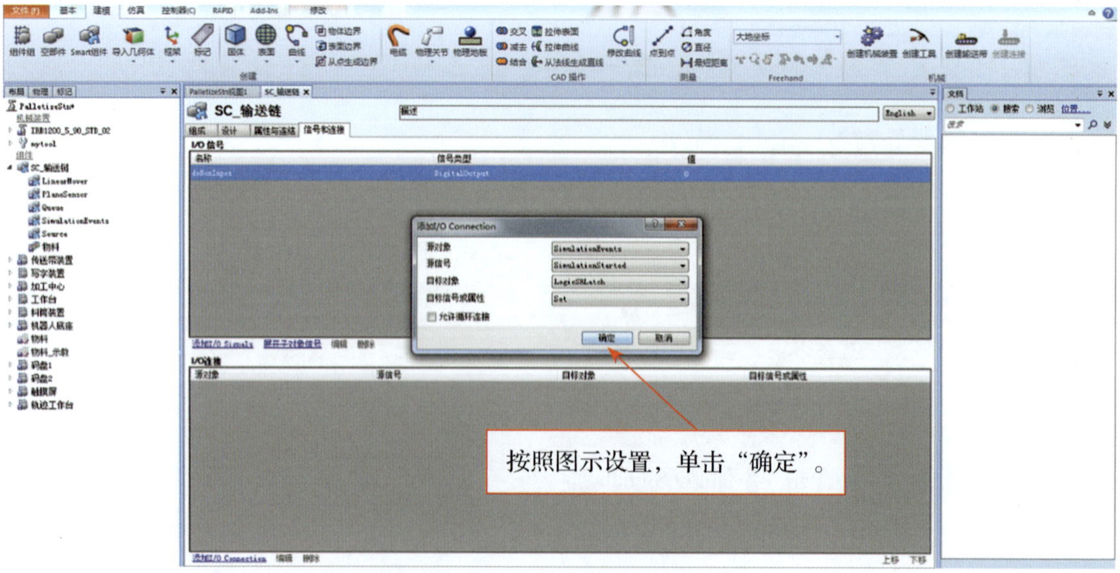

图 2－59　I/O Connection 设置（一）

笔记栏

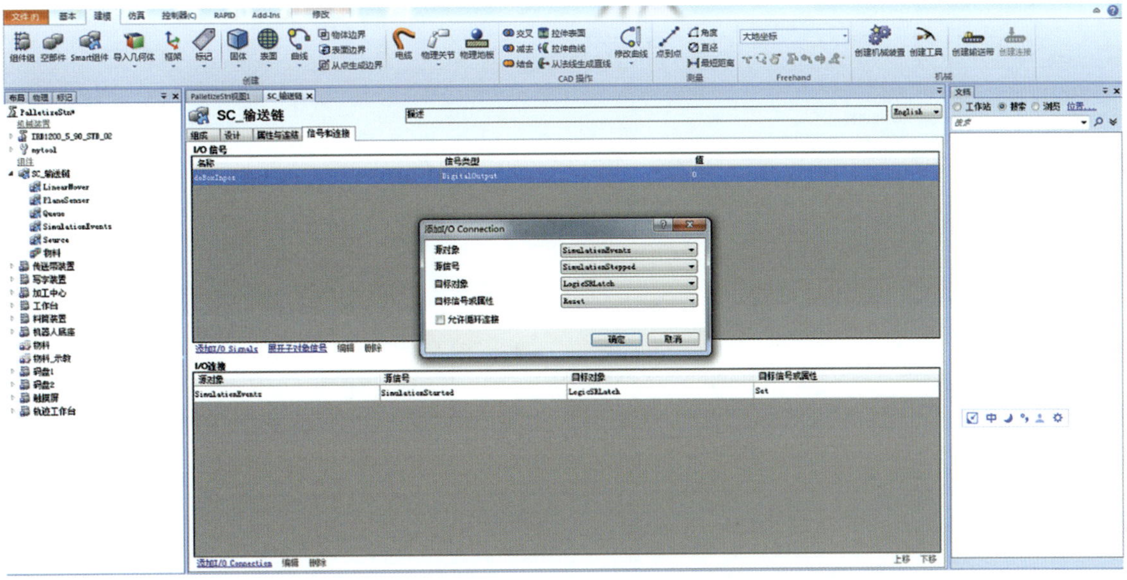

图 2－60 I/O Connection 设置（二）

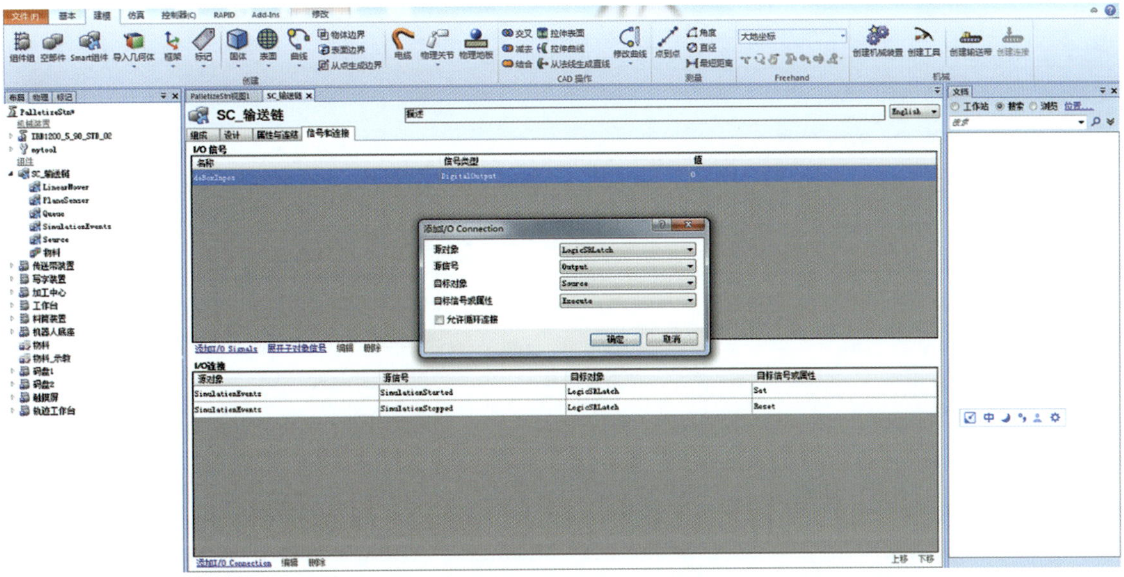

图 2－61 I/O Connection 设置（三）

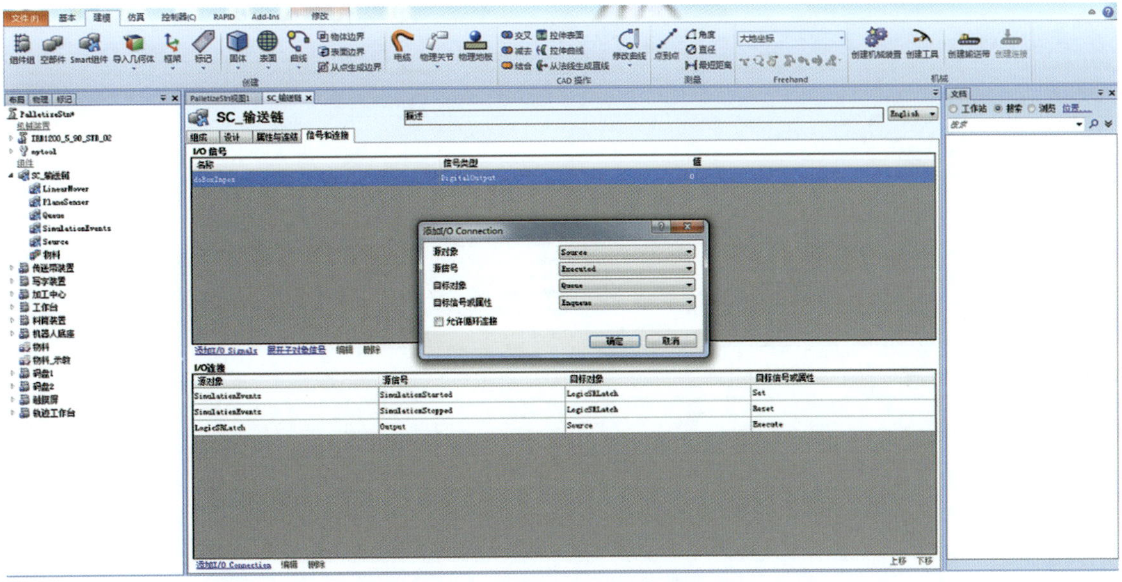

图 2－62 I/O Connection 设置（四）

笔记栏

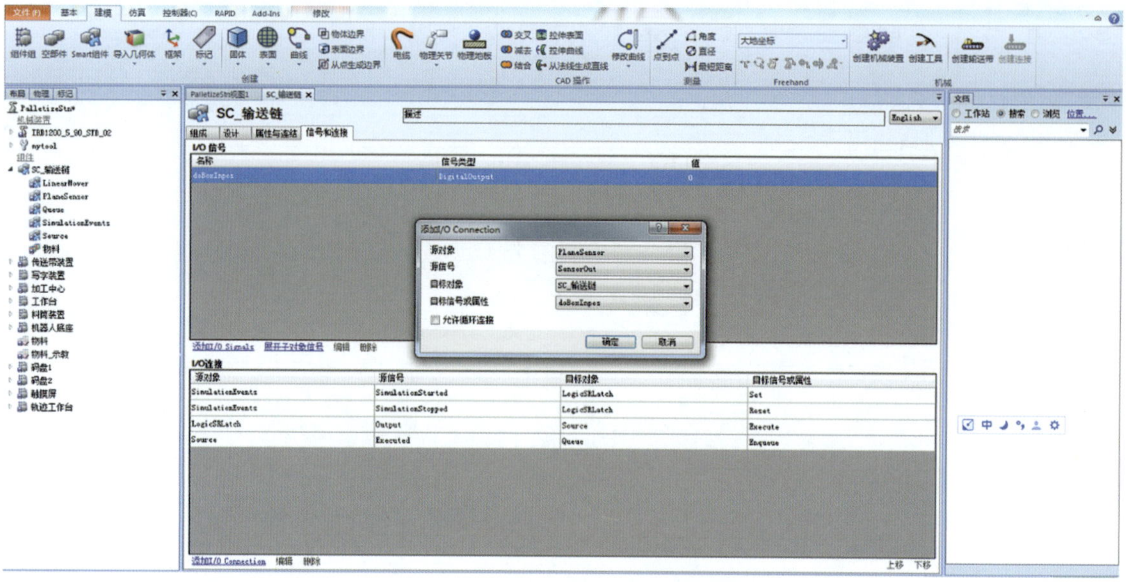

图 2-63 I/O Connection 设置（五）

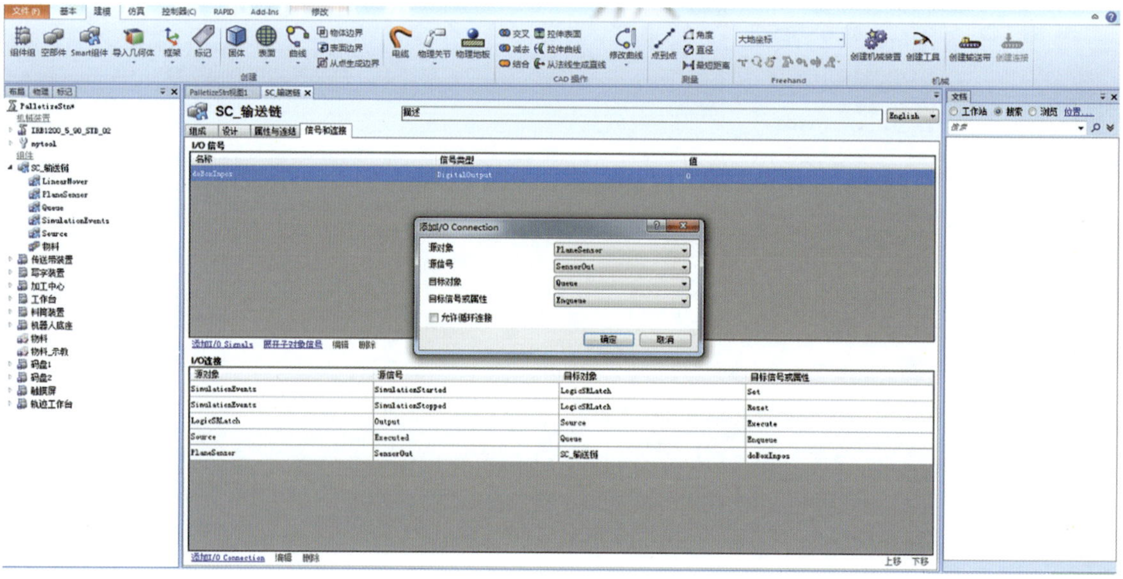

图 2-64 I/O Connection 设置（六）

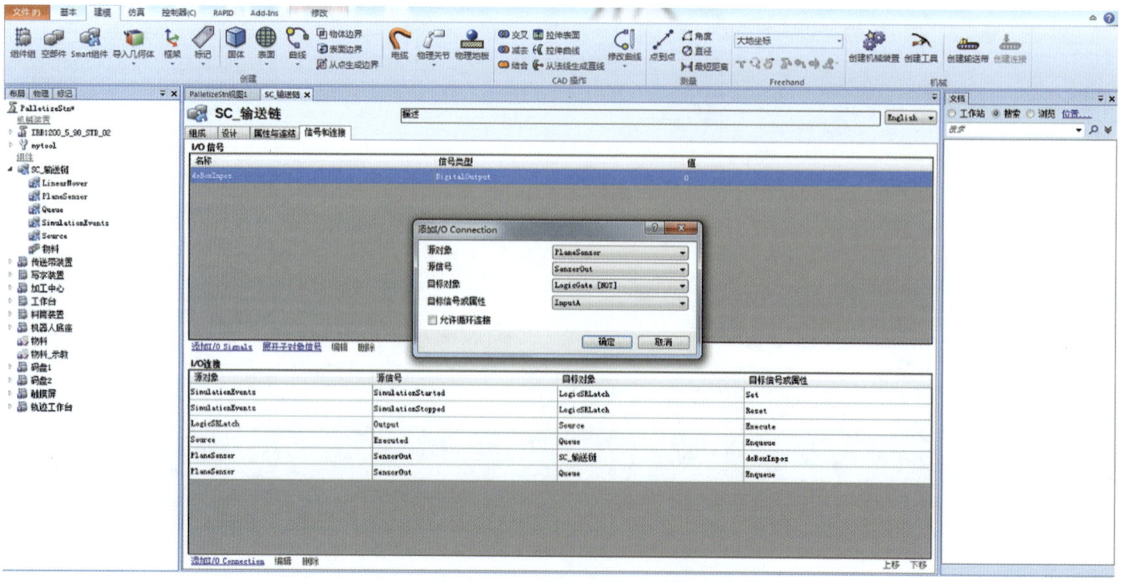

图 2-65 I/O Connection 设置（七）

笔记栏

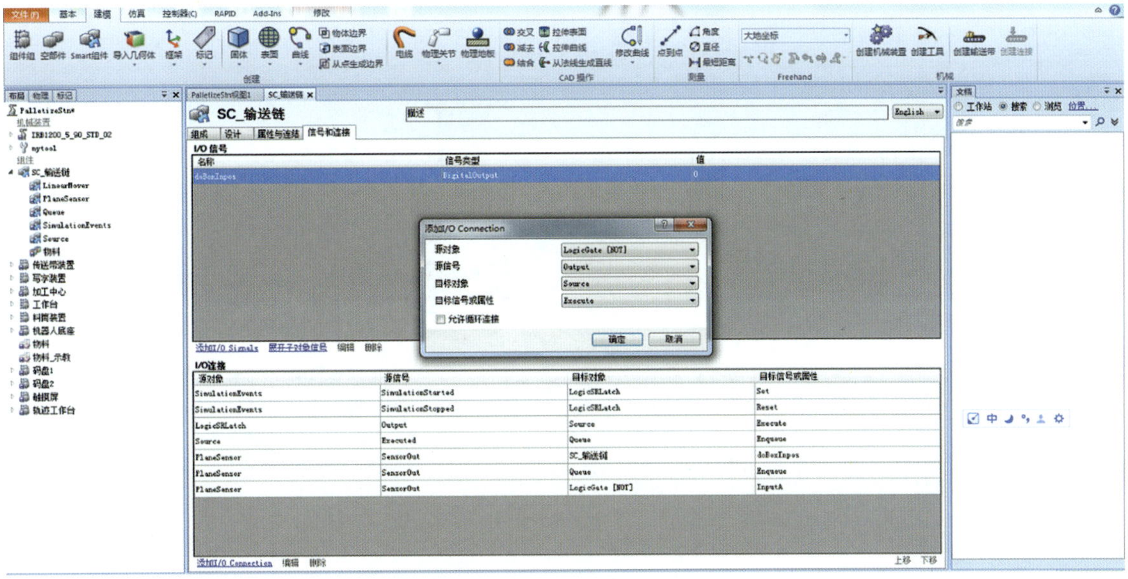

图 2-66　I/O Connection 设置（八）

（六）Smart 组件的模拟动态运行

Smart 组件的模拟动态运行的具体操作如图 2-67 至图 2-73 所示。

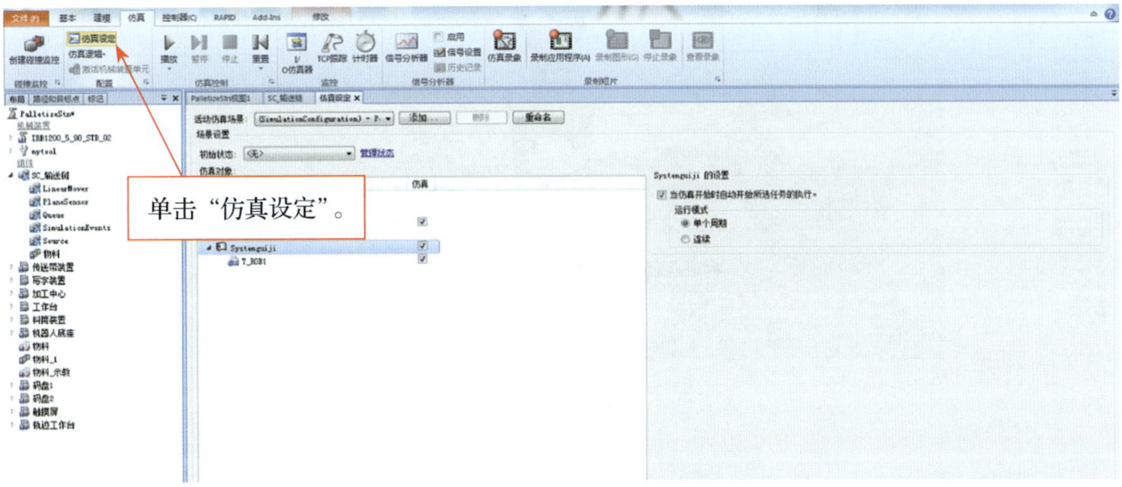

图 2-67　打开“仿真设定”选项卡

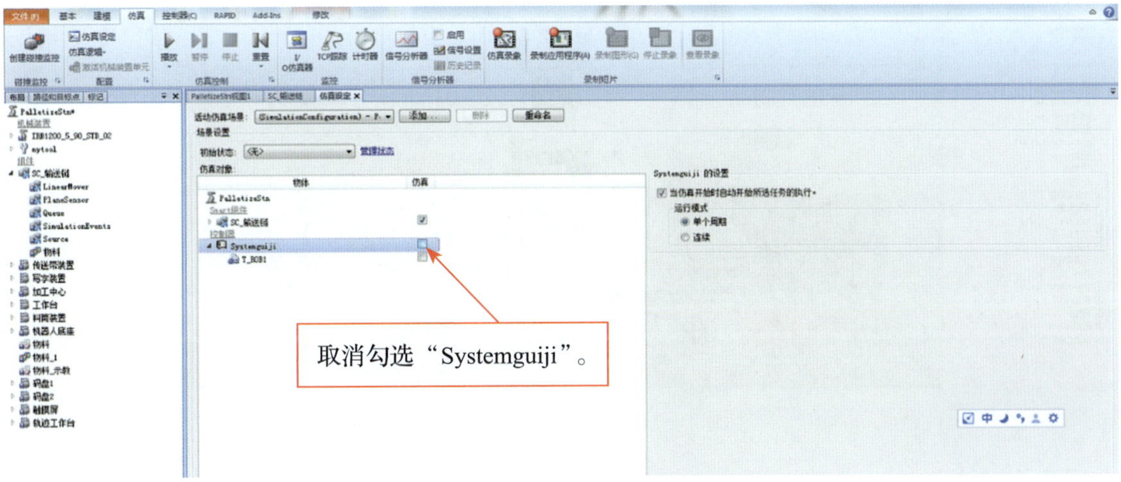

图 2-68　设定输送链模拟动态运行

笔记栏

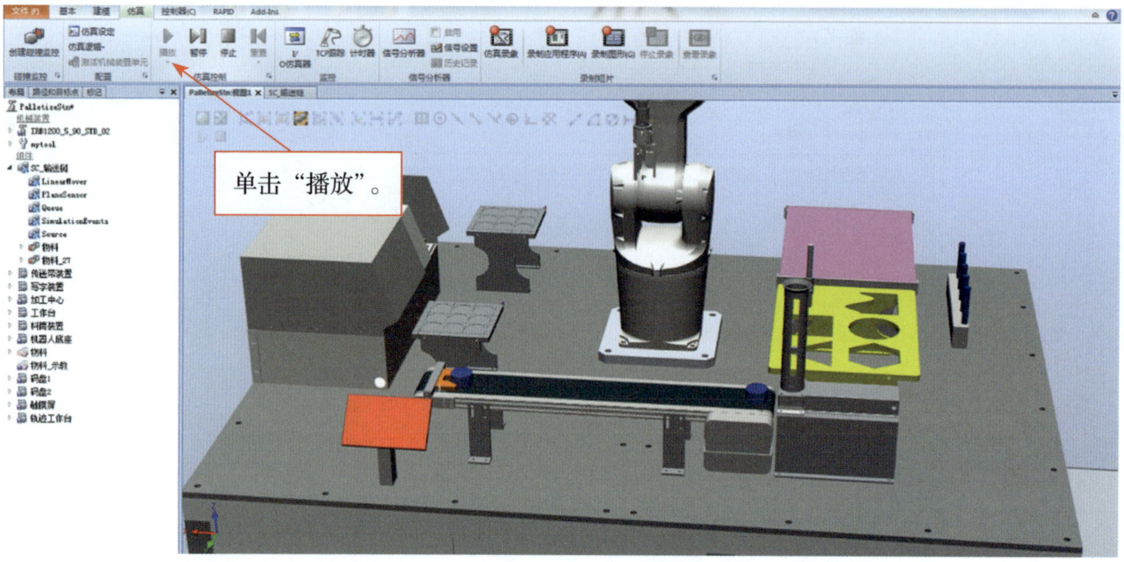

图 2－69　复制品运动到输送链末端，与限位传感器接触后停止运动

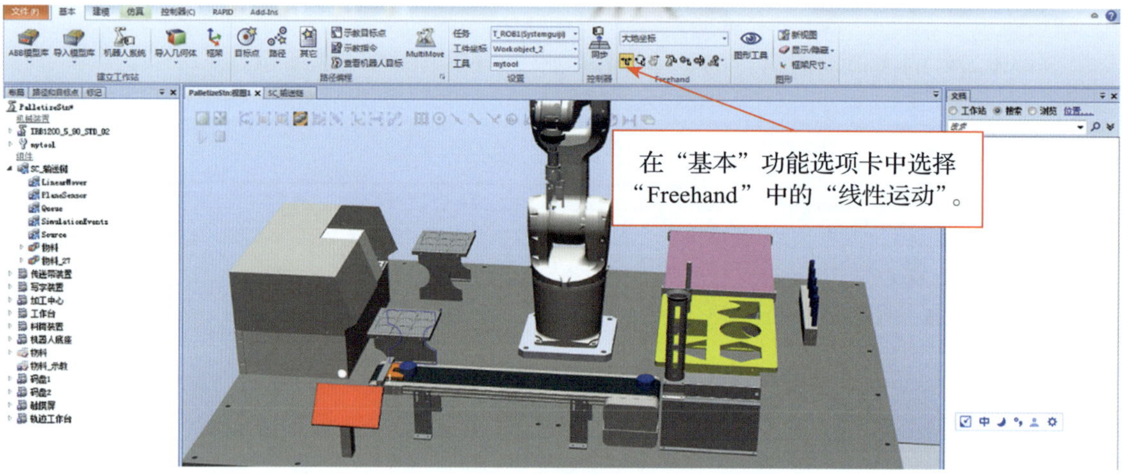

图 2－70　保持线性运动

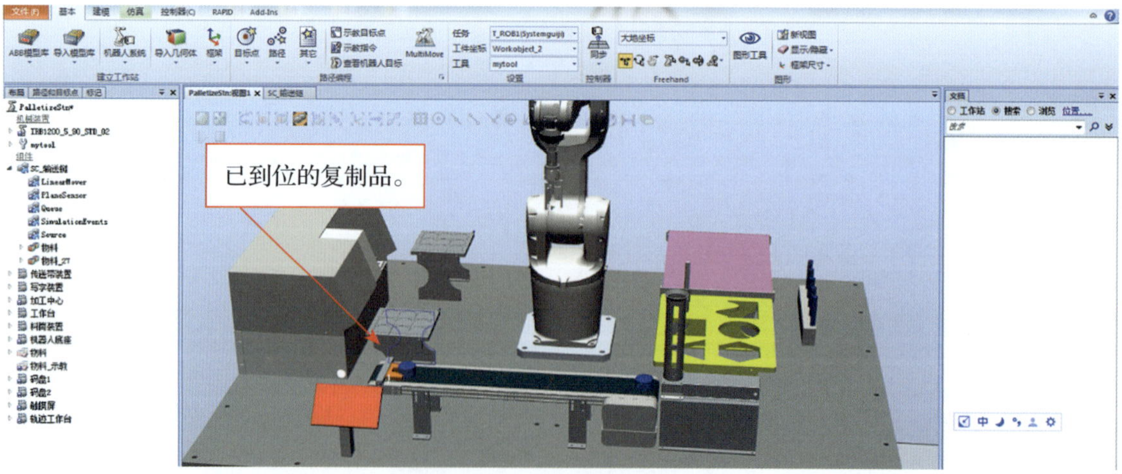

图 2－71　移走已到位的复制品

笔记栏

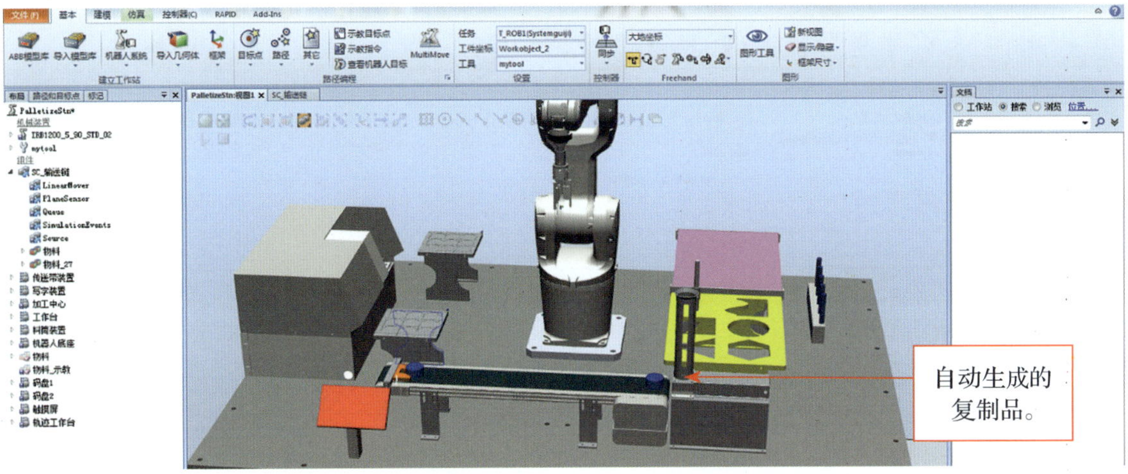

图 2－72　系统自动生成下一个复制品并沿输送链运动

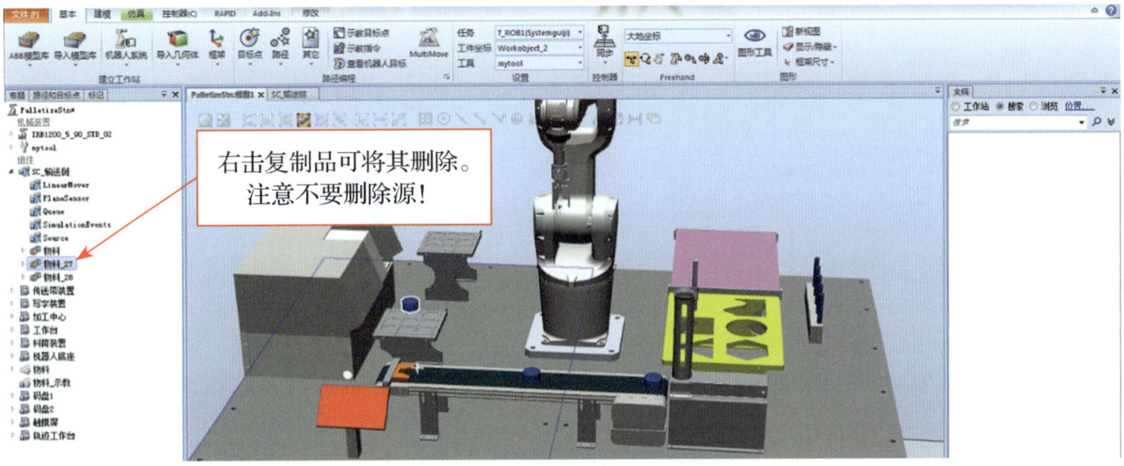

图 2－73　删除无用的复制品

三、应用 Smart 组件创建动态夹具

（一）设置夹具属性

夹具属性设置的具体操作如图 2－74 至图 2－78 所示。

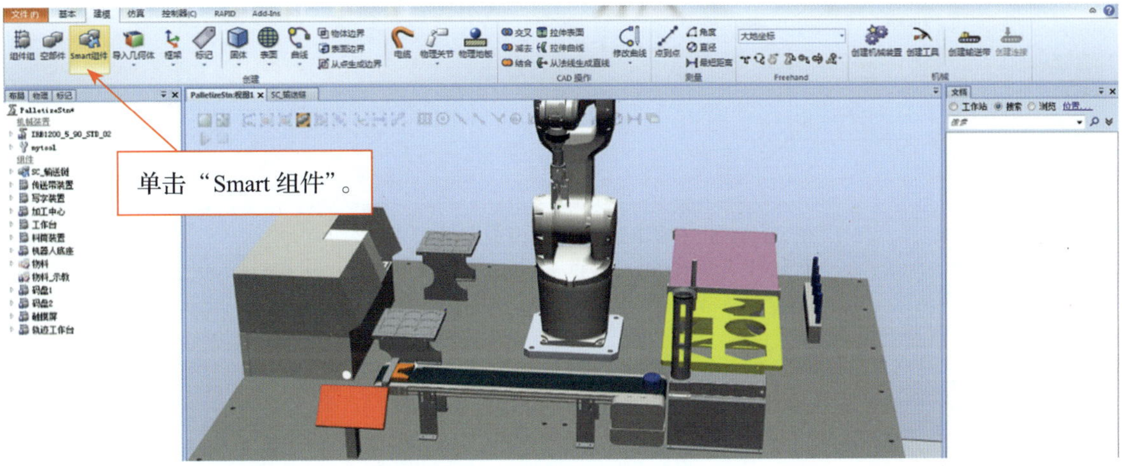

图 2－74　开始创建 Smart 组件

笔记栏

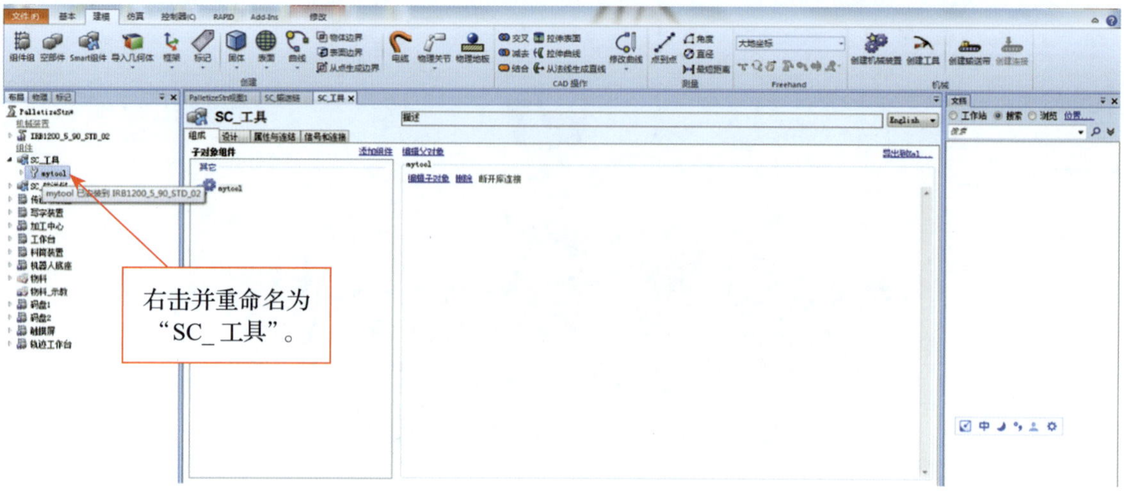

图 2－75　重命名工具

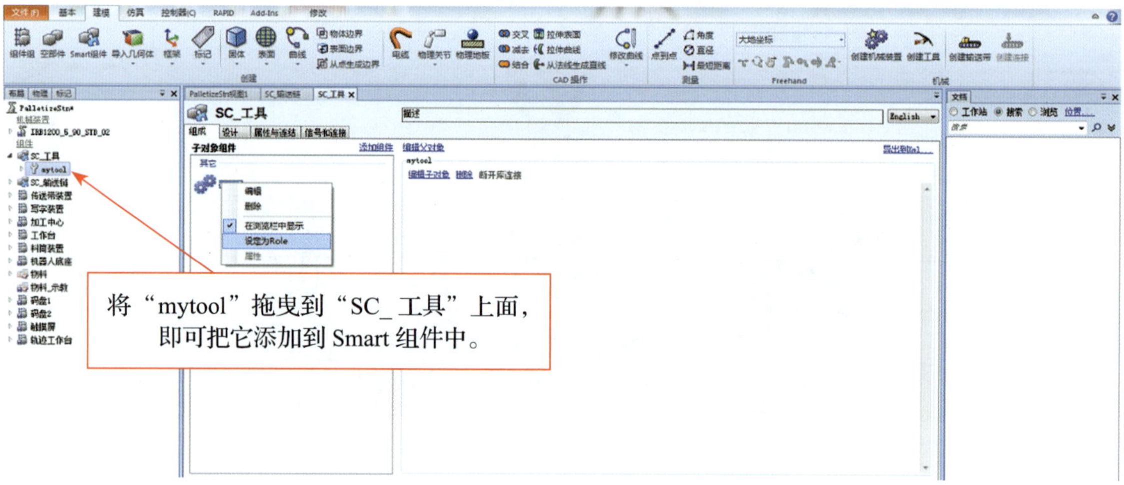

图 2－76　将“mytool”添加到 Smart 组件

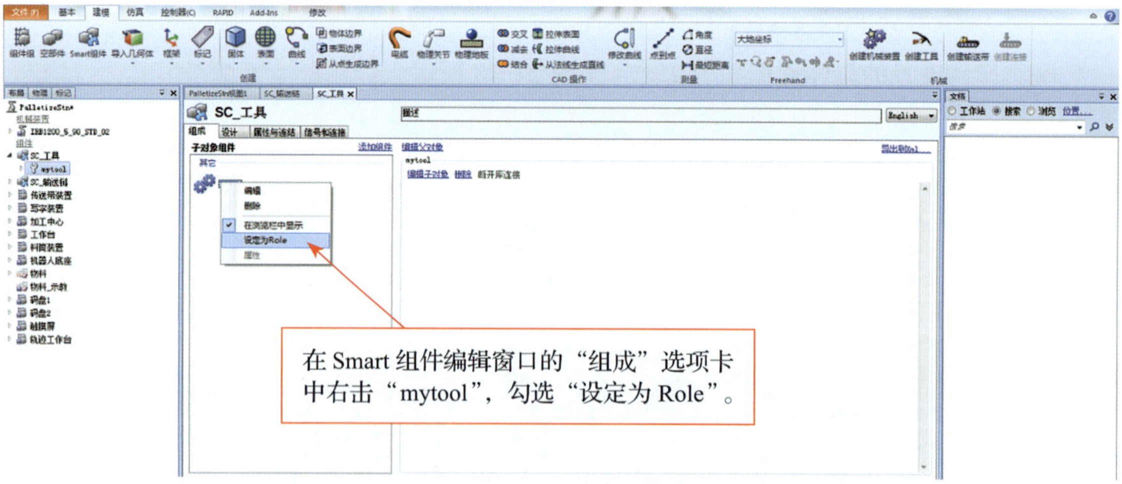

图 2－77　工具设定

笔记栏

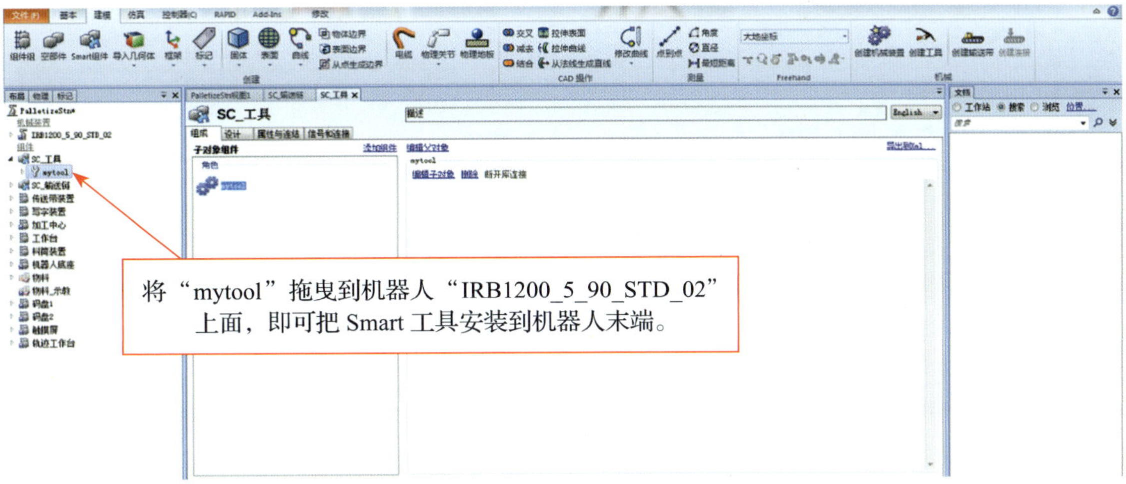

图 2－78 拖拽工业机器人工具

（二）设置检测传感器

LineSensor 属性及信号说明见表 2－3。

表 2－3 LineSensor 属性及信号说明

类别	名称	说明
属性	Start	移动对象
	End	对象移动方向
	Radius	移动对象的距离
	SensedPart	移动的时间
	SensedPoint	已指定坐标系统的值
信号	Active	设置为 1，激活传感器
	SensorOut	变成 high (1)，当对象与线段相交时

设置检测传感器的具体操作如图 2－79 至图 2－87 所示。

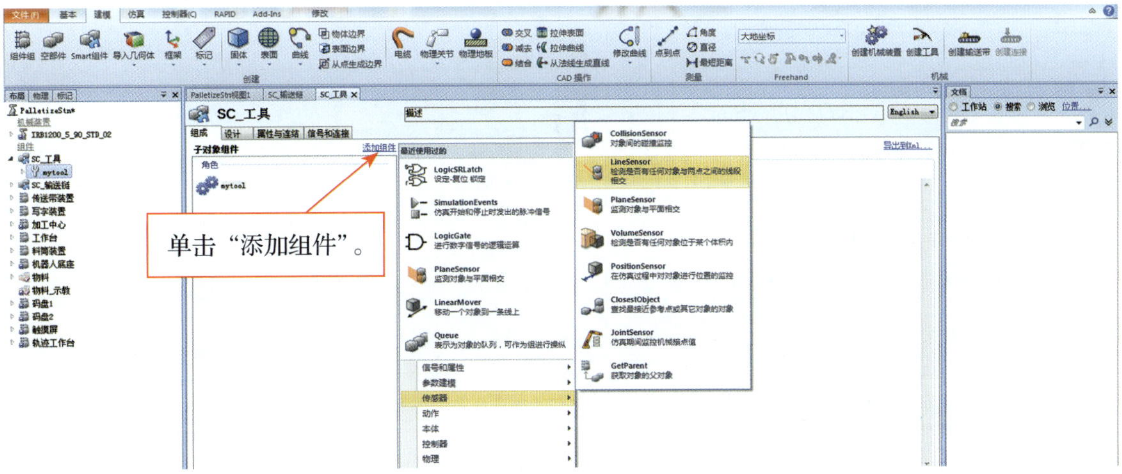

图 2－79 打开“添加组件”菜单

笔记栏

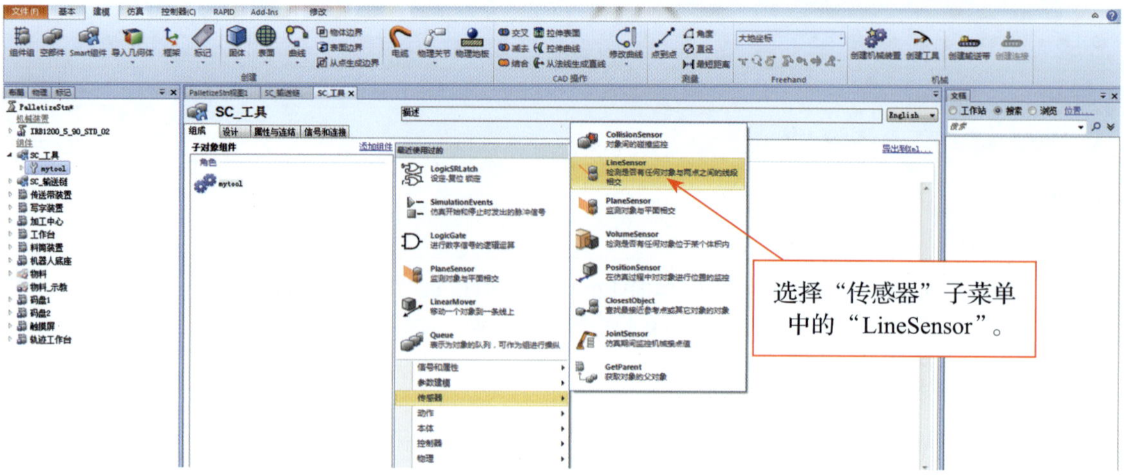

图 2-80　实现“检测是否有任何对象与两点之间的线段相交”

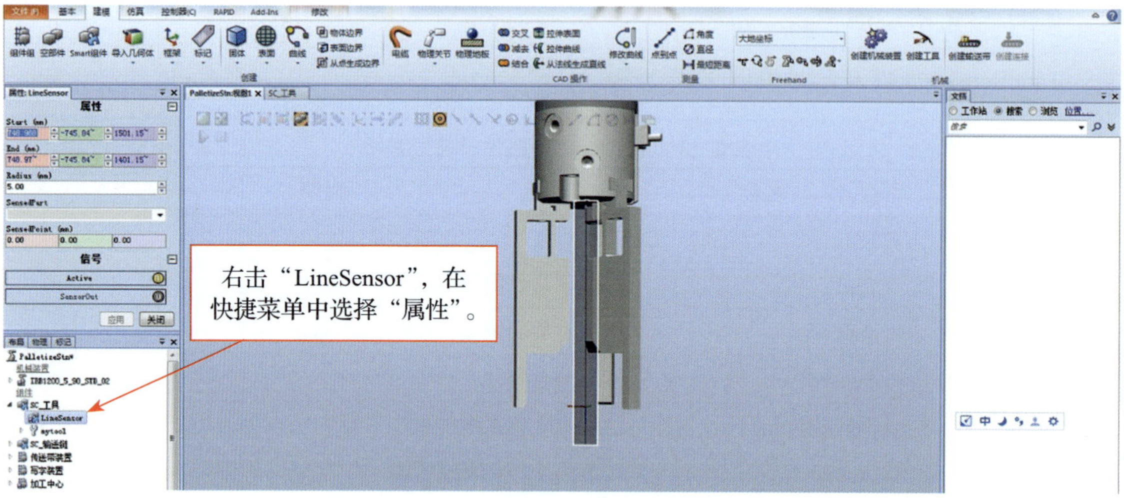

图 2-81　打开“属性”窗口

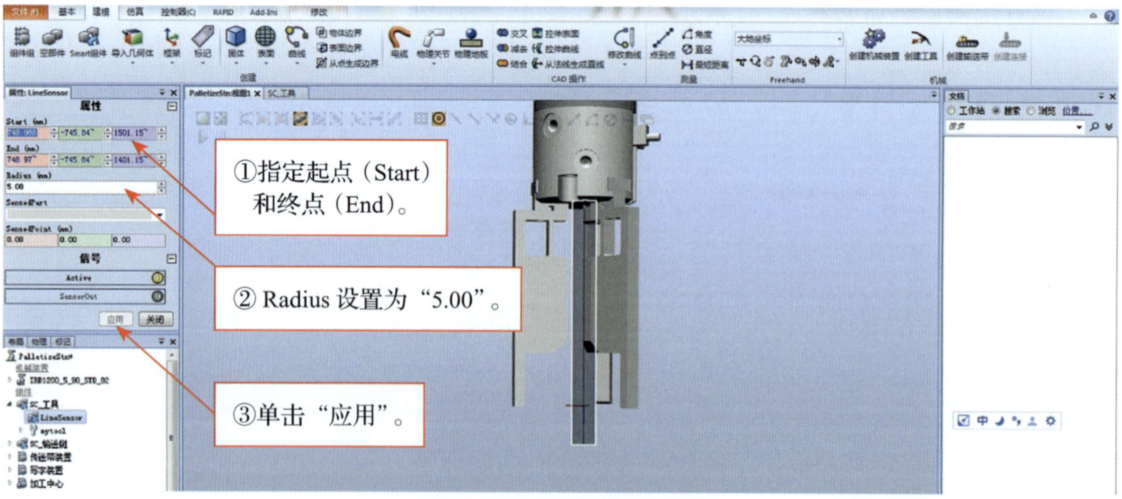

图 2-82　传感器属性设置

笔记栏

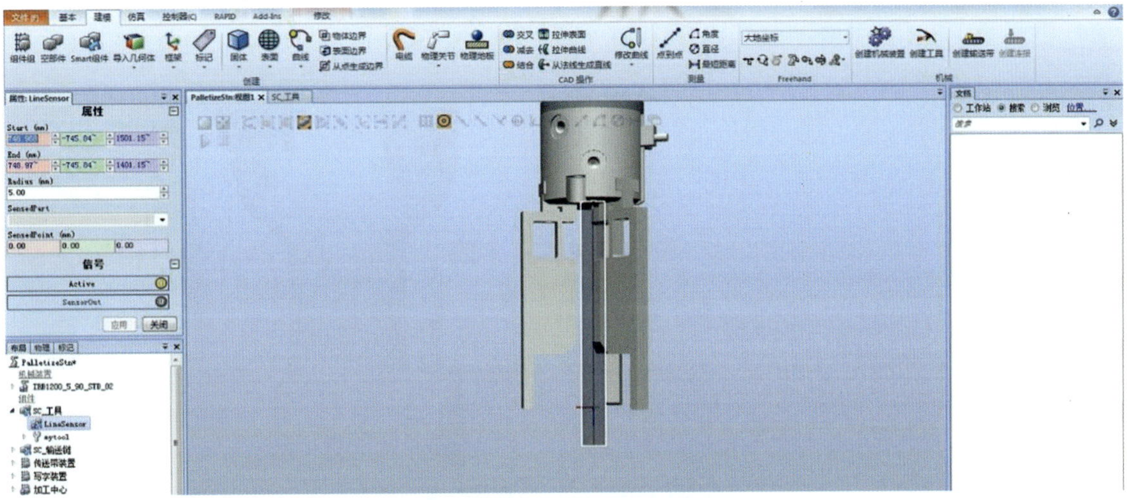

图 2－83　生成的检测传感器

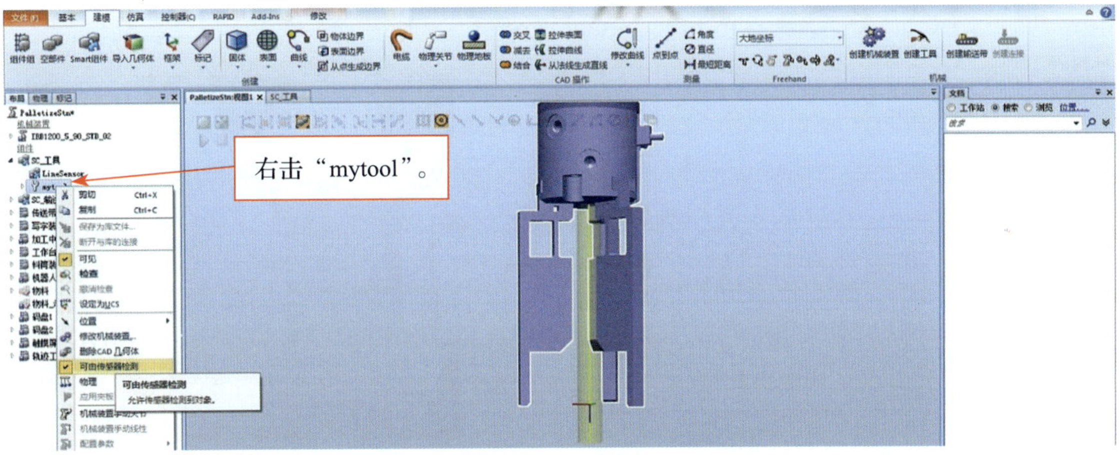

图 2－84　打开“mytool”快捷菜单

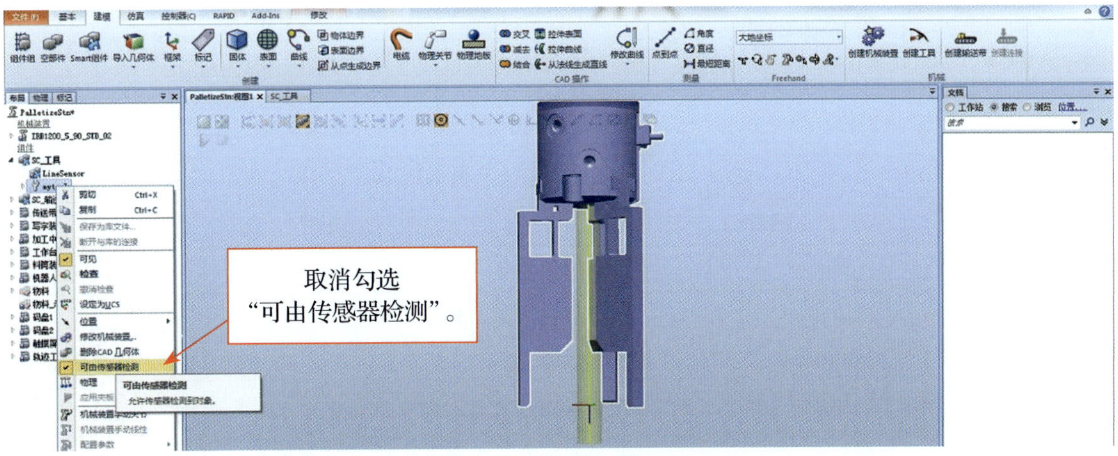

图 2－85　不允许传感器检测到对象

笔记栏

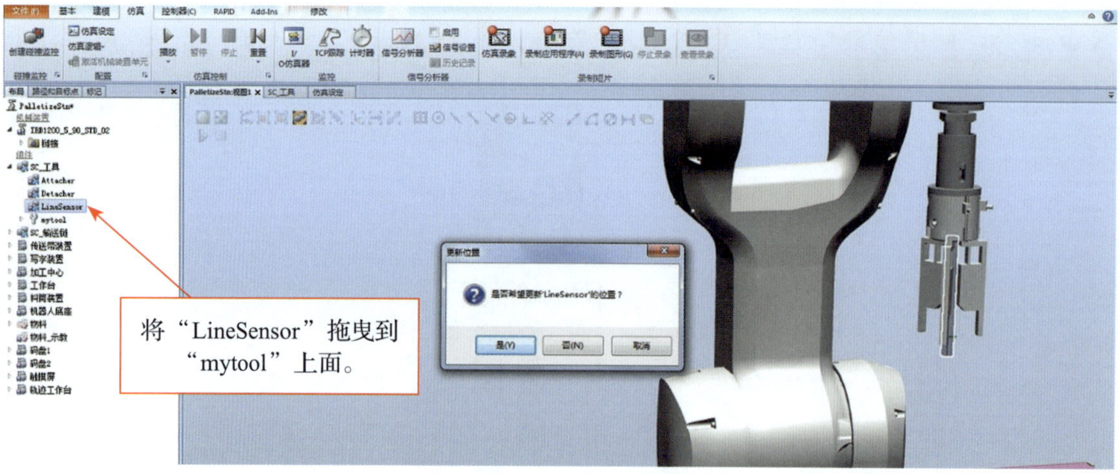

图 2－86　设定传感器位置

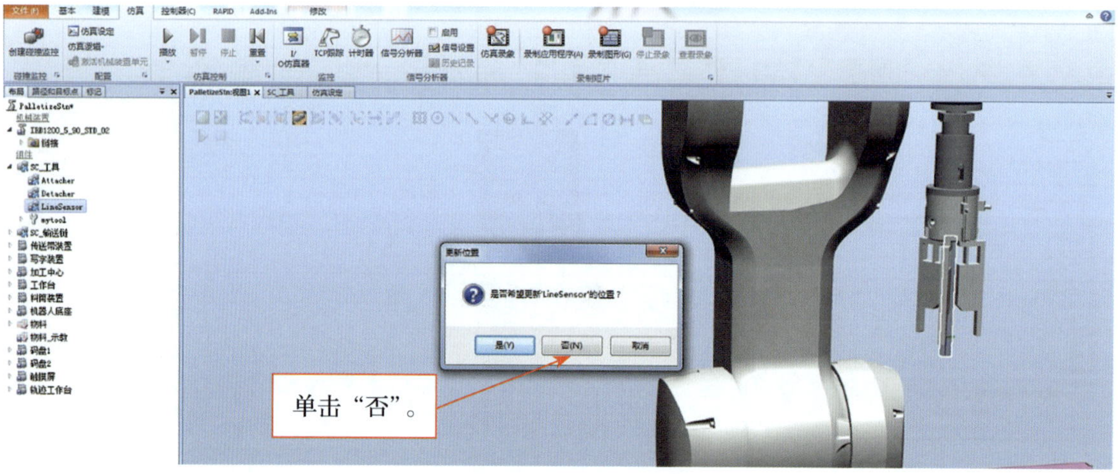

图 2－87　不更新 LineSensor 的位置

（三）设置拾取 / 放置（Attacher/Detacher）动作

Attacher 属性及信号说明见表 2－4。设置拾取动作的具体操作如图 2－88 至图 2－91 所示。

表 2－4　Attacher 属性及信号说明

类别	名称	说明
属性	Parent	安装的父对象
	Flange	机械装置或工具数据安装到
	Child	安装对象
	Mount	移动对象到其父对象
	Offset	进行安装时，位置与安装的父对象相对应
	Orientation	进行安装时，方向与安装的父对象相对应
信号	Execute	设定为 high (1)，去安装
	Executed	变成 high (1)，当此操作完成

笔记栏

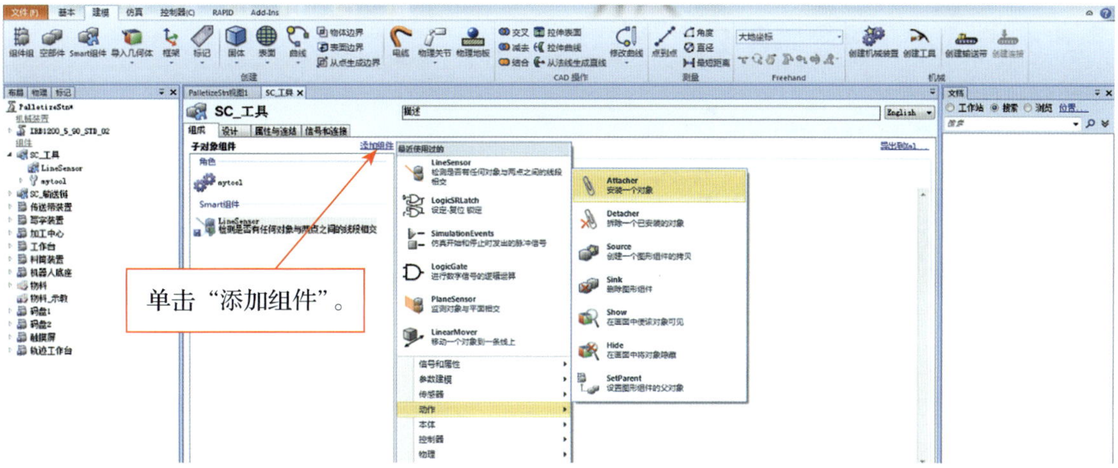

图 2－88　打开“添加组件”菜单

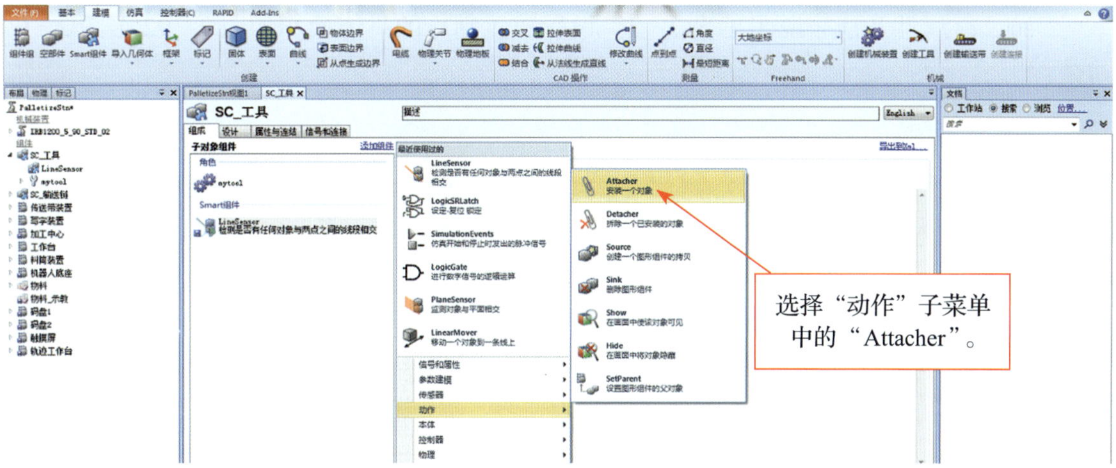

图 2－89　实现“安装一个对象”

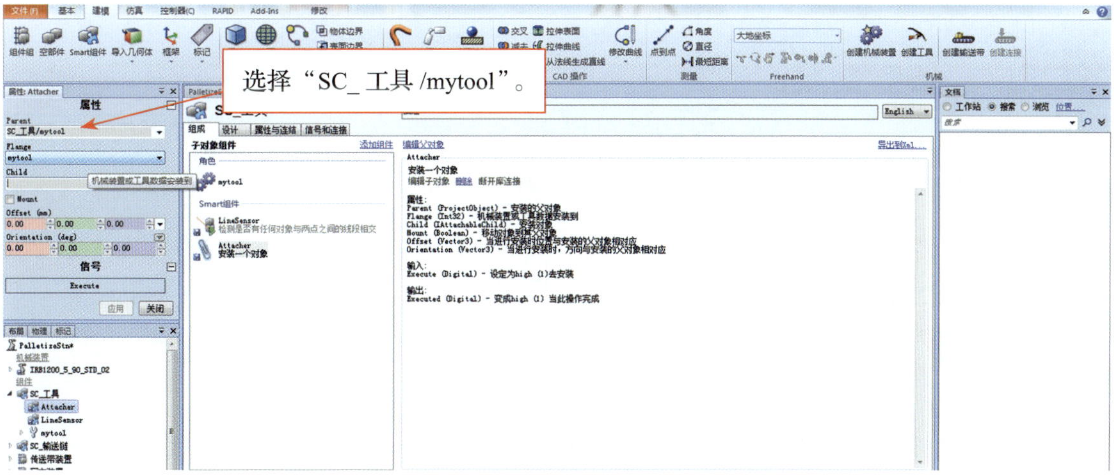

图 2－90　设定安装的父对象

笔记栏

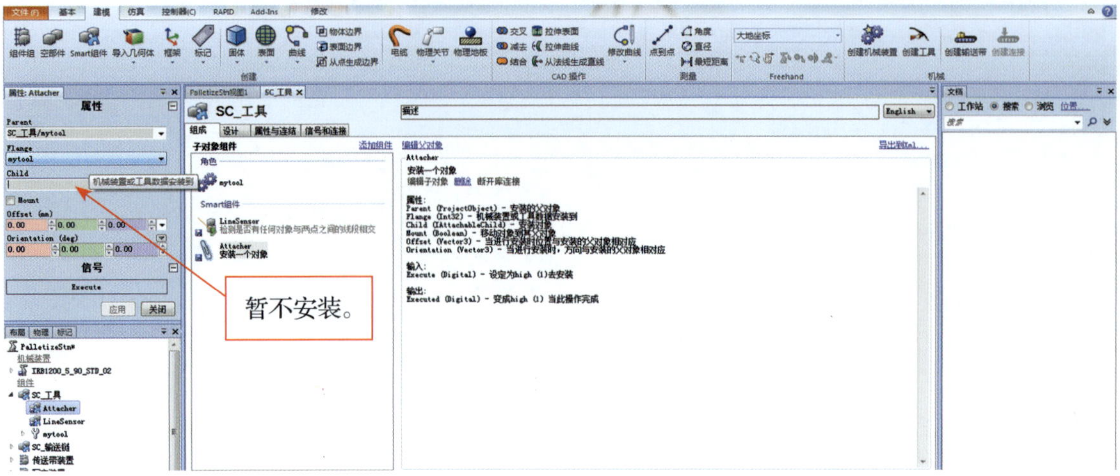

图 2－91　设定安装的子对象

Detacher 属性及信号说明见表 2－5。设置放置动作的具体操作如图 2－92 至图 2－95 所示。

表 2－5　Detacher 属性及信号说明

类别	名称	说明
属性	Child	已安装的对象
	KeepPosition	如果是 false，已安装的对象回到原始位置
信号	Execute	设定为 high (1)，取消安装
	Executed	变成 high (1)，当此操作完成

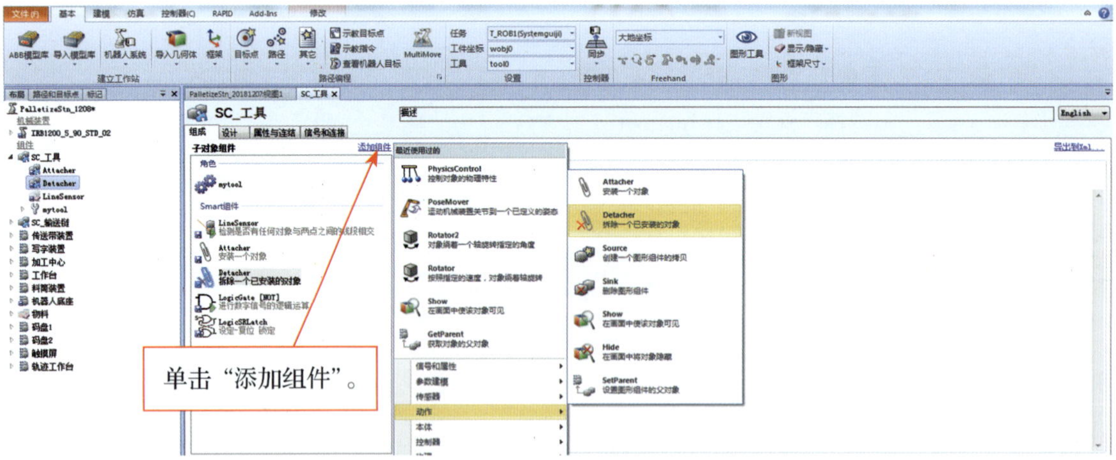

图 2－92　打开“添加组件”菜单

笔记栏

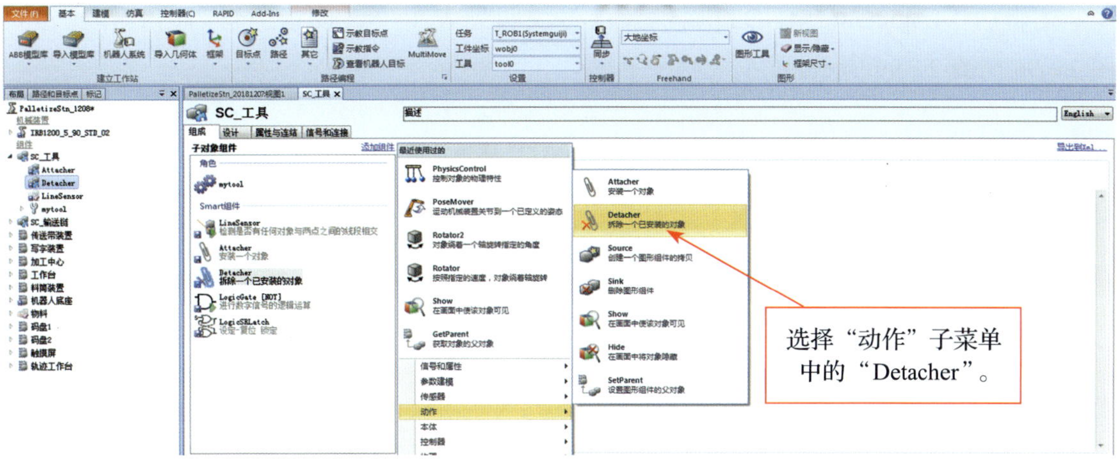

图 2－93 实现“拆除一个已安装的对象”

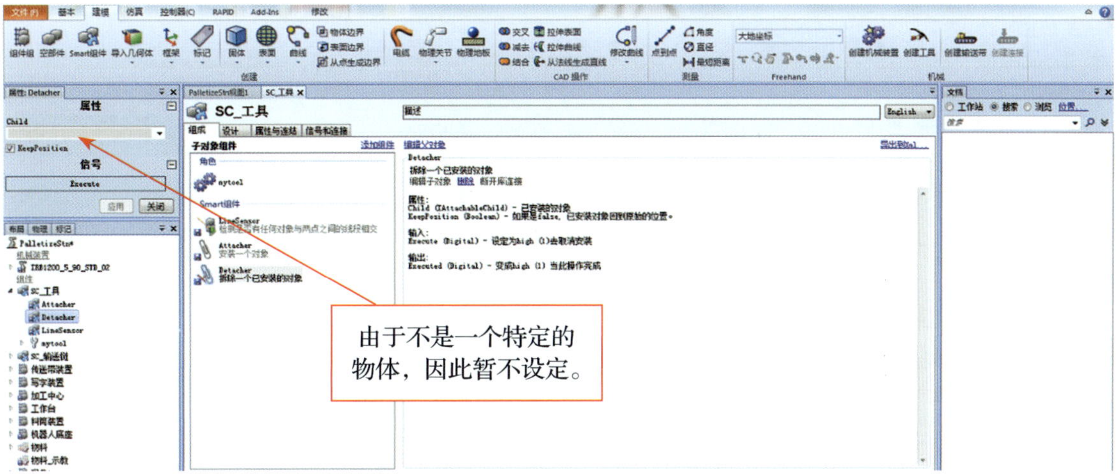

图 2－94 设定拆除的子对象

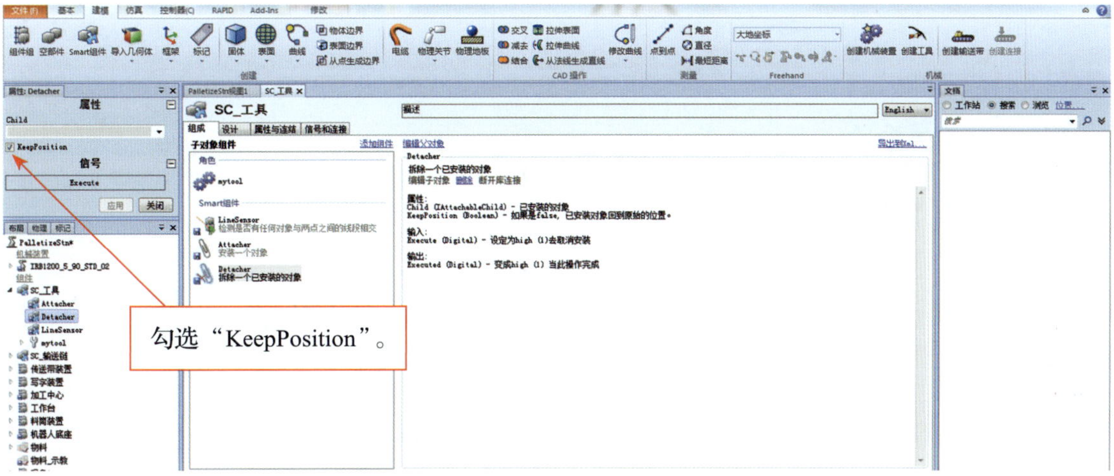

图 2－95 释放后，子对象保持当前的空间位置

笔记栏

逻辑门（LogicGate）[NOT] 属性及信号说明见表 2－6。设置逻辑门的具体操作如图 2－96 至图 2－99 所示。

表 2－6　LogicGate [NOT] 属性及信号说明

类别	名称	说明
属性	Operator	逻辑操作符
	Delay	输出变化延迟时间
信号	InputA	第一个输入
	InputB	第二个输入
	Output	逻辑操作结果

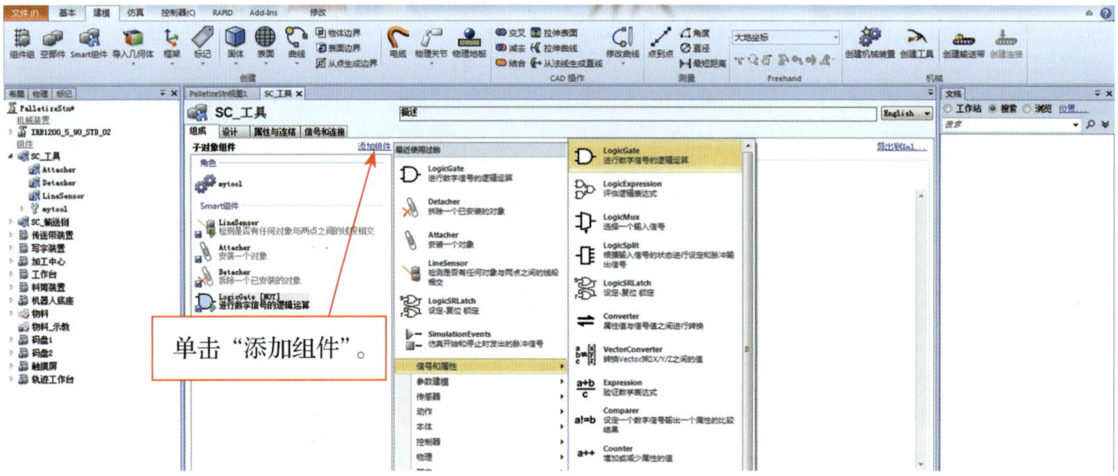

图 2－96　打开“添加组件”菜单

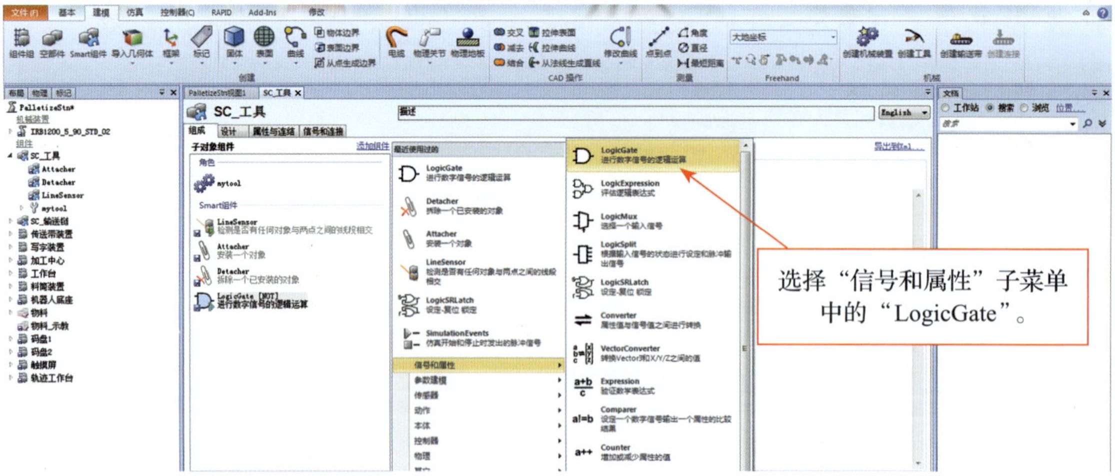

图 2－97　实现“数字信号的逻辑运算”

笔记栏

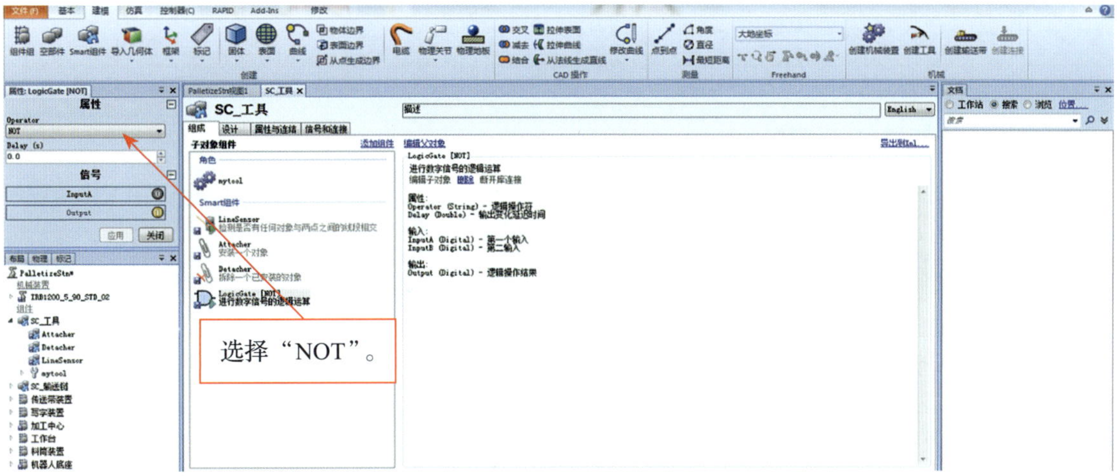

图 2－98 设置属性 Operator

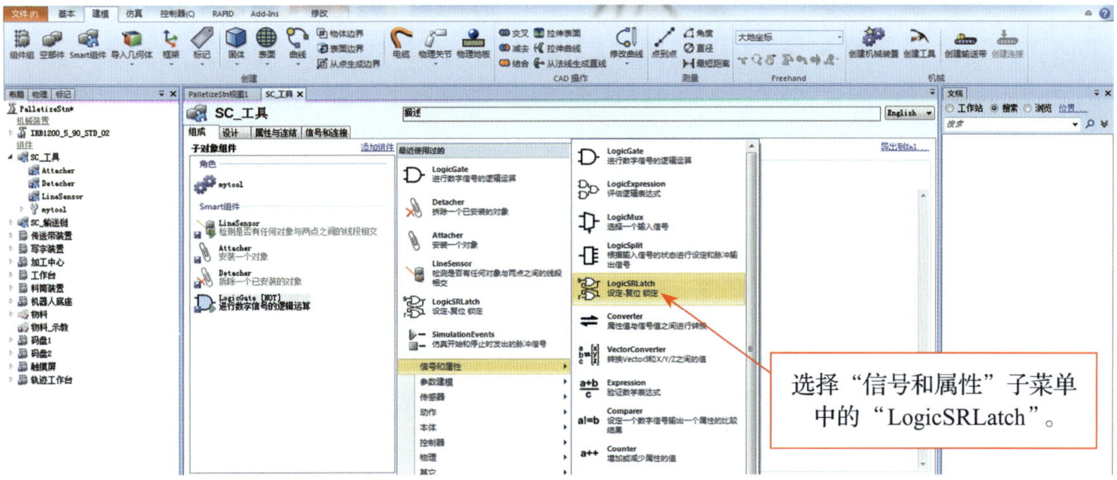

图 2－99 实现“设定－复位 锁定”

（四）创建属性与连结

创建属性与连结的具体操作如图 2－100 至图 2－102 所示。

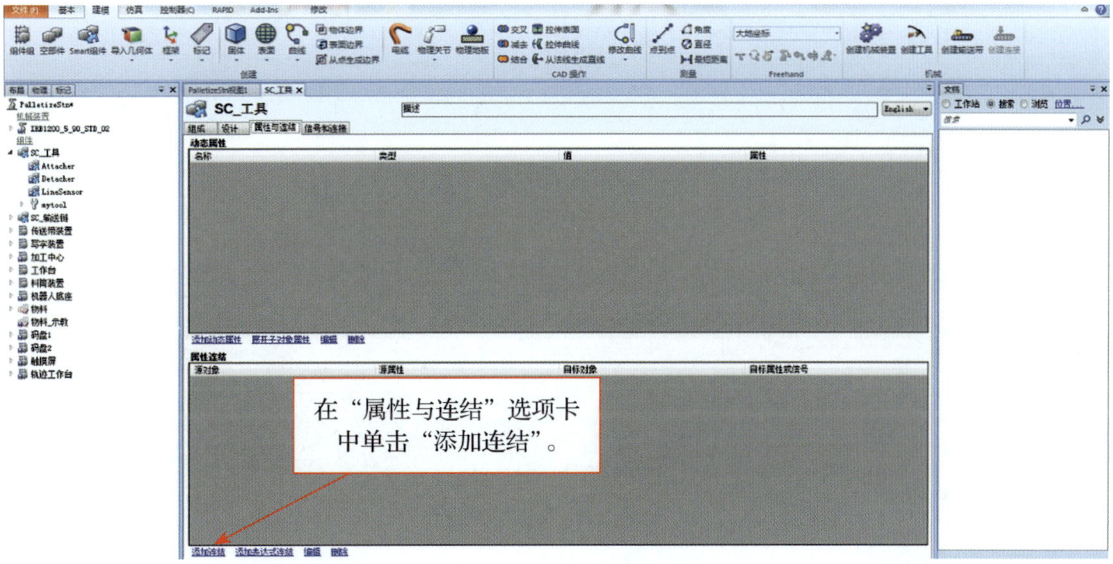

图 2－100 打开“添加连结”对话框

笔记栏

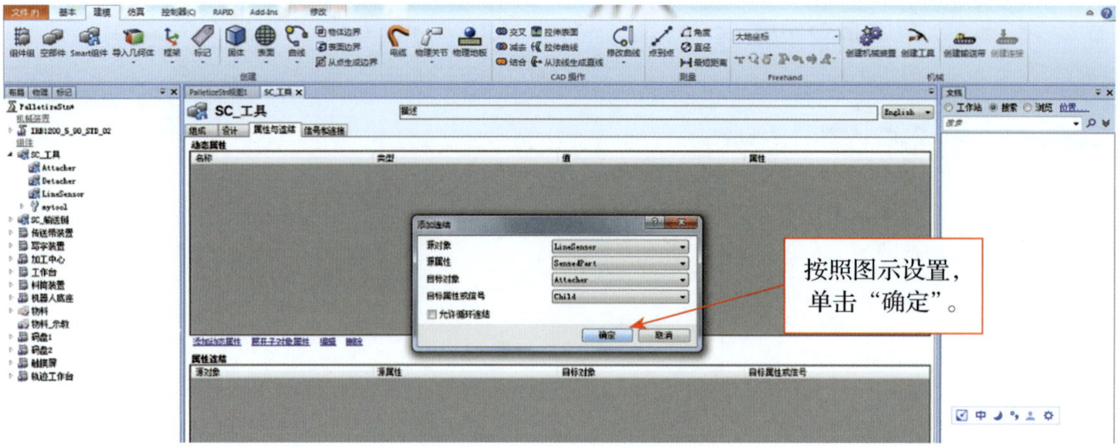

图 2-101　属性与连结设置

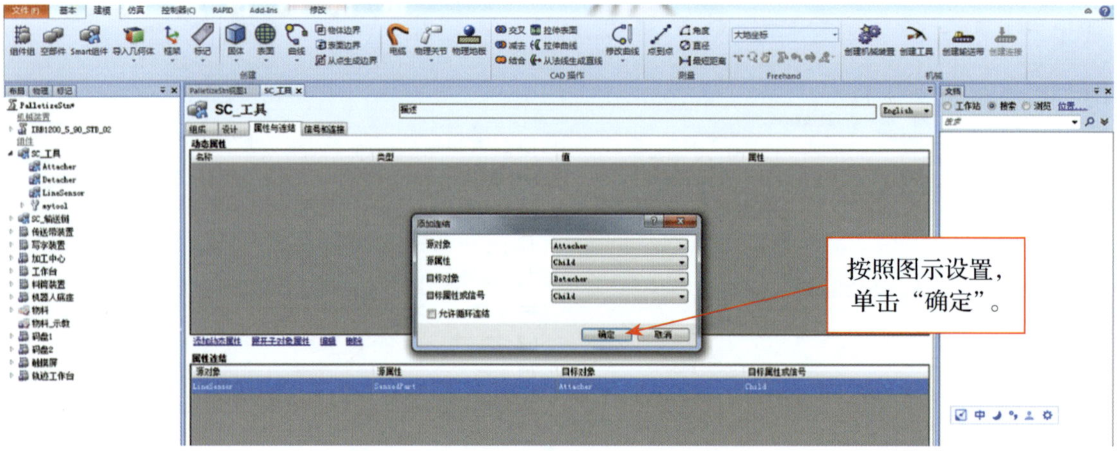

图 2-102　属性与连结设置完成

（五）创建信号和连接

创建信号和连接的具体操作如图 2-103 至图 2-105 所示。

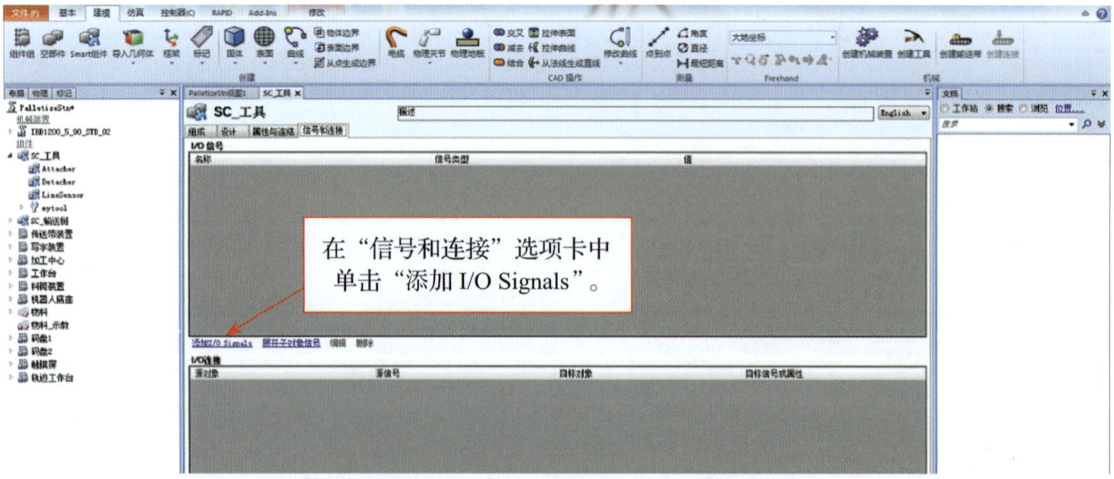

图 2-103　打开“添加 I/O Signals”对话框

笔记栏

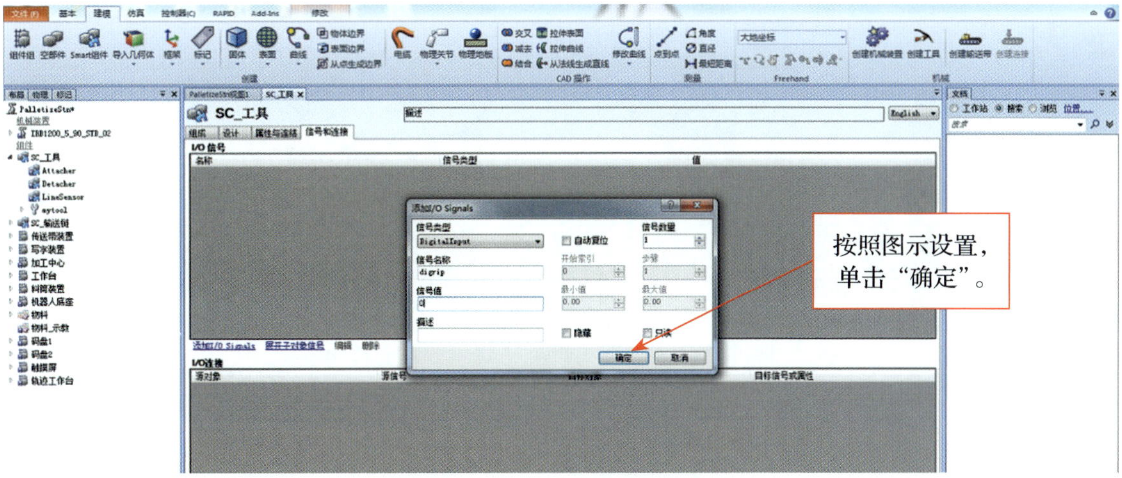

图 2－104　设置 digrip

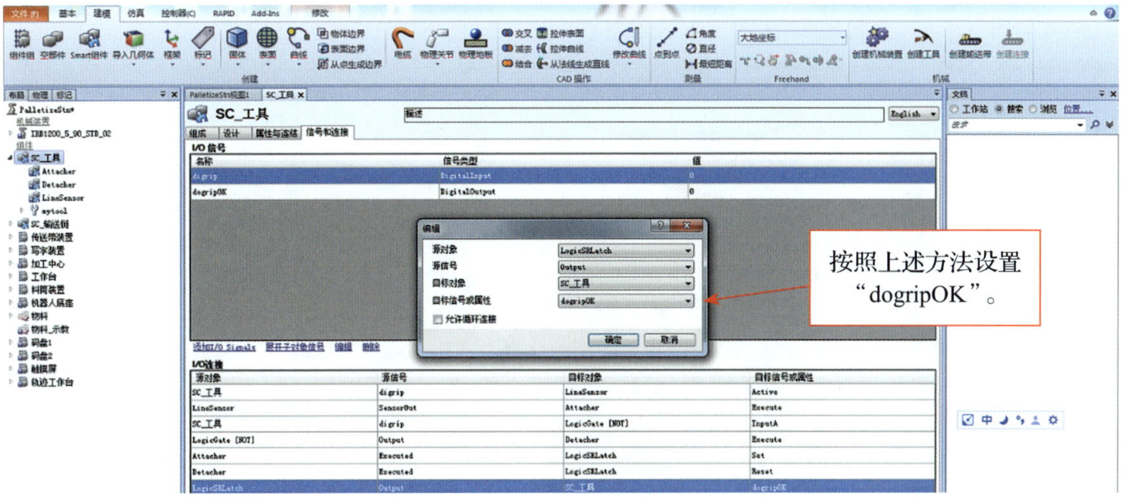

图 2－105　设置 dogripOK

（六）Smart 组件的模拟动态运行

Smart 组件的模拟动态运行的具体操作如图 2－106 至图 2－112 所示。

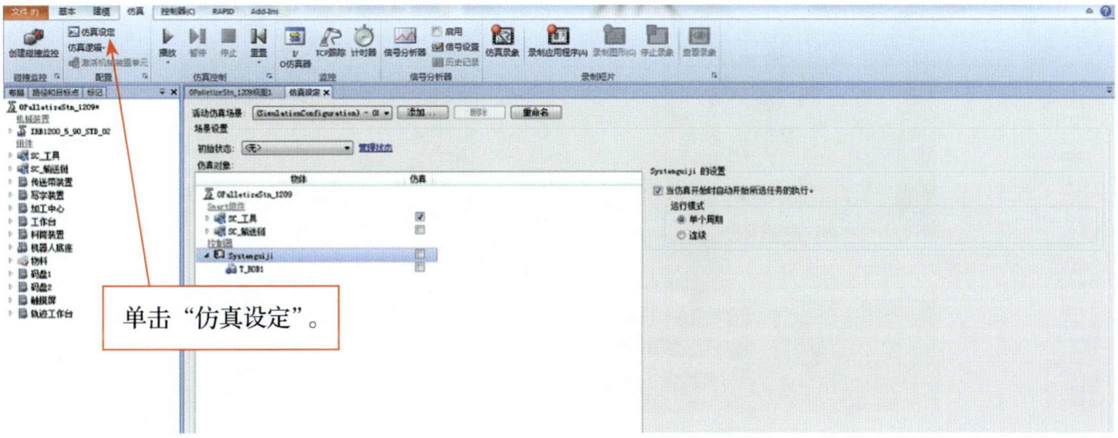

图 2－106　打开“仿真设定”选项卡

笔记栏

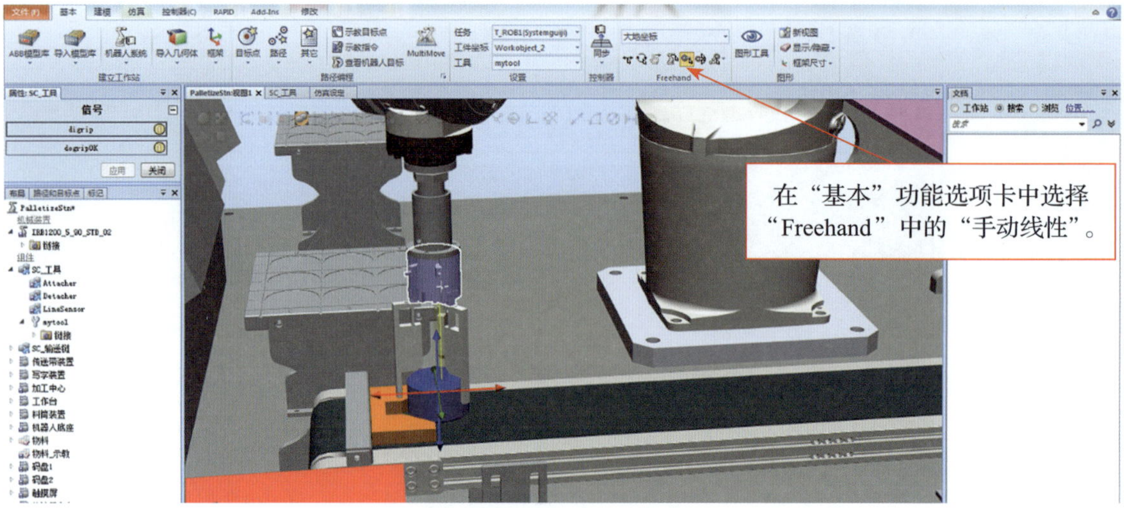

图 2－107　保持手动线性运动

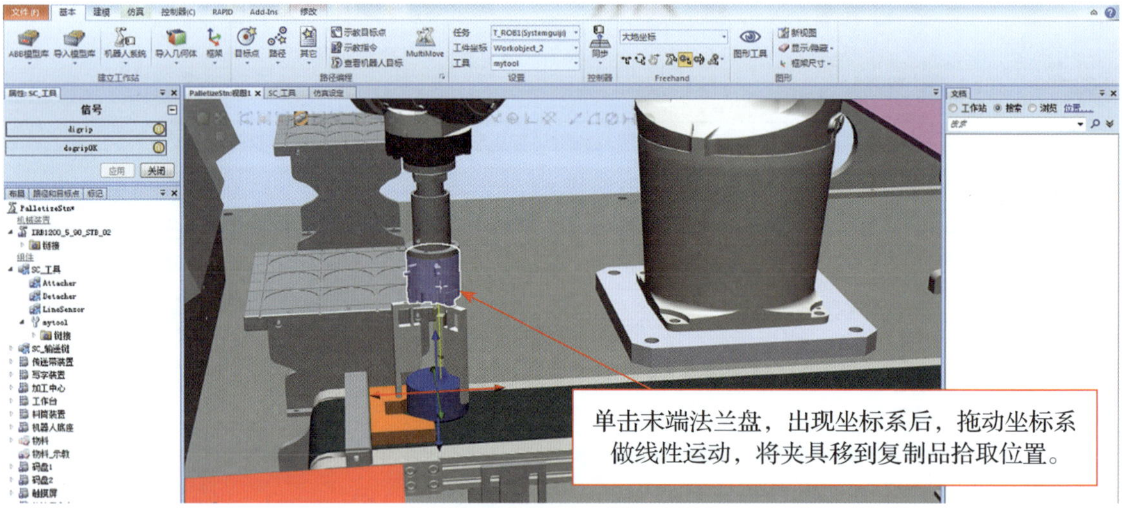

图 2－108　夹具定位

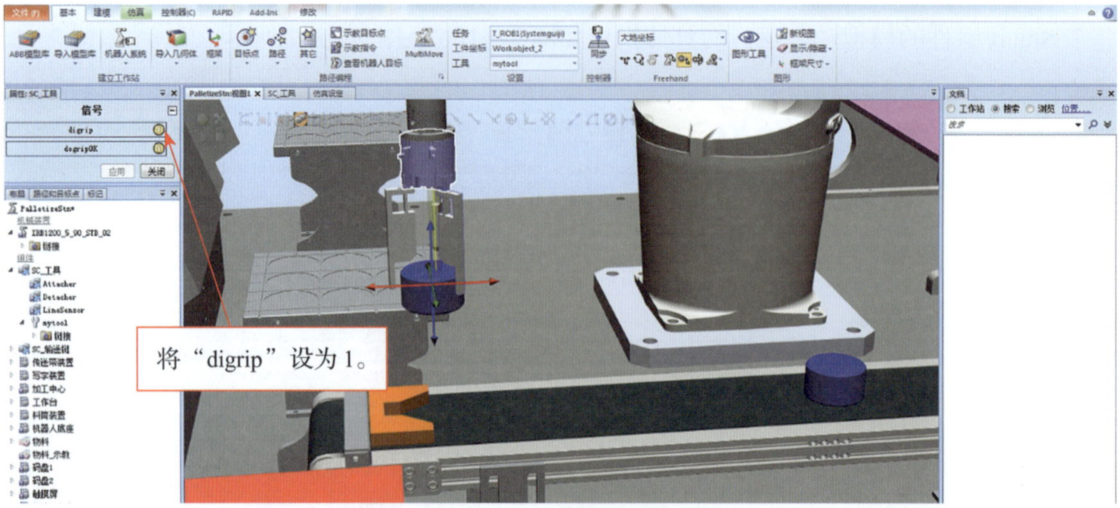

图 2－109　设定动态夹具模拟运行（一）

笔记栏

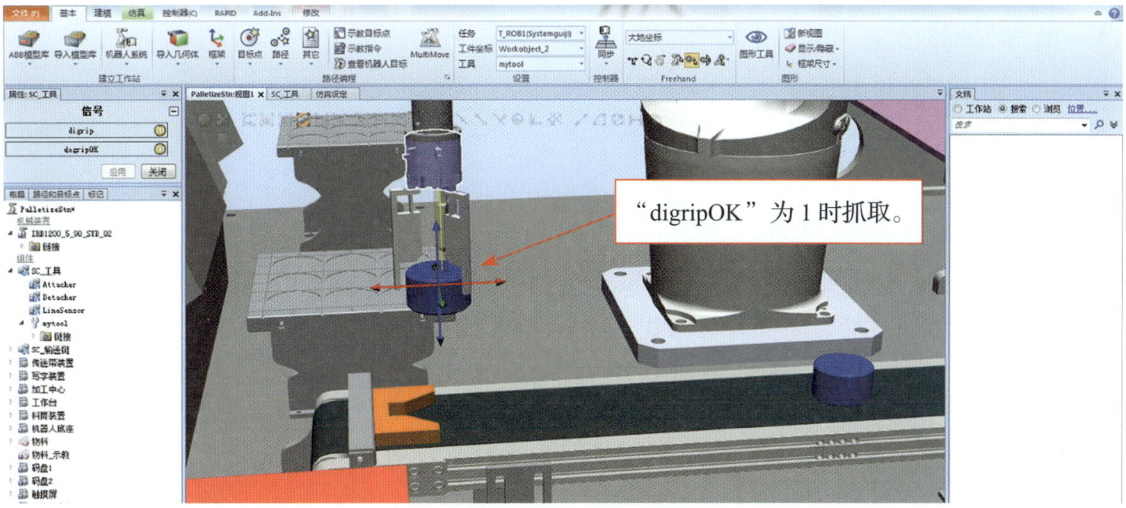

图 2－110　设定动态夹具模拟运行（二）

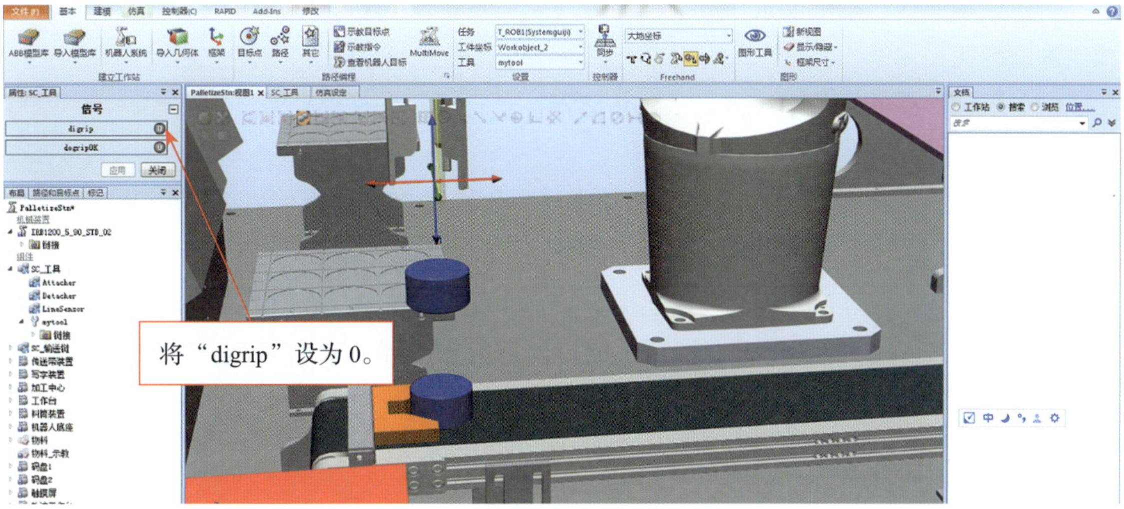

图 2－111　设定动态夹具模拟运行（三）

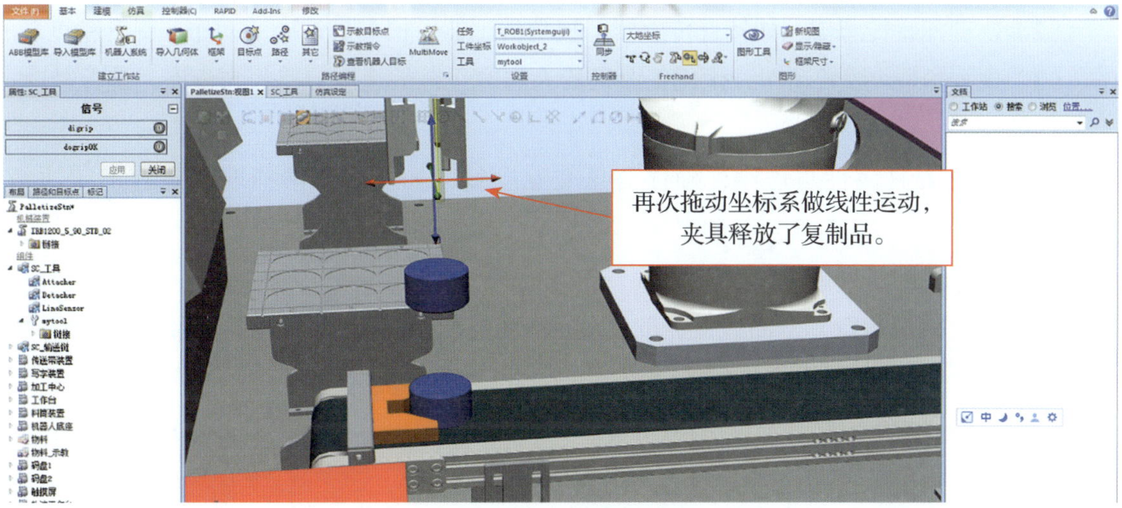

图 2－112　设定动态夹具模拟运行（四）

笔记栏

任务实施

任务实施要点提示如下：

一、三爪夹具构建要点

（1）机械设计方面，依据工业机器人负载与精度情况，选取合适的材质，合理确定尺寸形状，确保夹具与工业机器人运动适配并实现精准抓取。

（2）运动特性方面，明确开合方式、速度曲线与行程范围，可结合工业机器人节拍进行优化，使夹具动作流畅精准，避免因不协调引发失误或碰撞。

二、动态输送链搭建要点

（1）产品源。依据流程与产品特性确定初始位置、间距和供应速率，确保与工业机器人拾取动作精准配合，避免堆积或空闲的情况出现。

（2）运动属性。精确设定速度、加速度与减速度，兼顾效率与精度，合理规划曲线以减少冲击能耗。

（3）限位传感器。关键位置设限位传感器，进行检测并反馈信号，精确控制启 / 停与动作，避免超程。

（4）输送链。设置输送链属性并建立连结，实现信息协同，如根据重量调节张力和速度。

（5）信号流。梳理信号流，构建连接，保障信号及时准确，避免干扰和故障。

（6）模拟动态运行。检测卡顿、碰撞、信号丢失等情况，依检测结果优化至稳定状态。

三、动态夹具应用要点

（1）根据工件形状、尺寸、重量、材质调节属性，确保适配工业机器人，抓取稳固且无损。

（2）合理配置传感器，如接近传感器、视觉传感器，根据反馈调节动作，提升精度。

（3）规划拾取 / 放置动作，优化工业机器人与输送链的速度、路径与姿态，确保减时、节能、提效。

（4）优化夹具属性与连结，确保信息交互顺畅，如及时反馈抓取状态有助于决策优化。

（5）确保控制信号传输无误。

（6）通过模拟运行，全面验证抓取 / 放置精度与配合默契度，根据验证结果微调参数以达到最佳效果。

笔记栏

任务书 2

任务名称							
班级		姓名		学号		组别	
任务内容	根据要求设计输送链并完成仿真操作						
任务目标	（1）会创建三爪夹具机械装置； （2）会用 smart 组件创建动态输送链； （3）会用 smart 组件创建动态夹具						

资料	工具	设备
工作站模型	RobotStudio	

任务完成报告 2

任务名称							
班级		姓名		学号		组别	
任务详情							

笔记栏

任务测评

测试题

1. 简述自由度的定义。
2. 简述定位精度的定义。
3. 简述工作范围的定义。
4. 举例说明工业机器人控制柜的类型。

测评表

项目	技术要求	分值	评分细则	评分记录	备注
创建三爪夹具机械装置	会建立夹具的机械运动特性	10	操作流程		
用 Smart 组件创建动态输送链	（1）会设置输送链的产品源； （2）会设置输送链的运动属性； （3）会设置输送链限位传感器； （4）会创建属性与连结； （5）会创建信号和连接； （6）会仿真运行	30	操作流程		
用 Smart 组件创建动态夹具	（1）会设置夹具属性； （2）会设置检测传感器； （3）会设置拾取 / 放置动作； （4）会设置夹具开 / 合动作； （5）会创建属性与连结； （6）会创建信号和连接； （7）会仿真运行	40	操作流程		
安全操作	符合上机实训要求	20	操作流程		

任务创新

笔记栏

双输送链工作站的仿真设计如何实现?

在现代工业自动化领域，双输送链工作站占据着举足轻重的地位，其在物流和包装等行业的应用十分广泛。工作站中，两条输送链各司其职，例如一条用于物料的输入，另一条用于成品的输出，物料的流转路线合理、有序；位于两条输送链之间的操作设备（如工业机器人或其他自动化装置）承担着对输送链上的物料进行加工、分拣、包装等工作。

展望未来，诸多问题有待深入研究。例如，在仿真设计过程中如何纳入能耗因素，进而设计出更加节能环保的工作站？在复杂的生产环境下，怎样确保双输送链工作站高效且稳定地运行？如何借助仿真设计来预判并解决可能出现的设备故障？

请结合所学内容，思考图 2－113 所示的双输送链工作站的仿真设计如何实现。

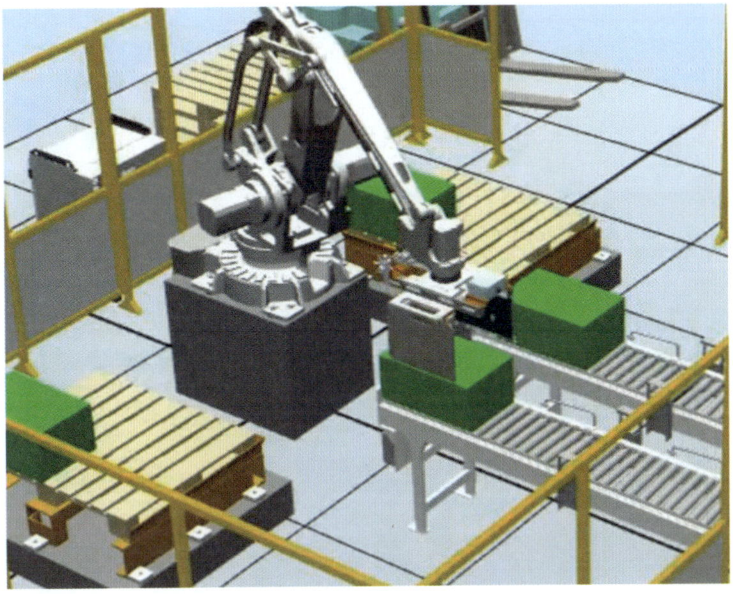

图 2－113　双输送链工作站

笔记栏

任务 3 机床上下料的仿真设计

从“制造大国”到“制造强国”：工业机器人赋能智能制造

素养园地

锚定创新，壮大人形机器人产业

步伐稳健、定位精准、动作流畅，快速完成汽车流水线上的质检、搬运、分拣等任务……在2024世界机器人大会上，一家中国企业展示的“人形机器人工业场景解决方案”引人关注。

以汽车质检为例，一些人形机器人可在60至80秒内完成，契合了当前最先进汽车工厂“每分钟生产一辆车”的生产节奏。除了“进厂打工”的工业版人形机器人，具备奔跑、爬楼、泡咖啡、踢足球、开展外科手术等“绝活”的服务型人形机器人也在不断推陈出新、迭代升级。

工具变革能促进效率显著提升，机器人是先进制造业的关键支撑装备。在辽宁一家企业的装配调试车间考察调研时，习近平总书记听说该企业生产的机器人已广泛应用于汽车生产领域，指出“过去我们要解决的是能不能造汽车的问题，接着又解决了能不能造好车的问题，现在我们正在解决能不能生产造好车的装备问题。这就是创新驱动发展”。作为一种新型生产工具，机器人已经成为科技竞争的新高地、未来产业的新赛道、经济发展的新引擎，对加快发展新质生产力具有重要意义。

人形机器人是人工智能技术与机器人技术深度融合的产物。它可以不受场景、地域限制，自由出入各类场合，并拥有会思考的“大脑”。可以说，人形机器人集成了人工智能、高端制造、新材料等先进技术，有望成为继计算机、智能手机、新能源汽车后的颠覆性创新，并引发生产力的跃升。

然而，人体构造精密而复杂，打造一款人形机器人绝非易事，需要集合多学科领域的高精尖科技成果，包括人工智能、算法、芯片、软件、伺服电机等，目前产业短板还不少。锚定加强科技创新不动摇，推动关键技术加速演进、应用场景加快完善，解决好设计能力薄弱、产业链和创新链融合不足等问题，才能推动产业高质量发展。

提升设计能力，需要加强创新资源统筹和力量组织，努力在关键技术上取得新突破。广东深圳的一家机器人企业联合各方力量持续开展技术攻关，不仅将伺服驱动器零部件的国产化率从四成提升至九成以上，还为机器人设计出了仿人五指灵巧手和二指夹爪等不同的“手”。作为最活跃的创新力量，企业应发挥创新主体作用，做好统筹协调，与国内外的高校和科研机构建立合作关系，通过联合研究项目、联合实验室等方式，推动人形机器人设计能力不断提升。

笔记栏

研发的根本目的在于应用。人形机器人产业实现更大发展，必须做好产业链和创新链深度融合的大文章，消除科技创新中的“孤岛现象”，提升创新体系整体效能。以机器人“灵巧手”的产业化为例，既离不开高精度传感器、材料技术和驱动器的上游支持，也需要复杂系统集成和算法开发的中游协调，还需要应用场景适配和市场推广的下游配合。让产学研、上下游、各环节相互助力、协同发展，形成从研发、制造到应用的完整闭环，是提升人形机器人产业发展质效的关键所在。

目前，《“十四五”机器人产业发展规划》《“机器人+”应用行动实施方案》《工业机器人行业规范条件（2024版）》等皆已落地实施。畅通连接应用基础研究和产业化的快车道，依托零部件优势推进整机开发，依托应用场景丰富优势锤炼核心技术，我国人形机器人产业化发展的前景一片大好。抢滩人形机器人的黄金赛道，我们必能在未来竞争中赢得更多优势。

资料来源：王云娜．锚定创新，壮大人形机器人产业．人民网，2024-09-11.

任务目标

知识目标

（1）掌握 RobotStudio 提供的测量工具的原理、操作方法，并了解其精度范围。

（2）掌握机械装置的创建和设置方法，了解运动方式、运动参数与机械结构的关系。

（3）掌握事件管理器的功能和工作原理。

（4）了解 I/O 信号的类型、功能以及在控制系统中的作用。

（5）了解仿真运行的基本流程和相关设置，包括模型导入、参数初始化、时间步长设置等。

技能目标

（1）能够选取合适的测量工具进行测量，获取精确的测量数据。

（2）能够对创建的机床门机械装置进行调试和优化，确保其在运动过程中的稳定性、准确性和安全性，避免出现干涉、卡顿等问题。

（3）能够在仿真环境中熟练创建 I/O 信号，准确配置信号的属性和参数，建立信号与实际物理设备或虚拟模型之间的映射关系。

（4）能够顺利完成仿真运行，在仿真过程中能够实时观察和分析系统各部分的运行情况，及时发现问题。

素质目标

（1）培养严谨认真的科学态度，对待工作一丝不苟，杜绝粗心大意和敷衍了事。

（2）注重将理论知识转化为实操技能，提高解决实际问题的能力。突破传统思维模式，勇于探索更优化的设计方案和实现方法。

（3）积极沟通、相互学习、分享经验，共同完成复杂的设计任务，提高团队的凝聚力和战斗力。

（4）在设计过程中，树立工程伦理观念，明确设计的安全性和可靠性是首要考虑因素。

任务分析

笔记栏

一、工艺需求分析

（一）机床加工流程

明确机床的加工工艺，包括加工类型（铣削、车削、钻削等）、加工参数（转速、进给量等）以及加工顺序。例如，对于复杂的多工序加工，上下料的时间点应与各工序精准匹配。

（二）上下料动作

明确上下料的具体动作，如抓取工件的位置、姿态，以及放置工件的位置等。不同类型的工件（形状、尺寸、重量各异）需要配以不同的上下料动作。如对于小型精密零件，抓取力度和精度要求更高。

二、工业机器人选型与工作空间分析

（一）工业机器人选型

根据工件尺寸、重量、加工节拍等因素选择合适的工业机器人型号。若工件较大、较重，需选择负载能力大的工业机器人；若加工节拍快，则需要工业机器人具有较高的运动速度和精度。同时，应考虑工业机器人的工作范围是否能覆盖机床的上下料区域。

（二）工作空间布局

确定工业机器人在机床周边的安装位置，避免与机床其他部件或周边设备发生干涉。对工业机器人的运动轨迹和姿态进行合理规划，确保工业机器人有足够的空间完成上下料动作，且在整个工作周期内运动顺畅，

三、夹具设计与分析

（一）夹具功能需求

针对工件的形状和材质设计合适的夹具，确保在抓取和放置过程中工件的稳定性。对于异形工件，应确保夹具实现可靠的定位和夹紧，防止工件在搬运过程中发生位移或损坏。

（二）夹具与工业机器人的协同

考虑夹具与工业机器人末端执行器的连接方式，确保两者连接牢固且能准确传递工业机器人的动作和力量，实现平稳的上下料操作。

四、编程与逻辑控制分析

（一）上下料程序设计

根据上下料动作和机床加工流程编写工业机器人控制程序，实现工业机器人与机床协同工作，确保程序准确控制工业机器人在合适的时间点抓取、移动和放置工件。要做好异常情况处理方案，如工件未抓取成功等。

笔记栏

（二）通信与信号交互

建立工业机器人与机床之间的通信机制，使两者能够稳定传递状态信号。例如，机床加工完成信号触发工业机器人进行下料操作，工业机器人完成上料后向机床发送准备就绪信号等，确保整个工作流程有序衔接。

五、仿真验证

（一）碰撞检测与干涉避免

通过仿真检查工业机器人、夹具在上下料过程中是否与机床、工件以及周边设备发生碰撞或干涉，及时调整工业机器人的运动轨迹和姿态，优化工作空间布局和程序逻辑。

（二）加工节拍评估

依据仿真结果评估上下料环节对整个机床加工节拍的影响，通过优化工业机器人运动速度、上下料动作顺序等方式，确保机床利用率最大化，满足生产要求。

（三）可靠性与稳定性验证

通过多次仿真，确保上下料系统在长期运行过程中的可靠性和稳定性，包括工业机器人的重复定位精度、夹具的夹紧稳定性等。

知识准备

一、测量工具的使用

（一）测量码垛长度

测量码垛长度的具体操作如图 3－1 至图 3－3 所示。

（二）测量圆形轨迹的直径

测量圆形轨迹的直径的具体操作如图 3－4 至图 3－6 所示。

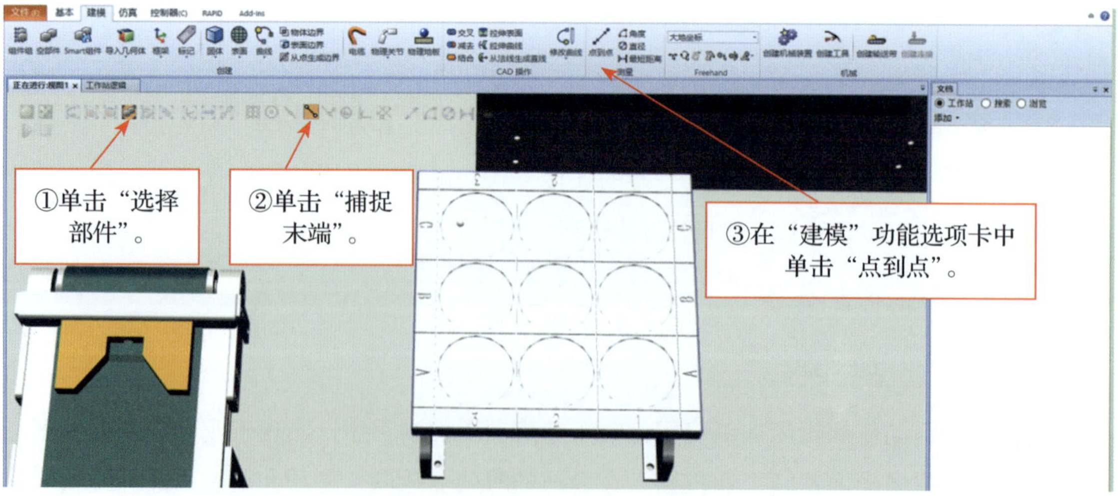

图 3－1　选择测量工具“点到点”

笔记栏

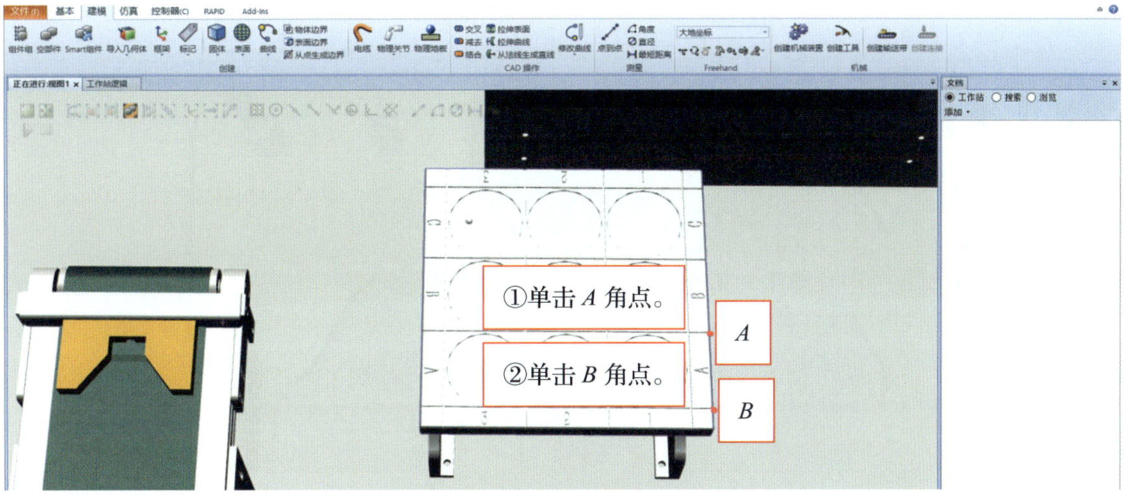

图 3－2　选择测量对象的两个点

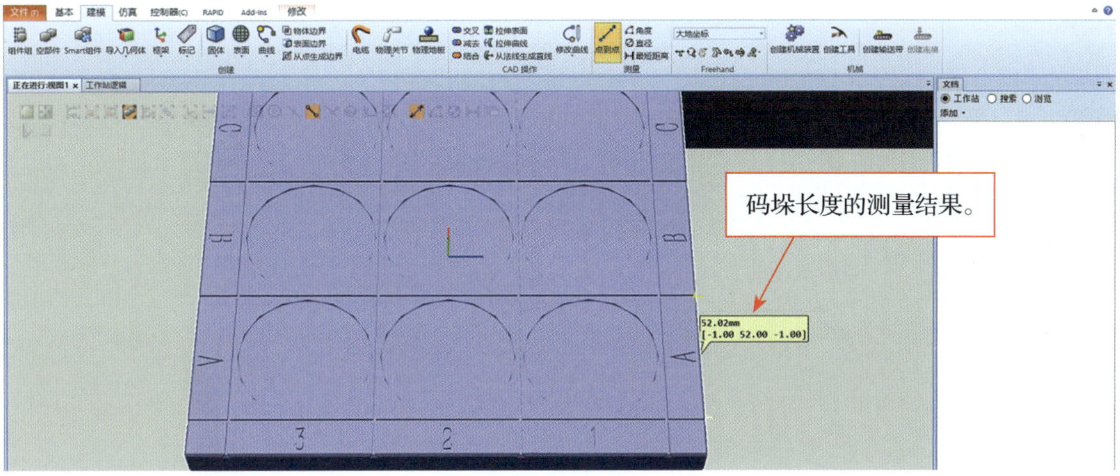

图 3－3　测量结果显示

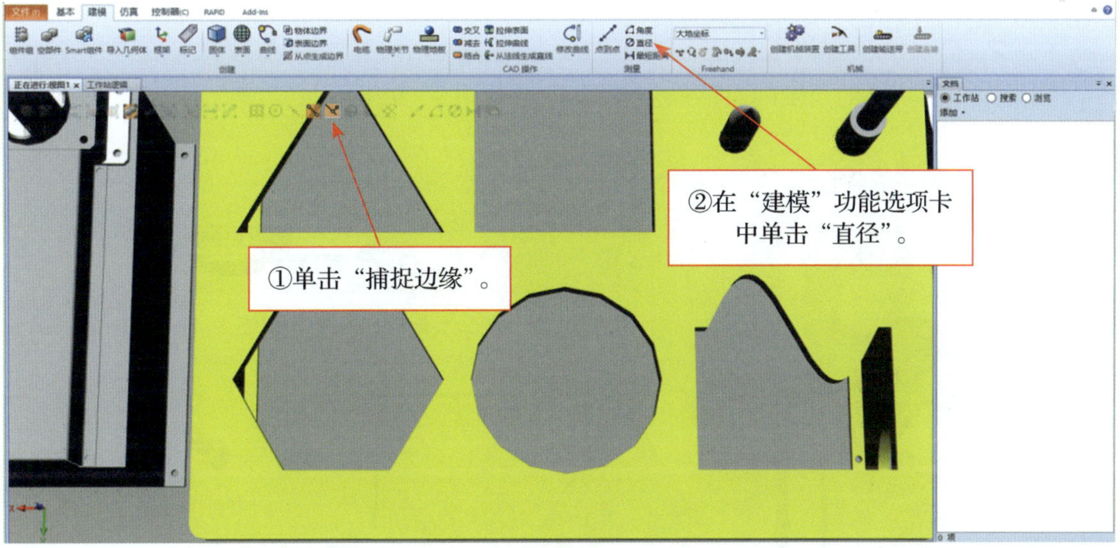

图 3－4　选择测量工具“直径”

笔记栏

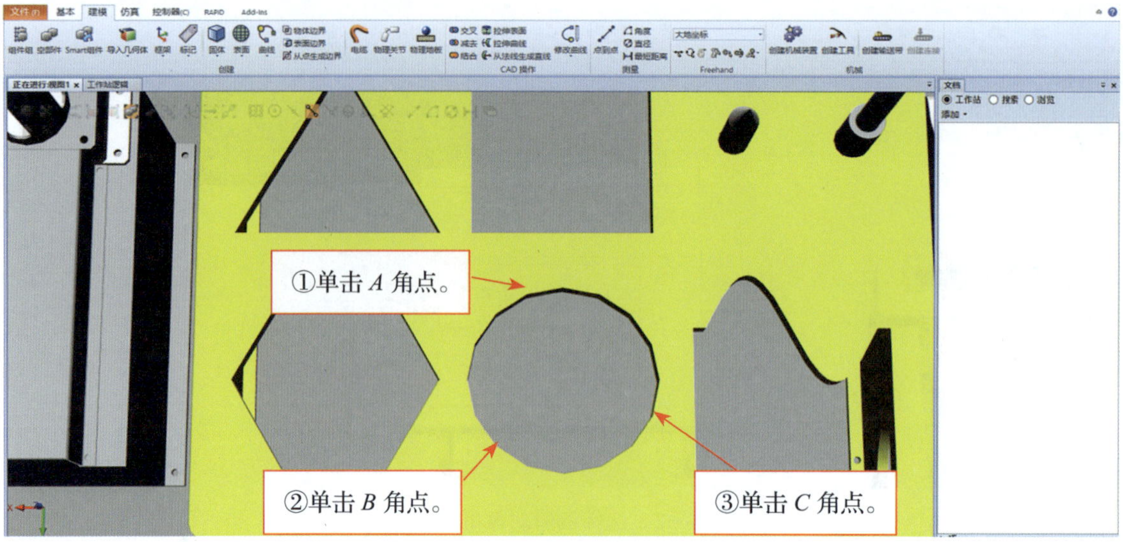

图 3-5　选择测量对象的三个点

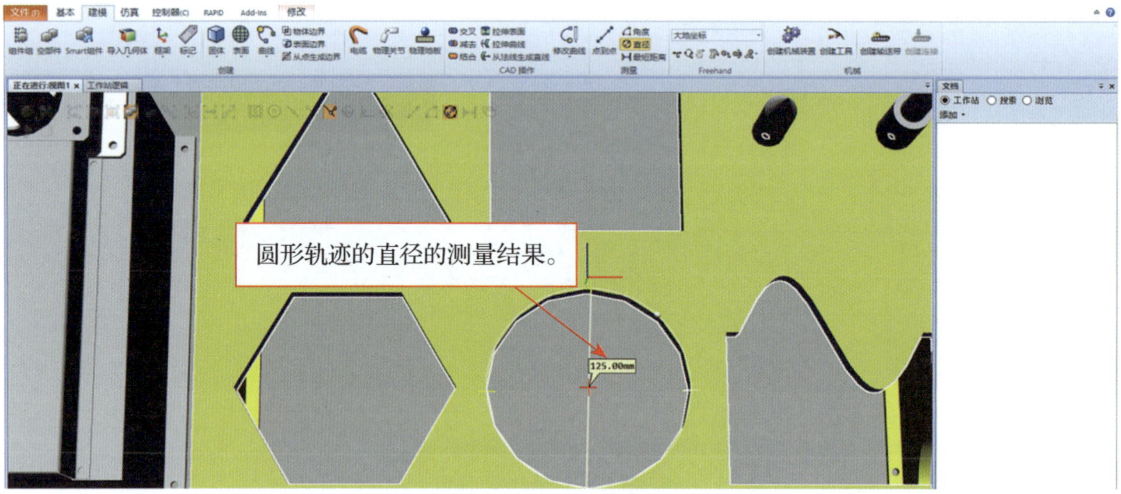

图 3-6　测量结果显示

（三）测量三角形轨迹的角度

测量三角形轨迹的角度的具体操作如图 3-7 至图 3-9 所示。

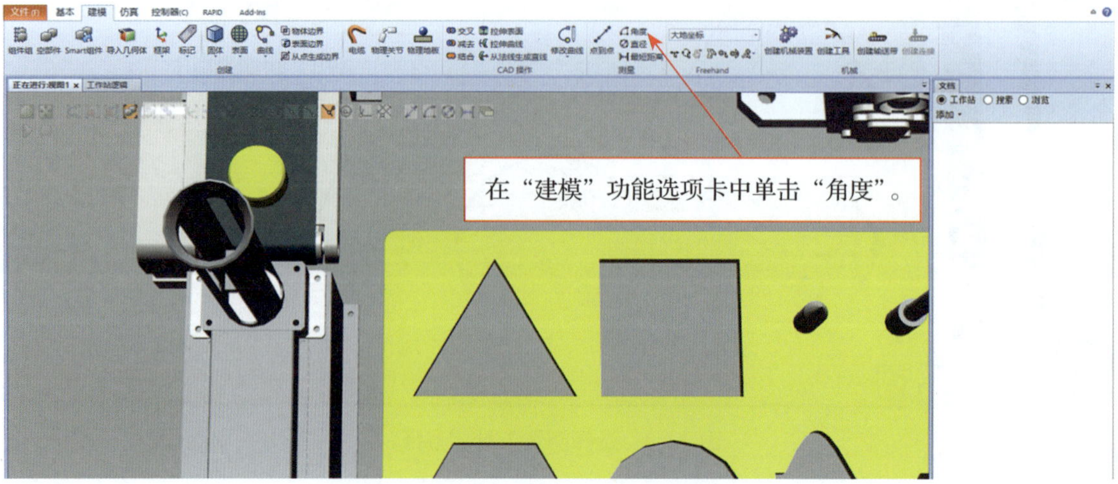

图 3-7　选择测量工具“角度”

笔记栏

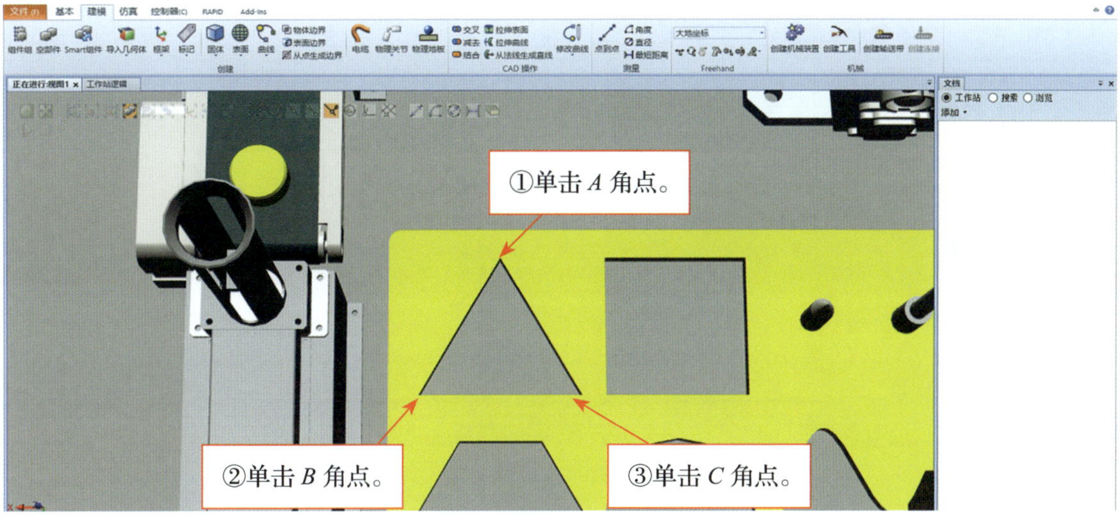

图 3－8　选择测量对象的三个点

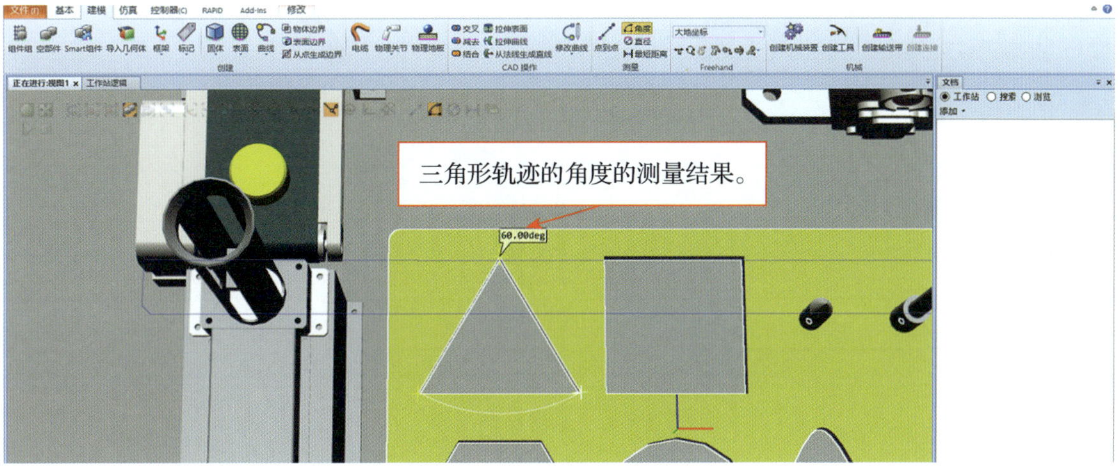

图 3－9　测量结果显示

（四）测量两个码垛间的最短距离

测量两个码垛间的最短距离的具体操作如图 3－10 至图 3－12 所示。

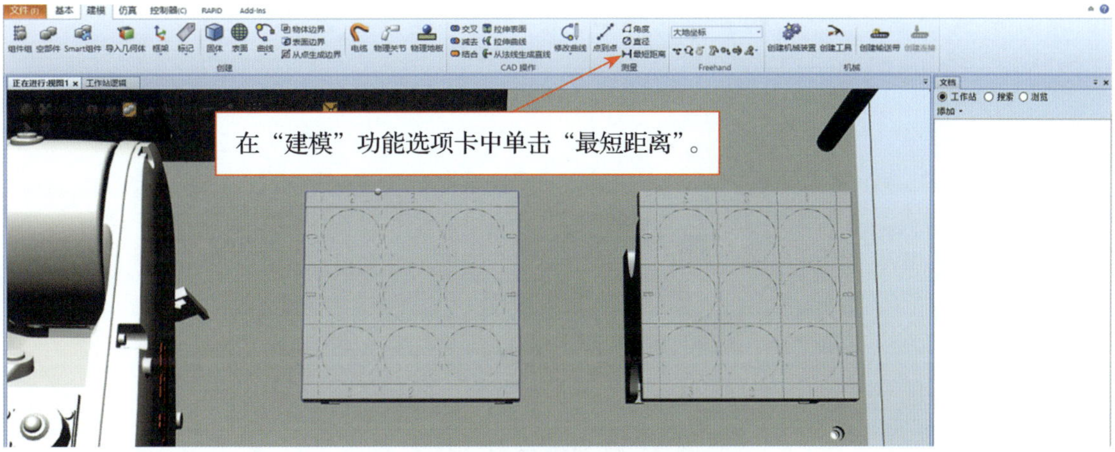

图 3－10　选择测量工具“最短距离”

笔记栏

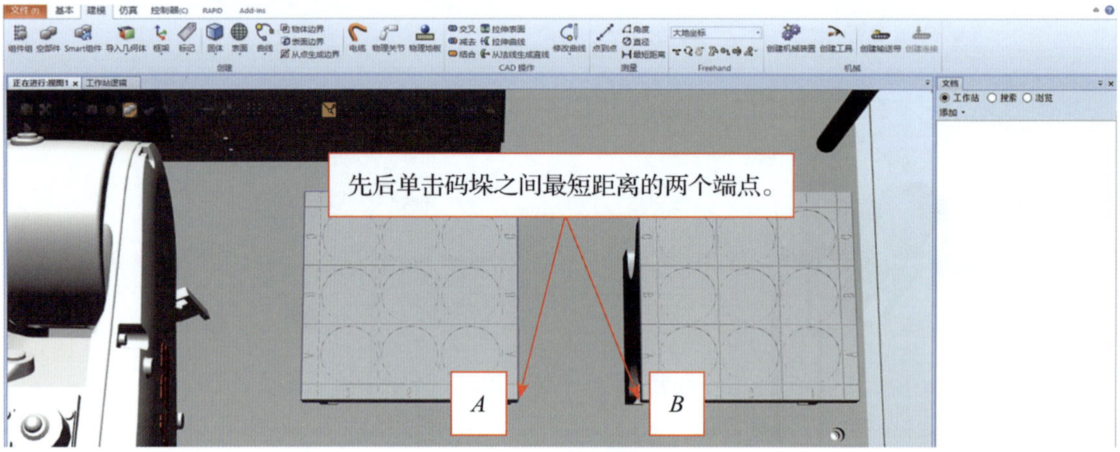

图 3 – 11　选择测量点

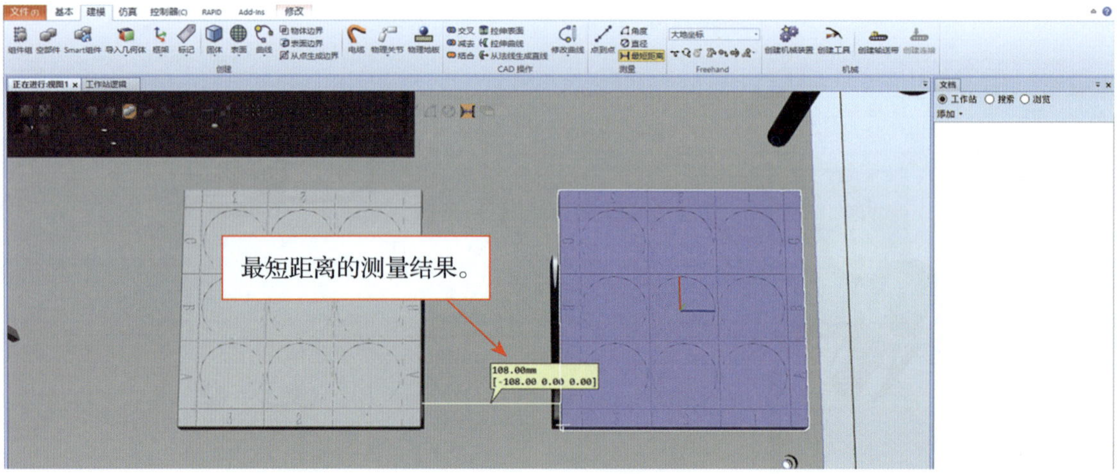

图 3 – 12　测量结果显示

二、创建机床门机械装置

（一）根据机床的特性分离本体和机床门

根据机床的特性分离本体和机床门的具体操作如图 3 – 13 至图 3 – 17 所示。

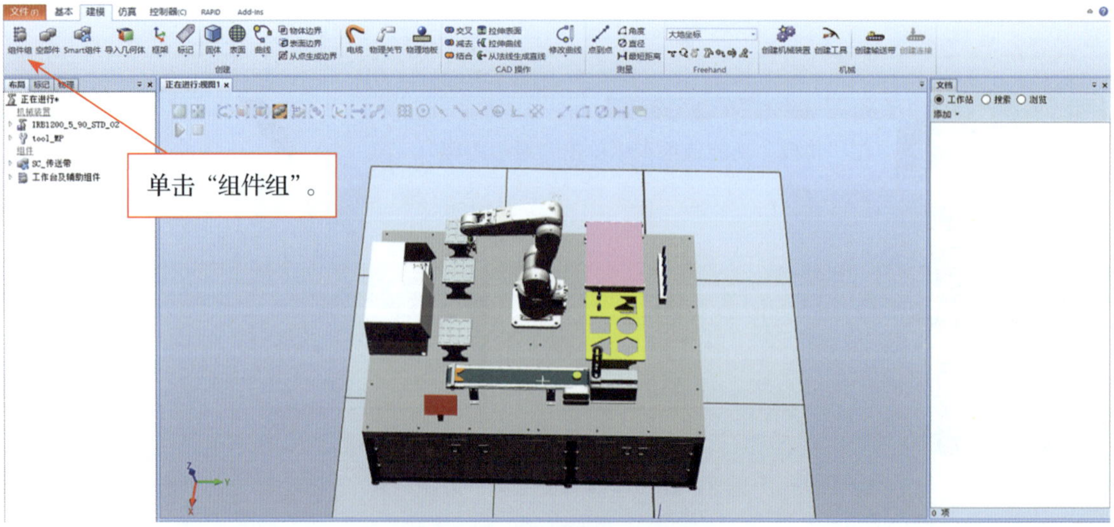

图 3 – 13　新建两个组件组

笔记栏

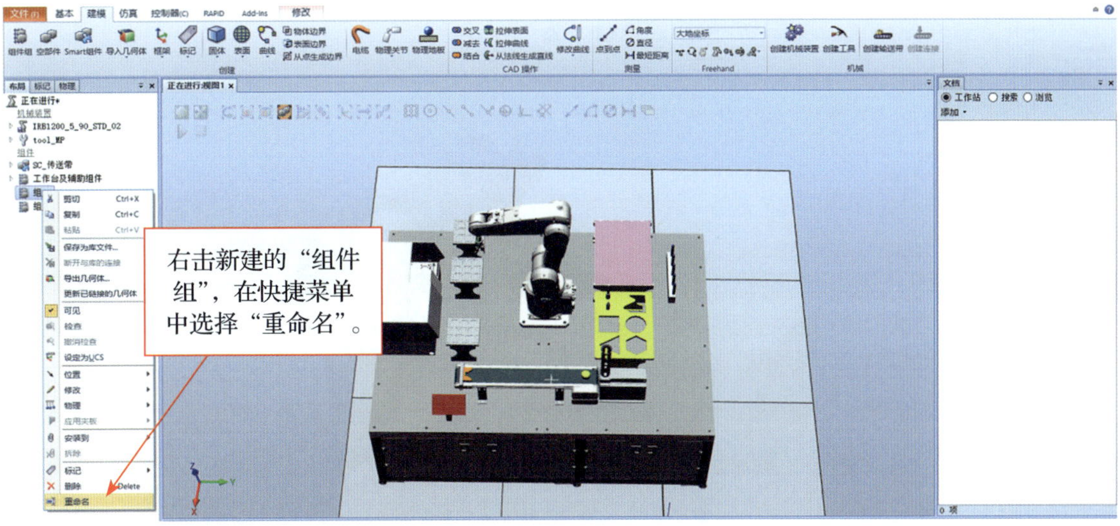

图 3－14　将新建的“组件组”重命名为“机床底座”和“机床门”

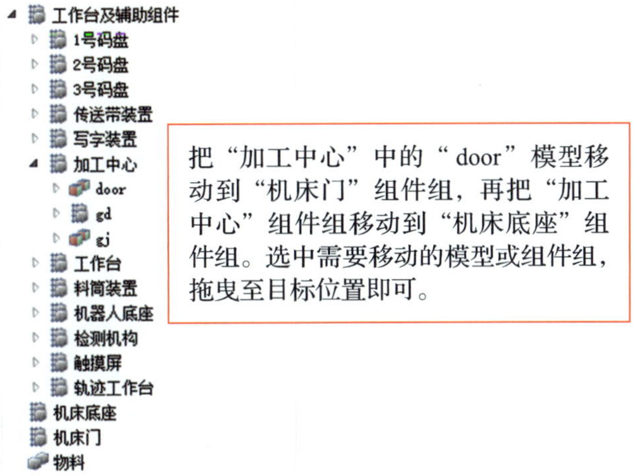

图 3－15　移动模型和组件组前

图 3－16　不更改模型的位置

图 3－17　移动模型和组件组后

（二）创建机床门的机械运动特性

机床门的打开状态如图 3－18 所示，机床装置分布图如图 3－19 所示，创建机床门的机械运动特性的具体操作如图 3－20 至图 3－39 所示。

笔记栏

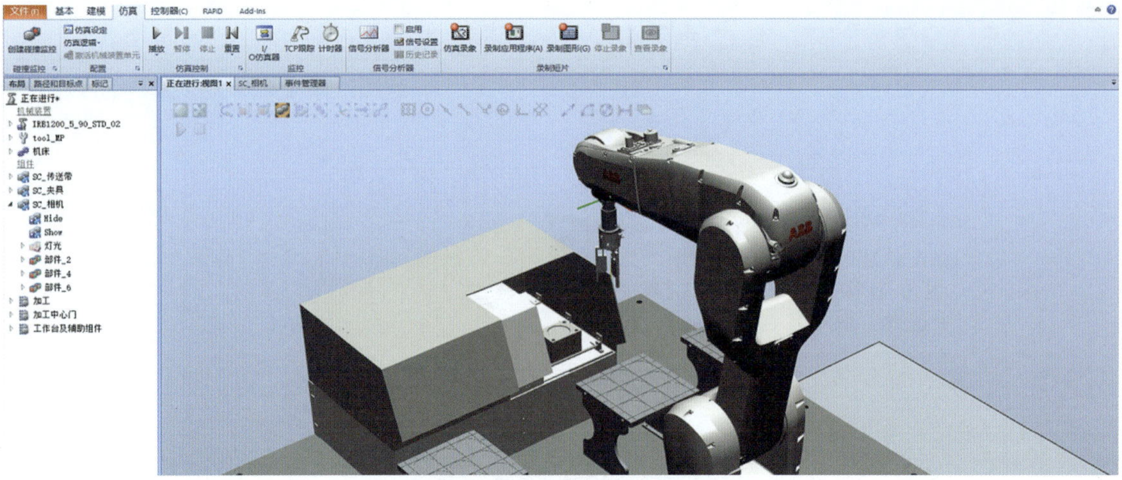

图 3－18　机床门的打开状态

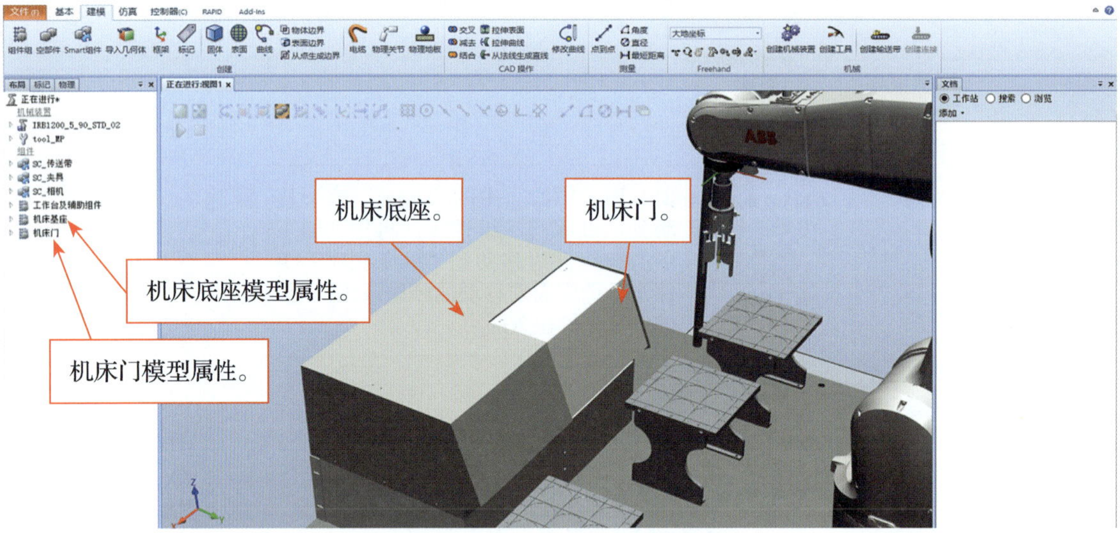

图 3－19　机床装置分布图

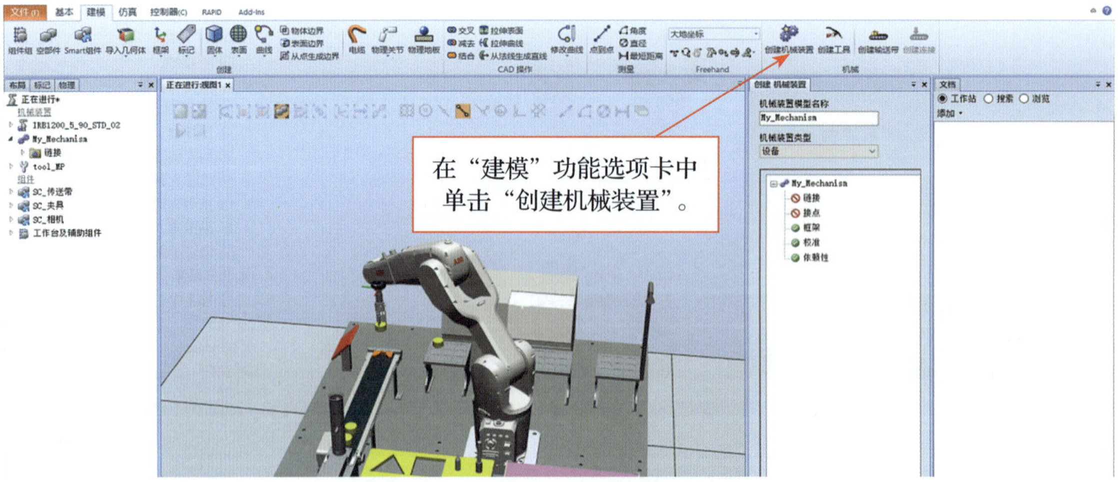

图 3－20　打开“创建机械装置”窗口

笔记栏

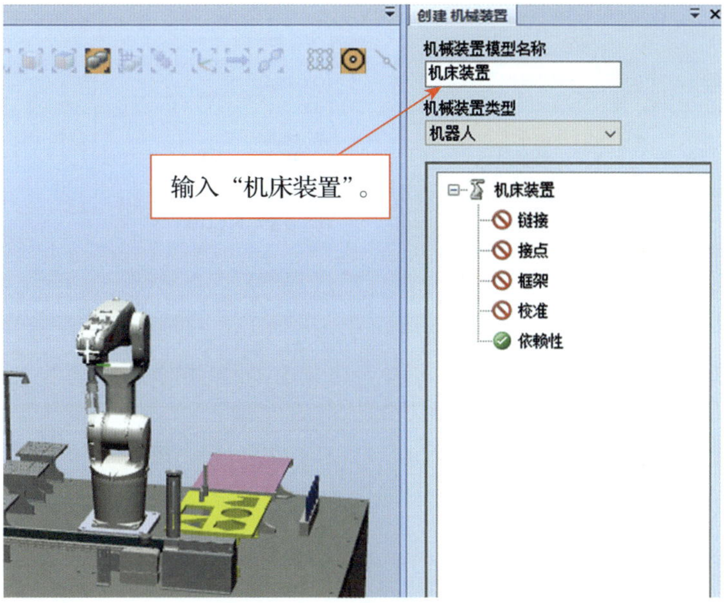

图 3－21　为机械装置模型命名

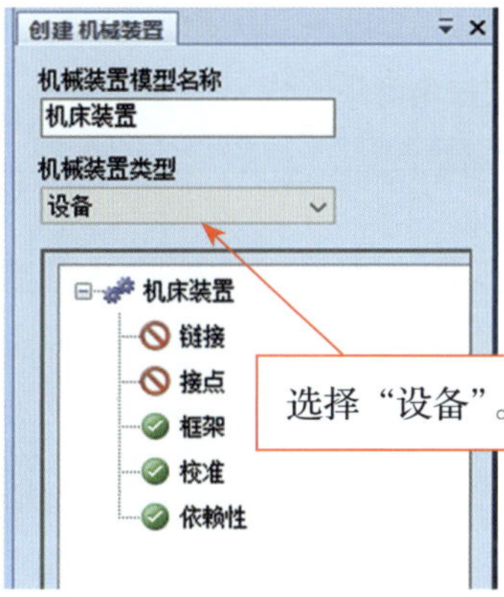

图 3－22　选择机械装置类型

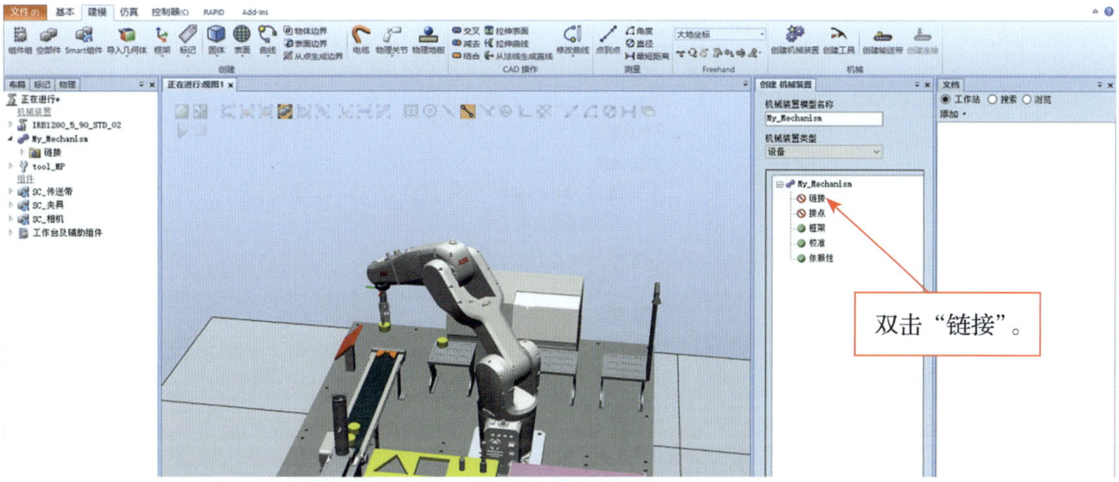

图 3－23　打开“创建链接”对话框

笔记栏

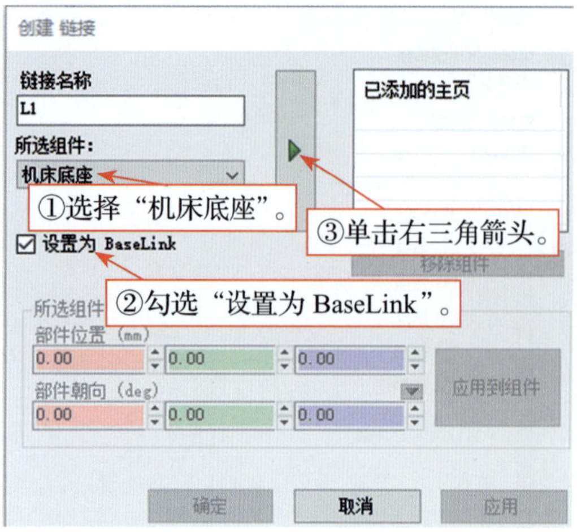

图 3 - 24　设置 L1 的参数并添加至主页

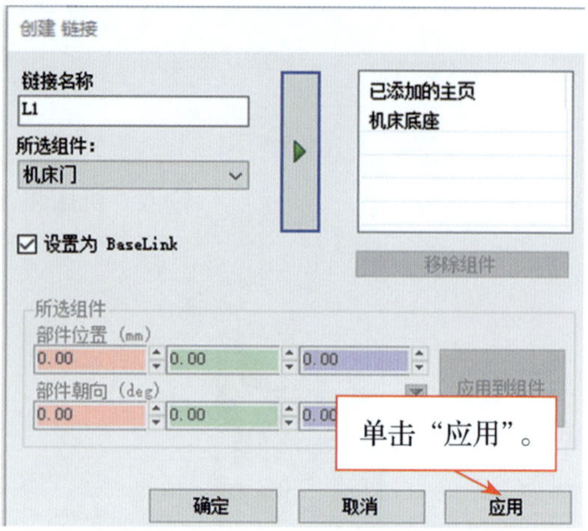

图 3 - 25　机床底座添加完成

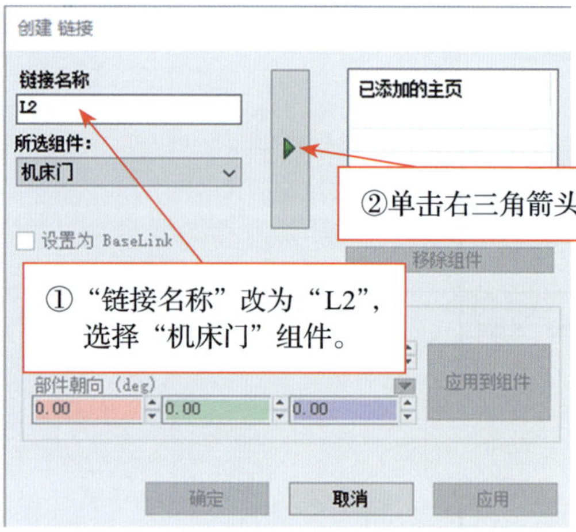

图 3 - 26　设置 L2 的参数并添加至主页

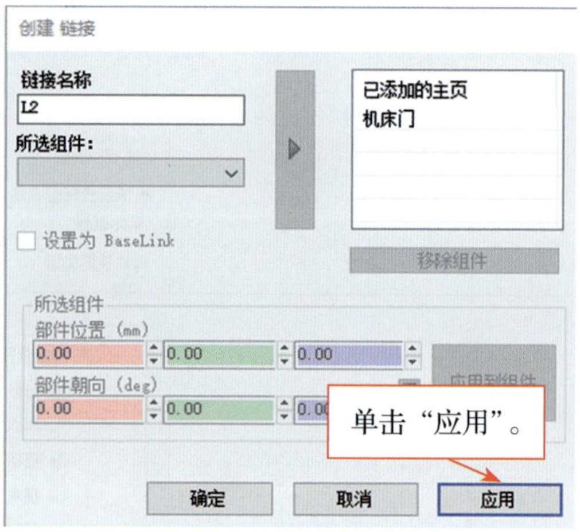

图 3 - 27　机床门添加完成

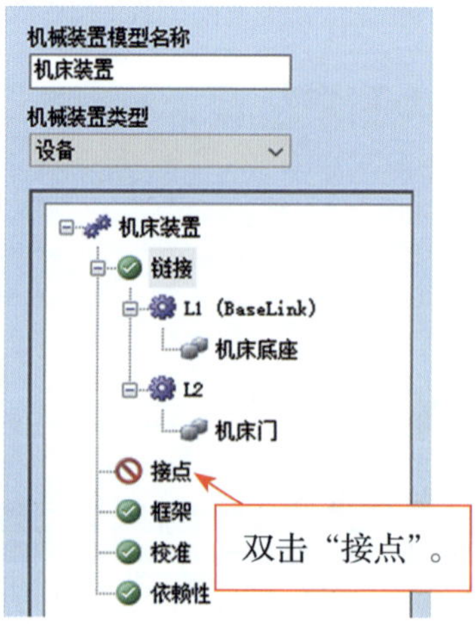

图 3 - 28　打开“创建接点”对话框

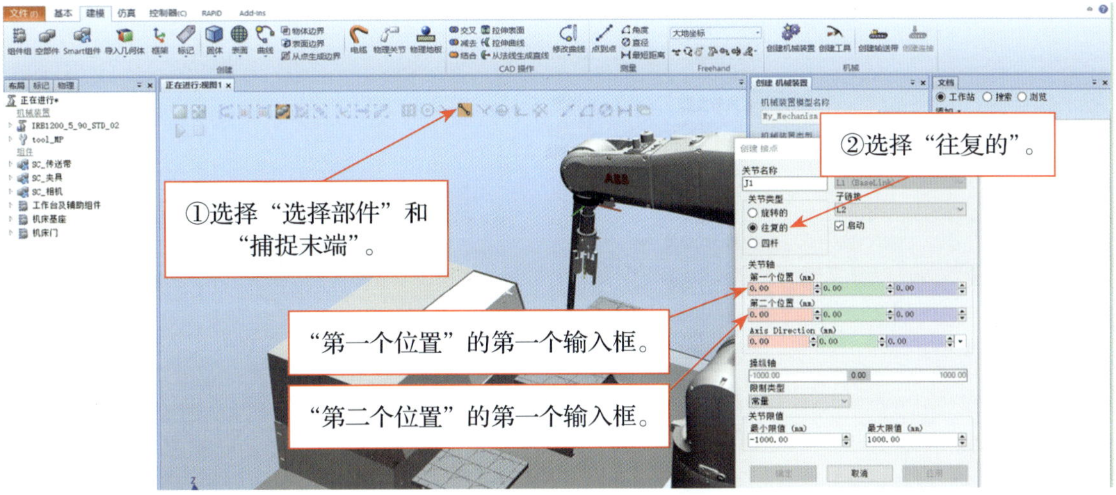

图 3-29 设置接点参数

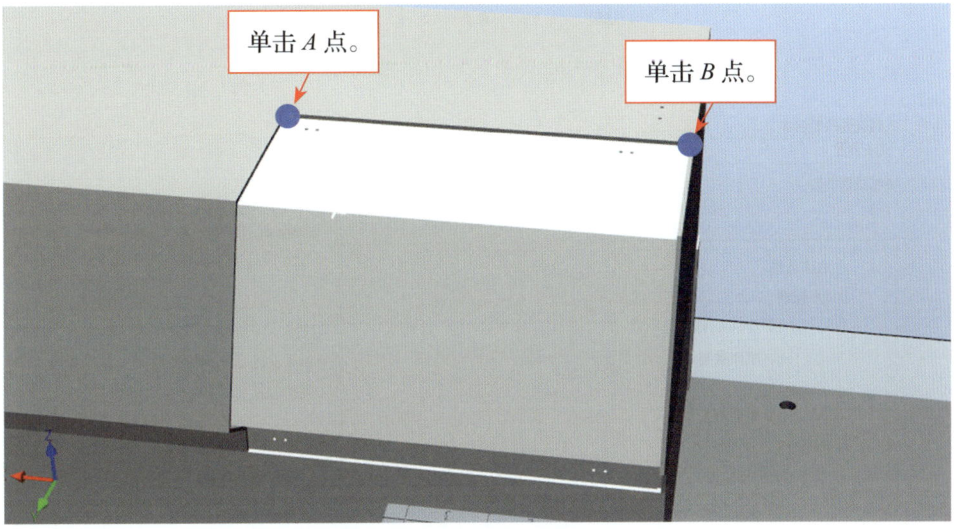

图 3-30 第一个位置和第二个位置分别对应 A、B 点

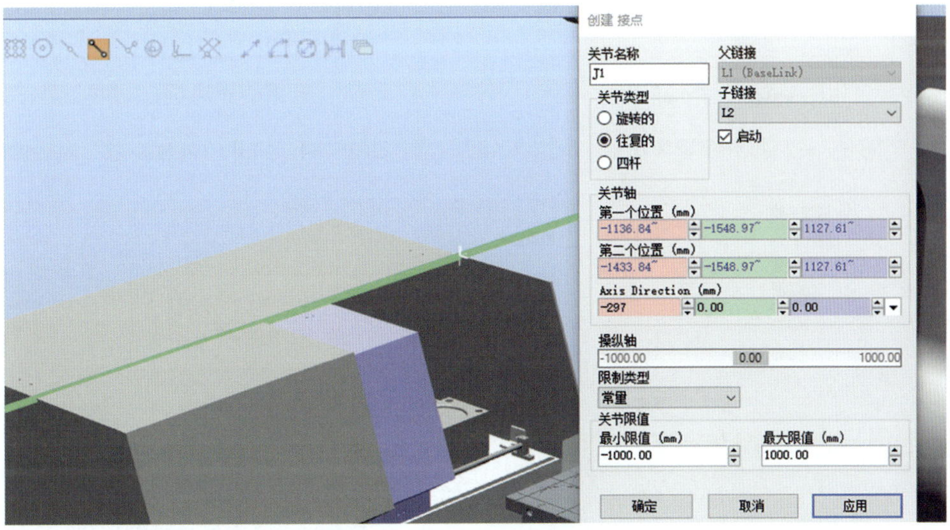

图 3-31 关节轴设置完成

笔记栏

笔记栏

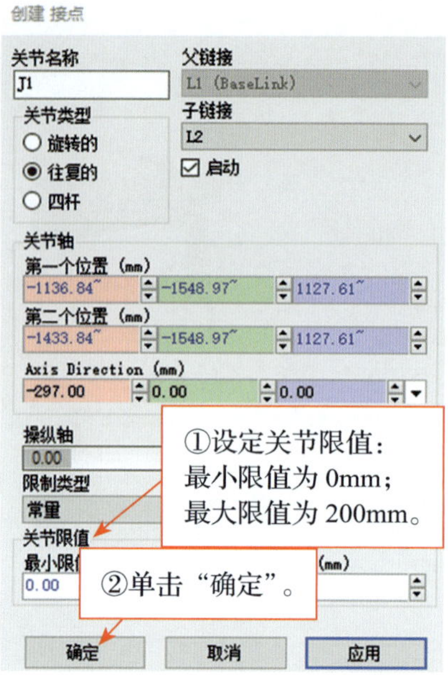

图 3-32　关节限值设置完成

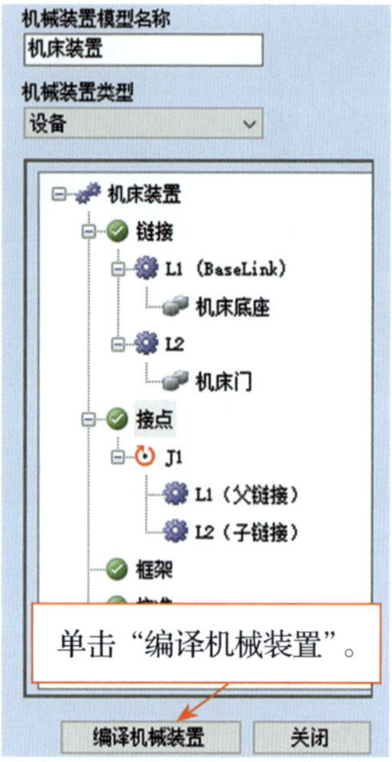

图 3-33　打开编译窗口

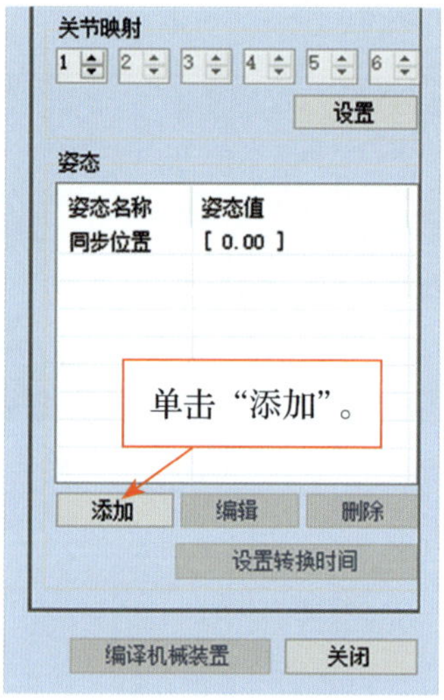

图 3-34　打开“创建姿态”对话框

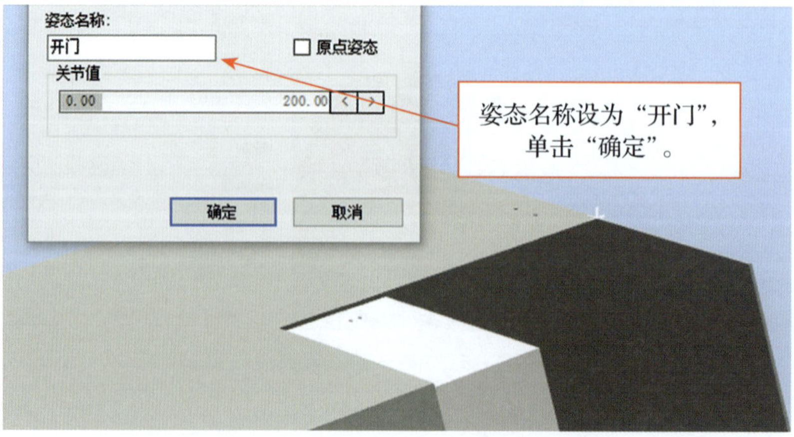

图 3-35　命名开门姿态并设置关节值

笔记栏

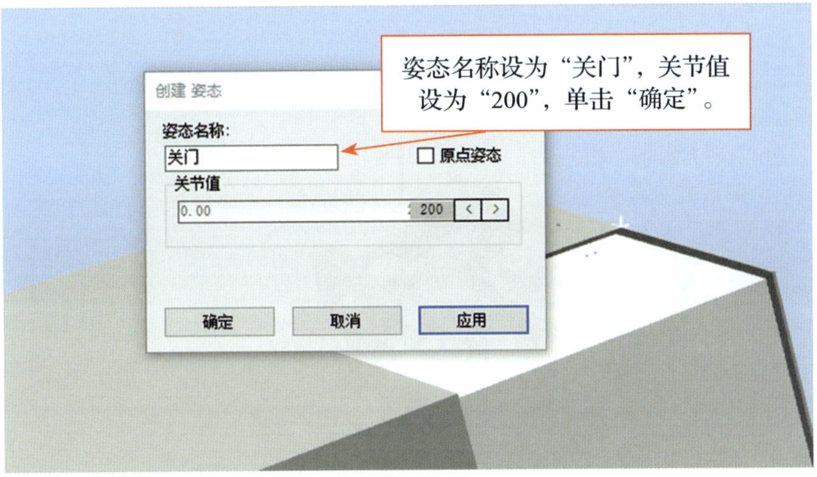

图 3 - 36　命名关门姿态并设置关节值

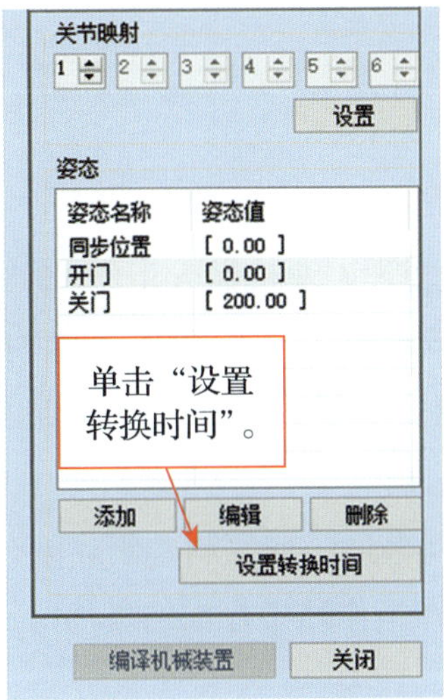

图 3 - 37　打开“设置转换时间”对话框

设置转换时间的目的是使两个姿态之间相互转换时有个运动过程，更符合实际情况。

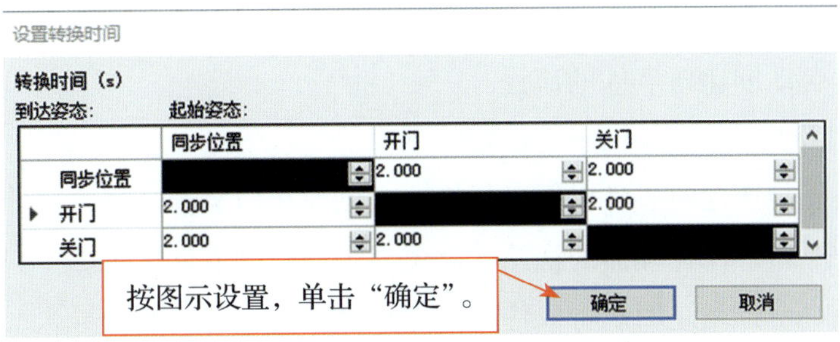

图 3 - 38　转换时间设置完成

笔记栏

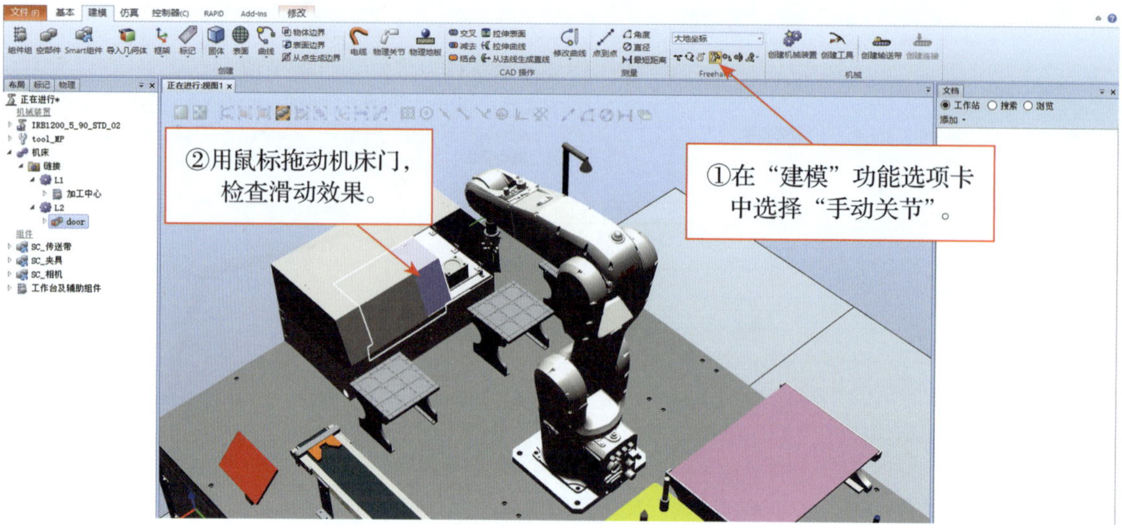

图 3－39　验证机床门的轴关节运动效果

三、事件管理器的应用

（一）事件管理器的作用

事件管理器主要用于创建和管理工业机器人工作站中的事件，包括添加、编辑和删除事件。在 RobotStudio 中，事件管理器是进行自动化流程控制的关键组件，它允许用户定义特定条件下的触发器和响应动作，从而实现更加智能且自动化的工业机器人操作。

事件管理器的主要组成部分如下：

（1）“任务窗口”：用于创建新事件，或复制、删除已有的事件。

（2）“事件网格”：显示所有在工作站中存在的事件，用户可以选择一个事件进行编辑、复制或删除。

（3）“触发编辑器”：用于编辑事件触发条件，顶部区域通用，底部区域则根据所选触发器类型的不同展示相应设置。

（4）“动作编辑器”：用于编辑事件触发后执行的动作，同样，顶部区域通用，底部区域则与触发器类型匹配。

此外，事件管理器还提供了其他功能键：

- “添加”：启动创建新事件的流程。
- “删除”：用于删除事件网格中选定的事件。
- “复制”：复制选定的事件以便进行修改或创建相似事件。
- “刷新”：更新事件管理器的视图，确保显示最新的事件信息。
- “导出 / 导入”：允许用户将事件配置保存到文件，并从文件导入，便于在不同工作站之间共享或备份事件设置。

ABB 工业机器人事件管理器的作用主要包括以下几个方面：

（1）快速创建 I/O 信号：用户可以使用事件管理器方便地创建和管理 I/O 信号。

（2）查看工具定义姿态：通过事件管理器，用户可以随时查看和设置工业机器人工具

笔记栏

的定义姿态。

（3）对 ABB 工业机器人进行编程：事件管理器是 ABB 工业机器人编程环节的重要工具，它允许用户根据特定的 I/O 信号或事件来触发工业机器人的动作或程序。例如，在 RobotStudio 仿真软件中，可以通过事件管理器控制抓手工具的运动机构，实现抓取和放置等动作。

（4）添加和管理事件：事件管理器允许用户添加多个事件，并为每个事件设置触发条件和动作。例如，可以设置这样一个事件，当某个 I/O 信号被触发时，工业机器人执行特定的动作或程序段。

（5）在仿真中的应用：在 RobotStudio 等仿真软件中，事件管理器被广泛应用于工业机器人的仿真和测试。通过事件管理器，用户可以模拟真实的工作场景，对工业机器人的动作和路径进行验证和优化。

RobotStudio 是 ABB Robotics 提供的仿真和离线编程软件，其强大的事件管理系统是实现复杂自动化流程的核心。用户熟练掌握事件管理器之后，便可以更好地设计和优化工业机器人工作站的逻辑，提升生产效率和自动化水平。

（二）创建 I/O 信号

创建 I/O 信号的具体操作如图 3－40 至图 3－49 所示。

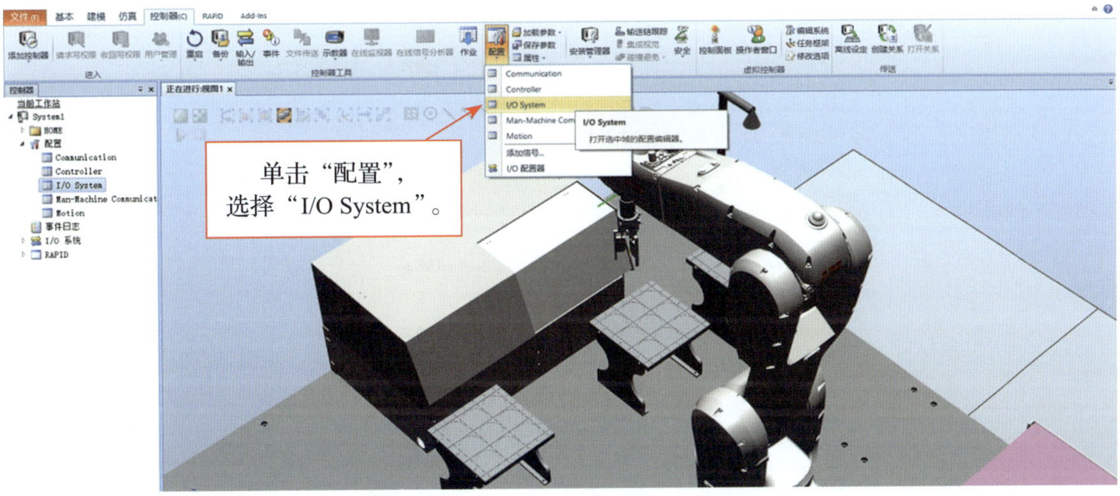

图 3－40　打开“I/O System”窗口

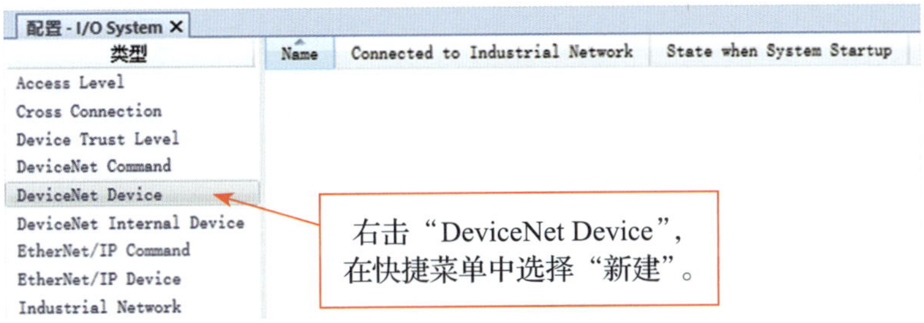

图 3－41　打开“实例编辑器”

笔记栏

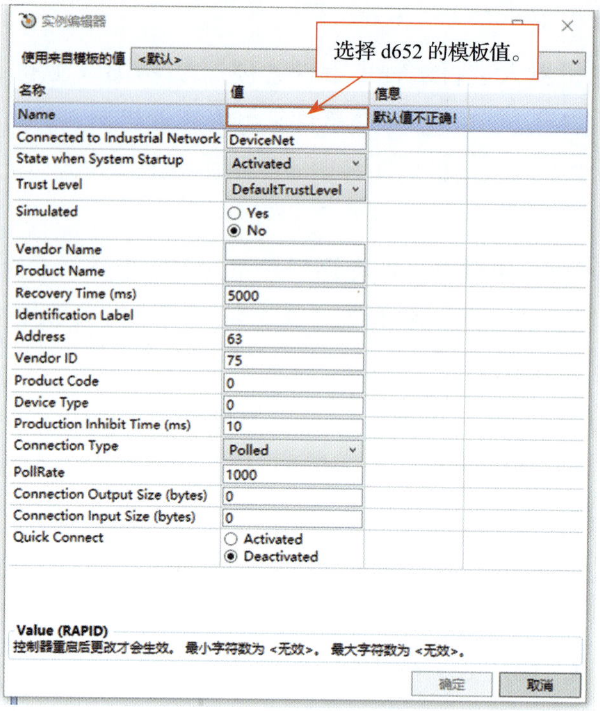

图 3－42　使用 d652 模板

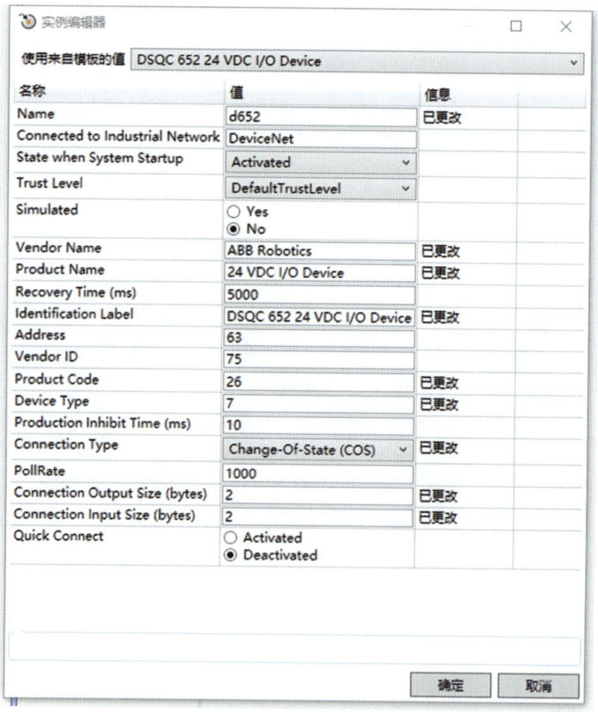

图 3－43　实例编辑器设置完成

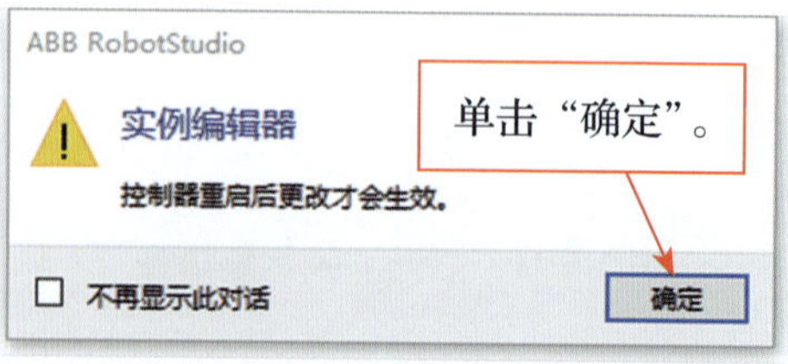

图 3－44　在总线下完成板卡信息的创建

笔记栏

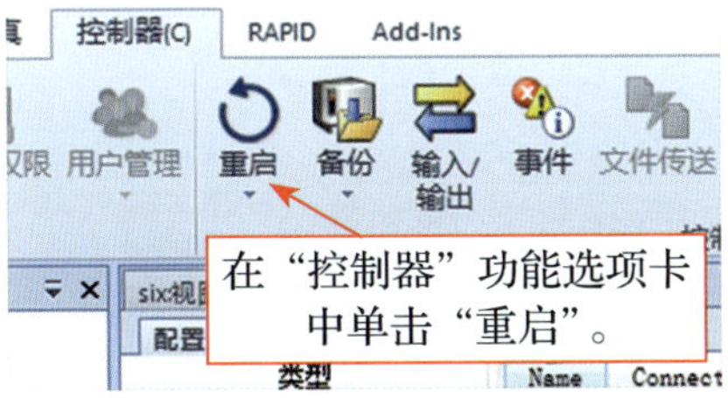

图 3－45　打开“ABB RobotStudio”对话框

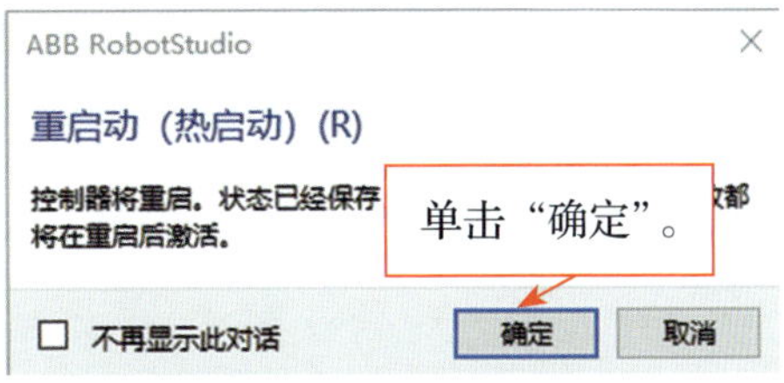

图 3－46　重启控制器

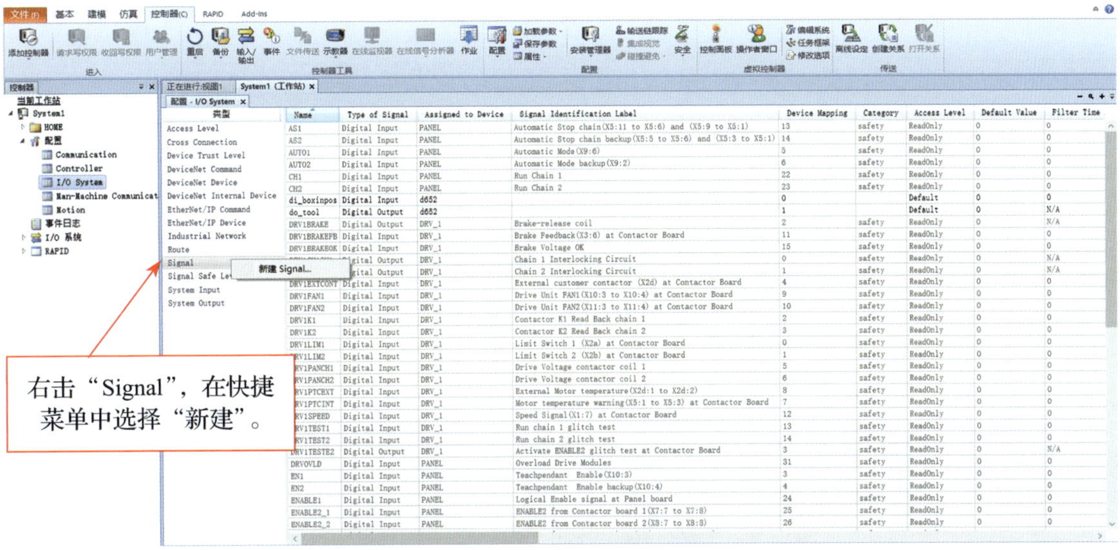

图 3－47　打开“实例编辑器”

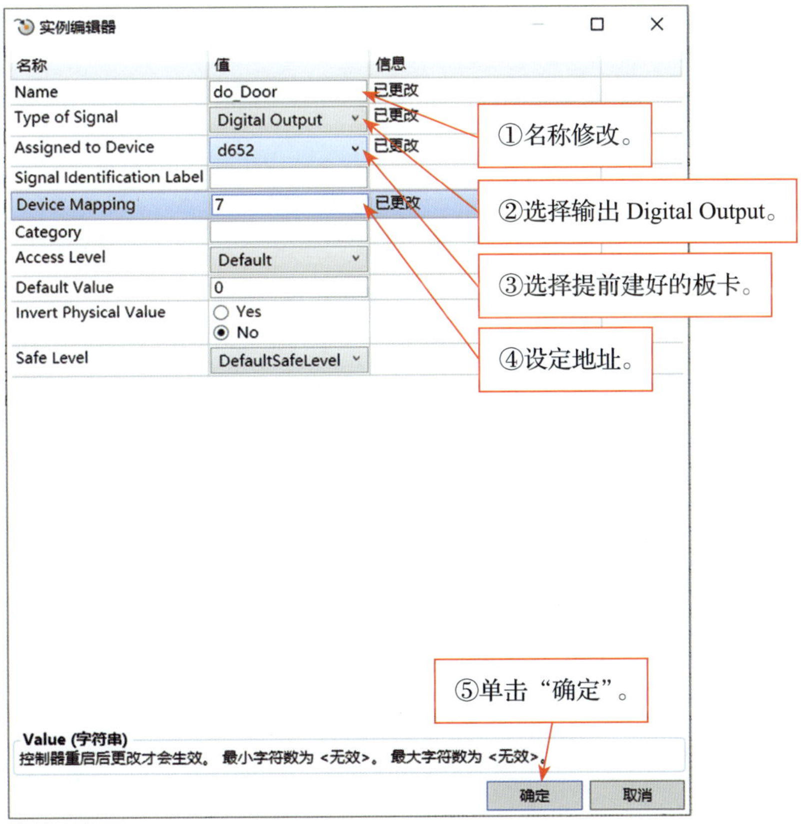

图 3－48　设置 I/O 信号参数

笔记栏

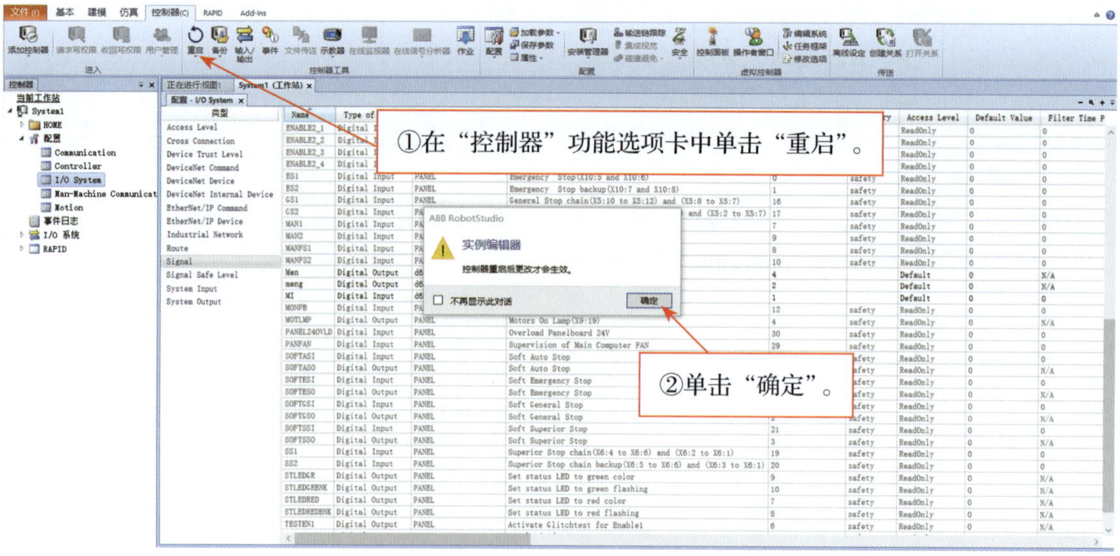

图 3－49　重启控制器

（三）创建事件触发动作

创建事件触发动作的具体操作如图 3－50 至图 3－61 所示。

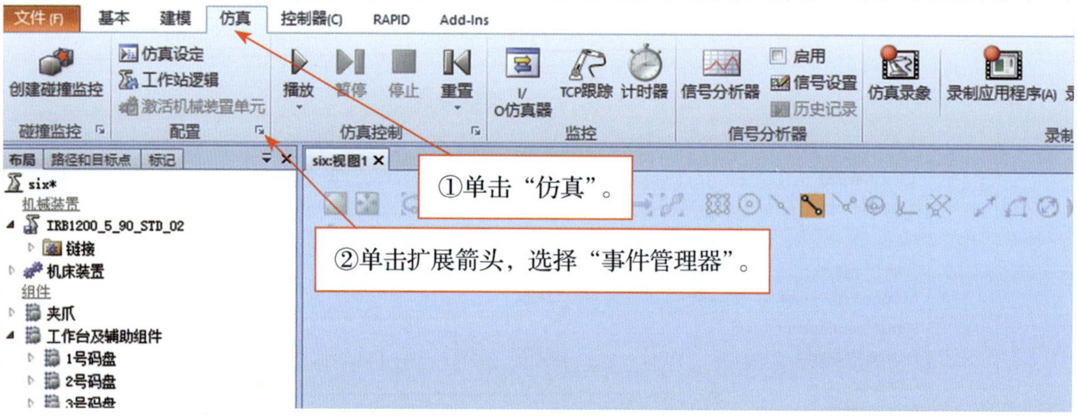

图 3－50　打开“事件管理器”窗口

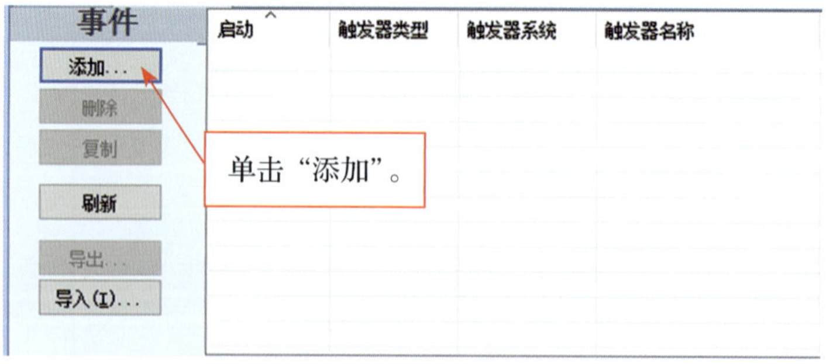

图 3－51　添加事件

笔记栏

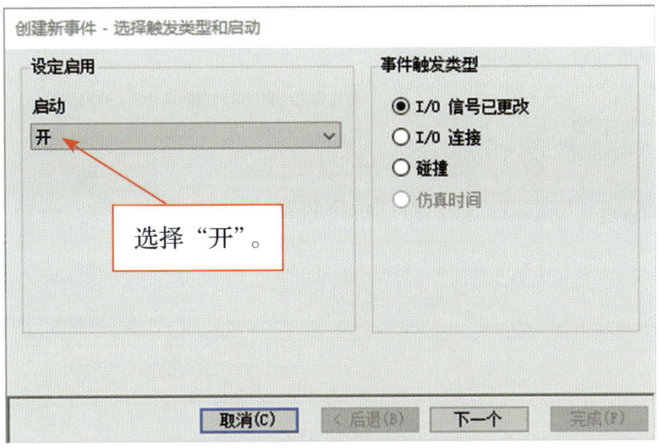

图 3－52　选择触发类型和启动

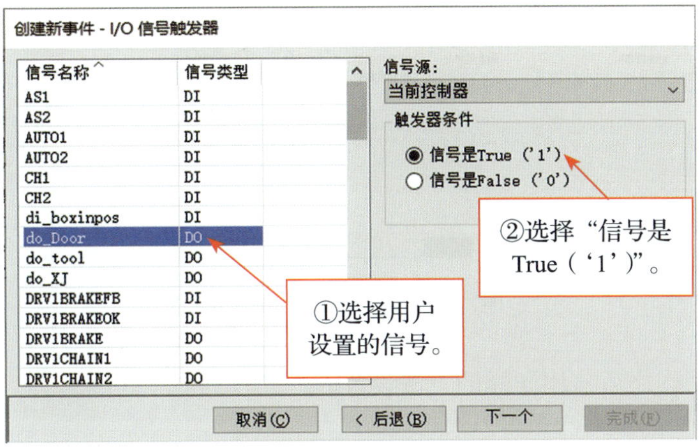

图 3－53　设置 I/O 信号触发器

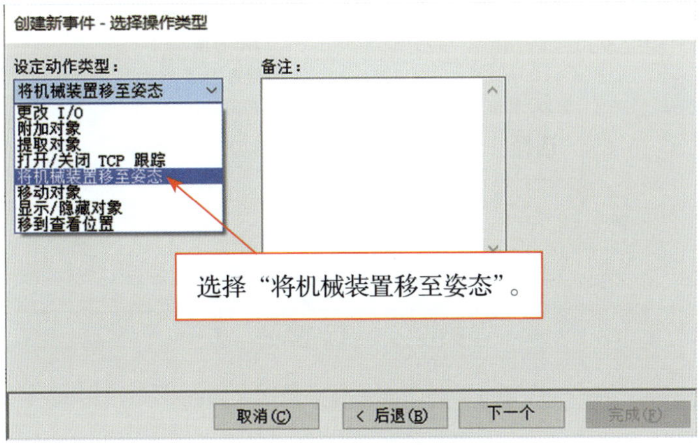

图 3－54　选择操作类型

笔记栏

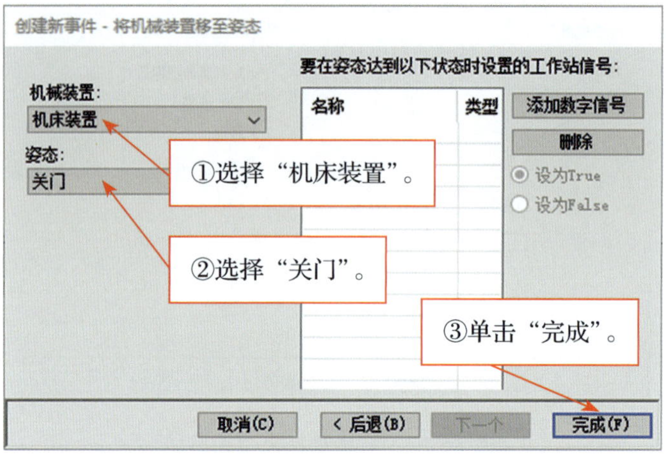

图 3-55　将机械装置移至关门姿态

图 3-56　事件设置完成信息

设置好关门动作之后，用同样的方法设置开门动作。

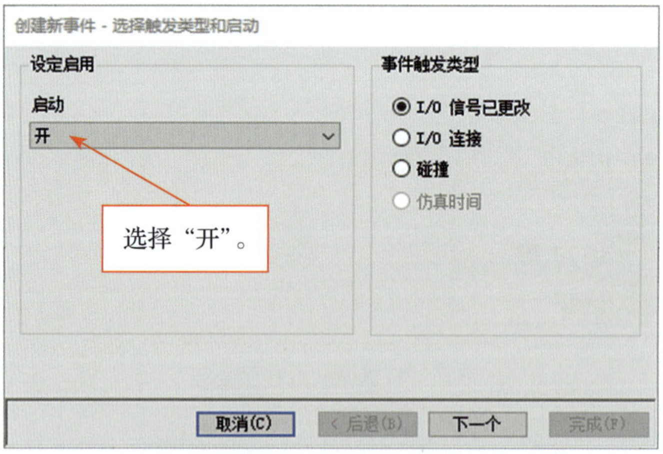

图 3-57　选择触发类型和启动

笔记栏

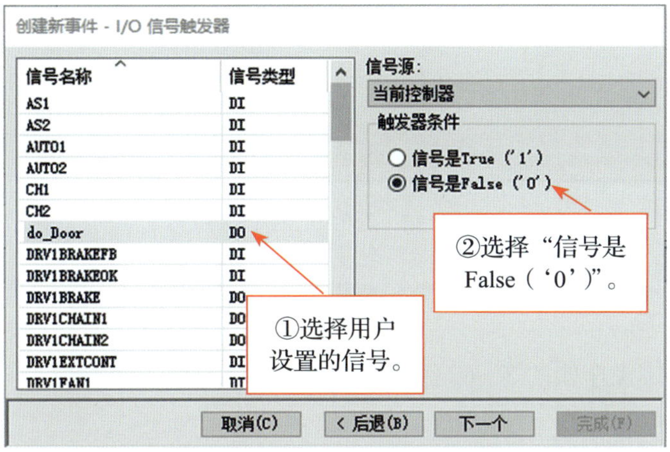

图 3－58　设置 I/O 信号触发器

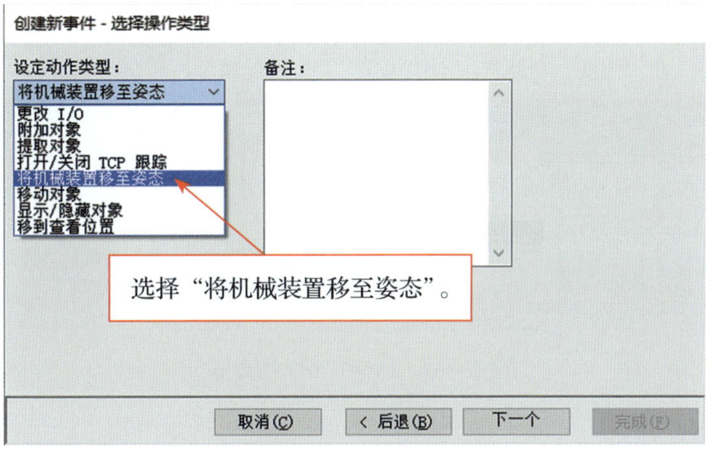

图 3－59　选择操作类型

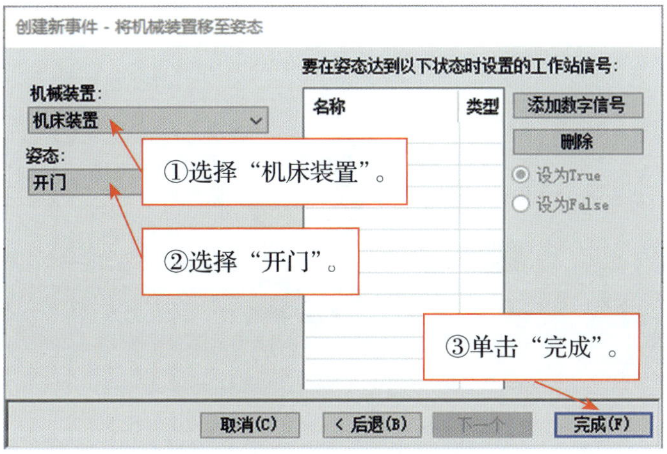

图 3－60　将机械装置移至开门姿态

笔记栏

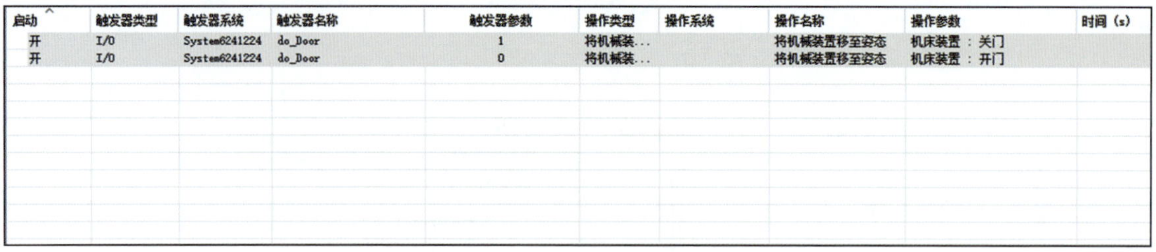

启动	触发器类型	触发器系统	触发器名称	触发器参数	操作类型	操作系统	操作名称	操作参数	时间 (s)
开	I/O	System6241224	do_Door	1	将机械装...		将机械装置移至姿态	机床装置 : 关门	
开	I/O	System6241224	do_Door	0	将机械装...		将机械装置移至姿态	机床装置 : 开门	

图 3－61　事件设置完成信息

（四）仿真运行

仿真运行的具体操作如图 3－62 至图 3－65 所示。

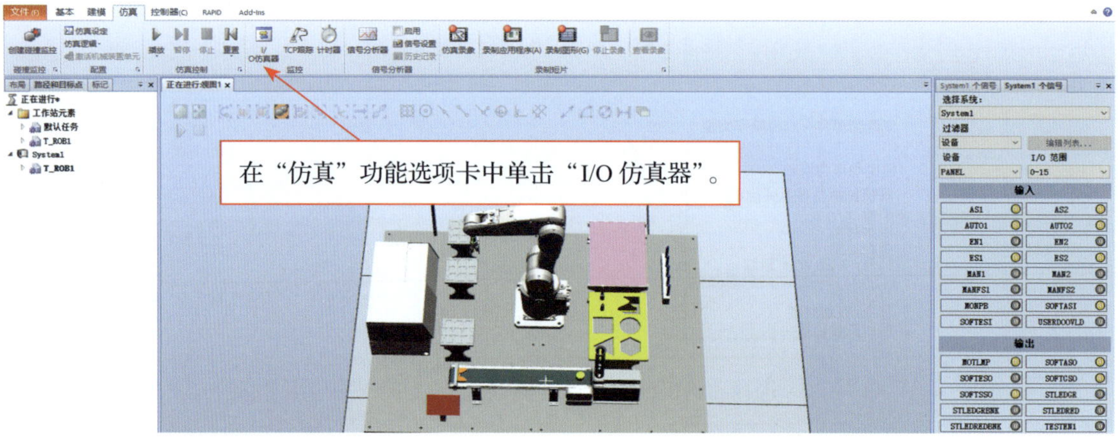

图 3－62　激活“I/O 仿真器”

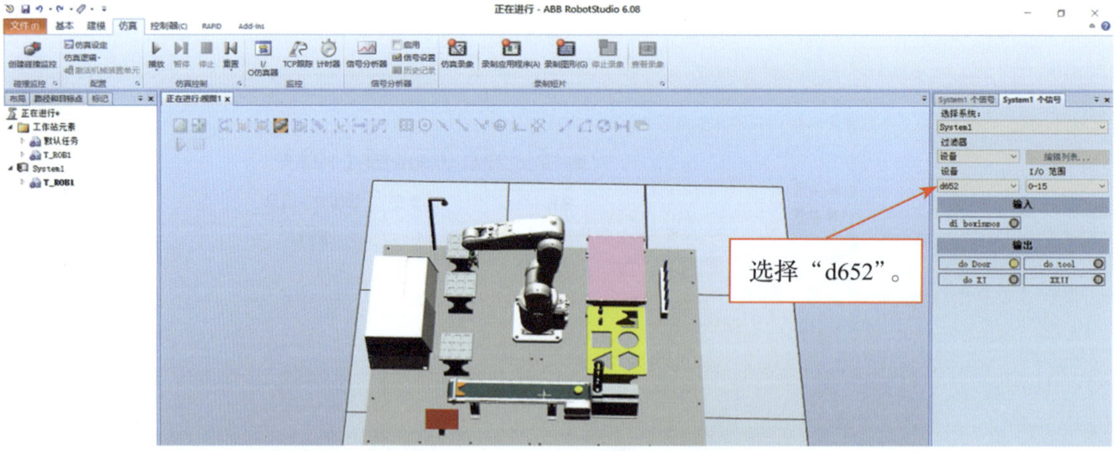

图 3－63　将“设备”改为设置好的板卡信号

笔记栏

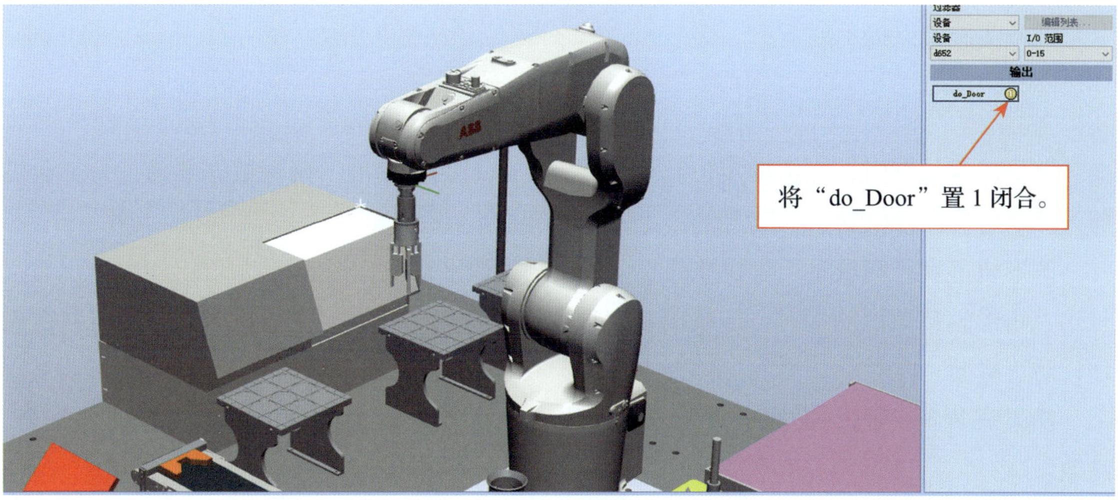

图 3－64　将机床门闭合

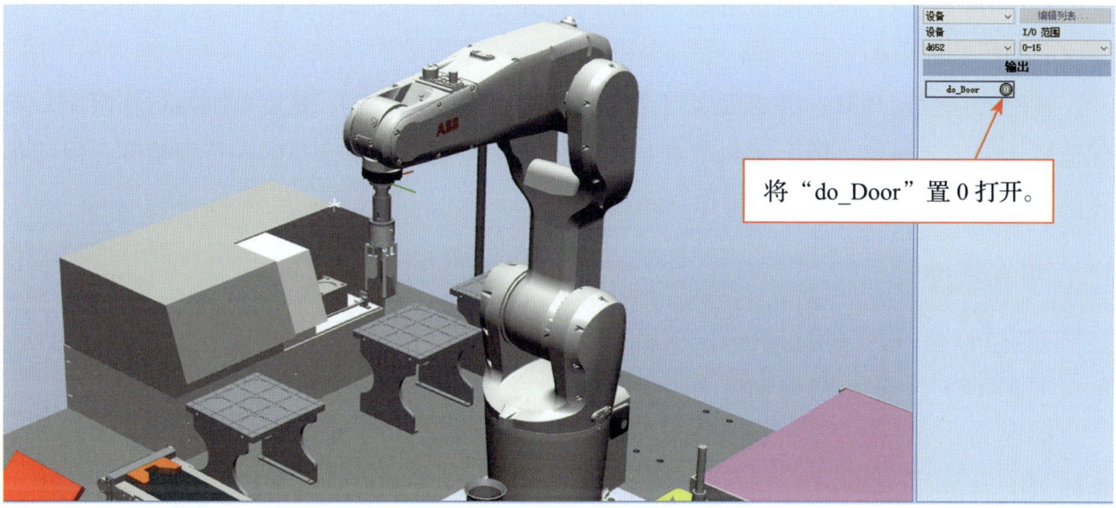

图 3－65　将机床门打开

笔记栏

任务实施

任务实施要点提示如下：

一、测量工具

测量码垛长度时，应精准定位起点与终点，选对测量基准，确保数据准确，为工业机器人抓取定位提供依据。

圆形轨迹直径测量时，应找准圆心，多次测量取平均值，保障运动匹配。

三角形轨迹角度测量时，应精确锁定顶点，测量内角，做好工业机器人姿态与路径规划，防止碰撞。

测量码垛间距时，找准最短距离，考虑工业机器人运动约束，确保路径规划安全、高效。

二、机床门机械装置

特性分离环节：深入剖析机床结构，准确拆分本体与机床门，明确连接运动关系，构建准确的仿真模型。

运动特性设定环节：确定机床门开门方式（平移或旋转等）、速度范围与行程限制；确保速度适配工业机器人的上下料节奏，避免影响效率或引发碰撞；确保行程精准，保障机床内加工空间与工业机器人的操作空间。

三、事件管理器

创建 I/O 信号，并根据机床上下料流程与逻辑设置 I/O 信号的名称、类型与功能。例如，工业机器人位姿信号触发机床门动作，物料检测信号启动工业机器人操作。

依据 I/O 信号设置事件触发动作。例如，加工完成信号启动工业机器人上下料，工业机器人离位后触发机床门关闭与加工重启等。注意动作顺序与延迟，确保自动化流程连贯。

仿真运行测试时，全面检测机床门、工业机器人及信号交互情况。排除信号错误、动作冲突与时序错乱，优化调整，直至系统稳定，满足生产需求。

任务书 3

任务名称							
班级		姓名		学号		组别	
任务内容	根据机床门的特性，在工作站中利用事件管理器功能实现机床门的开合						
任务目标	（1）会使用 RobotStudio 测量工具； （2）会创建并设置机械装置（机床门）； （3）会使用事件管理器						

资料	工具	设备
工作站模型	RobotStudio 软件	

任务完成报告 3

任务名称							
班级		姓名		学号		组别	
任务详情							

笔记栏

笔记栏

任务测评

测试题

1. 简述测量三角形轨迹的角度的步骤。
2. 如何根据机床的特性分离本体和机床门？
3. 简述创建 I/O 信号的步骤。
4. 为机床门机械装置建立机械运动特性时，如何设定关节限值？
5. 对于机床卡盘装置，仿真设计具有哪些好处？

测评表

项目	技术要求	分值	评分细则	评分记录	备注
测量工具的使用	能够正确使用测量工具进行测量	20	操作流程		
创建机械装置	（1）会根据机床的特性分离本体和机床门； （2）会建立机床门的机械运动特性	30	操作流程		
事件管理器的应用	（1）会创建 I/O 信号； （2）会创建事件触发动作； （3）会仿真运行	30	操作流程		
安全操作	符合上机实训要求	20	操作流程		

任务创新

笔记栏

机床卡盘装置仿真设计如何实现？

机床卡盘装置是机床加工过程中的关键部件，它直接影响工件的装夹精度、加工稳定性和生产效率。随着计算机技术的发展，对机床卡盘装置进行仿真设计成为优化其性能的重要手段。

在实际操作中，卡盘装置的设计和优化需要综合考虑多方面因素。仿真设计不仅可以帮助工程师提前发现潜在问题，还能够在虚拟环境中进行多次试验和改进，减少实际生产中的试错成本。例如，在研究卡盘的夹紧力时，通过精确的力学模型和仿真分析，可以得到最佳的卡爪结构和夹紧力分布情况，避免工件在加工过程中出现松动或变形。又如，在控制系统方面，可以通过仿真优化控制算法，提高卡盘装置的响应速度和动作精度。

请结合所学内容，思考图 3－66 所示的机床卡盘装置仿真设计如何实现。

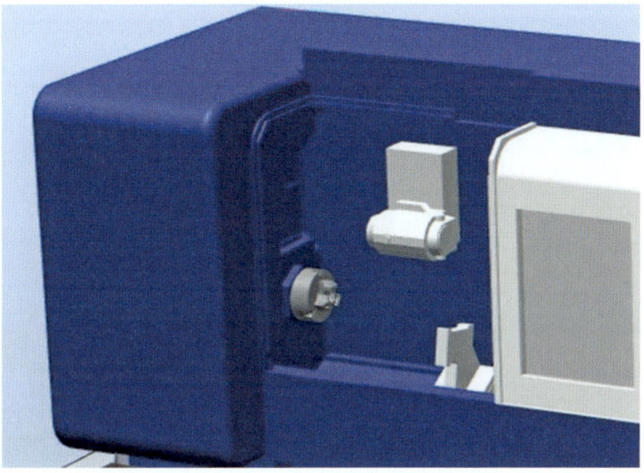

图 3－66　机床卡盘装置

笔记栏

任务 4 检测机构的仿真设计

素养园地

“工业图强”企业史志鉴案例——大国工匠戎鹏强：管中世界，精益求精

用初心淬炼“中国制造”

1983 年，18 岁的戎鹏强初中毕业后进入北重集团，成为火炮炮管生产线上的一名深孔镗工。在机加行业中，深孔镗是深孔加工中较难的工序，不仅得具备一定的专业知识和精益求精的精神，还要肯吃苦、爱动脑、敢实践，才能独立完成操作。刚开始，面对艰苦的工作环境和深涩难懂的专业技术知识，戎鹏强也曾动过换工种的念头。但在师傅的言传身教下，特别是一根根笔直光滑的炮管如艺术品般从师傅手中诞生时，他被震撼了，决心也要做出这样的管子。从那时起，戎鹏强便暗下决心，立志成为像师傅那样的高手。

从此，戎鹏强工余时间一头扎进了新华书店和书摊，所关注的都是与深孔加工有关的理论书籍。为了练好基本功，他反复刃磨刀具，一点点摸索、试验，逐步掌握了高强度合金深孔加工技术。功夫不负有心人，经过几年的学习实践，戎鹏强的专业技能有了质的飞跃，干起活来更加得心应手。

20 世纪 80 年代末期，客户对公司产品的需求量很大，但当时遇到了加工速度慢的难题。面对这个早已存在的“老大难”，戎鹏强这只“初生牛犊”对“拦路虎”发起了攻击。他对镗刀片刃磨角度进行改进并确定合理的切削量，经过不断摸索和大胆实践，加工效率由原来的 24 小时加工 1 件，提高到加工 4 ～ 5 件，且加工良品率达到 99.5%。该加工方法一经推广，高压釜加工瓶颈就被彻底打通，也为以后加工大口径产品提供了借鉴样本。

1995 年 1 月至 7 月，公司承担了外援产品生产线通线任务，戎鹏强被组织派往援助地。在异国试制开始后，加工出的几支身管无论是表面质量还是内膛质量，完全达到产品图纸要求。4 月初，外方见中国的工装外表不如德国的精致，建议使用德国工装。德国工装外表虽然精美，但存在一些技术问题和设计缺陷，不适合在我国提供的机床上使用。在加工身管时，由于刀体偏离中心轴线，如果继续加工，将会出现镗不圆的现象，导致样柱不通、产品报废。这一问题被戎鹏强及时发现，并与中国专家共同制定了挽救方案，使用中国制造的工装和刀具进行修复。经过 4 个多小时极为紧张和细心的操作，成功修复了即将报废的身管。外方人员对戎鹏强竖起大拇指：“中国专家 OK！”此后，公司提供的工装替换了德国工装。

入职 12 年，戎鹏强“逢山开路，遇水搭桥”不断地解决了很多棘手问题，在深孔镗殿堂镌刻了“中国制造”的碑迹，30 岁时，捧得“全国劳模”桂冠。

笔记栏

用匠心打磨“优质制造”

深孔镗最难的是因为没有辅助工具，加工时根本看不到刀具在零件内部的切削状况，只能凭手感，摸刀杆是深孔镗工必备的技能。

在戎鹏强的职业生涯中，有一次加工完后，产品比指甲盖稍微薄了一点点，超出 0.5 毫米，这支产品报废了。虽然直接责任不在于他，但戎鹏强认为，一根炮管几十道工序，自己的工序得为前后工序尽可能地减少公差，这样所有工序公差累加起来不致超差，才能不影响产品的质量。他发觉自己学艺还是不精，必须还得从头来，通过做笔记总结出“摸、听、看、量”四字诀。“摸”是根据摸刀杆判断刀在行走时的状态；“听”是听机床发出的声音和硫化油流动的声音，判断机床运转是否正常；“看”是要看铁屑的形状和电流表的读数；“量”是测量刀杆每分钟行走的距离。凭着“四字诀”，戎鹏强登顶技术“珠峰”，完成了他在深孔镗领域“定海神针”的华丽蜕变。

2012 年，一个航天、航空发射试验装置需要关键部件。由于加工难度极大，精度极高，该产品国内还没有厂家能生产，国外只有一个国家生产过，不但价格昂贵，而且对中国禁售。为了打破国际垄断，让我们的“大国利器”巡弋海天，戎鹏强接过了这项国家级难题。

加工过程中，由于孔径小、刀杆细长，很容易导致刀头振动、烧刀或者崩刃，有时一天仅能走刀六七十毫米，同时走刀过程中要反复测量加工内孔的尺寸，有丝毫异常就要退刀从头再来。但不服输的戎鹏强没有放弃，以“蚂蚁啃骨头”的精神，一毫米一毫米地向前推进，一年半后，把这个国家级难题踩在脚下。戎鹏强成为掌握“超长径比身管加工”绝技的国内第一人。

从坦克新型火炮、新型海炮、陆军各式试验装备，到国家重点实验装备激波风洞装置、超长径比深孔产品等科研项目，戎鹏强不仅出色地完成了任务，而且解决了加工变形、振动、出口偏等诸多技术难题，突破了高强度合金深孔加工技术，书写了深孔镗领域“优质制造”传奇。

用爱心孵化“工匠制造”

这些年，戎鹏强培养出了一批又一批的高技能人才。带出的 16 个徒弟中，有 2 名已成为技师，还有 13 名高级工，均已成为北重集团炮管加工的骨干人才。他先后举办了多期技能培训班、高技能人才技艺现场演示会，通过经验交流、现场指导等方式，向徒弟们传授操作技巧和经验，使多名技能人才受益。

操作上，戎鹏强不仅倾囊相授，而且对每个徒弟都用心相处、用爱感化。徒弟张杰以前从事其他专业，属于门外汉，戎鹏强手把手地教。一开始，小张还不能独立加工产品，收入不高，戎鹏强主动把工时分一半给他。谈起此事，张杰总是感动不已：“我三年出徒，一千多天的时间，戎师傅总是不厌其烦地带我，还把钱分我一半，我师傅是独一个。”

作为业界响当当的“定海神针”，戎鹏强干起活来，有钢的硬度，锋芒所指、攻无不克，但他对企业、对事业，却是侠骨仁心，大爱无疆。目前，他已临近退休，现在正在把自己的手艺、诀窍进行整理，做好传承。这几年，有不少私企老板开出高薪想挖走他，但都被他回绝了，他认为掌握军工技术就要服务国防，应该有国家荣誉感、岗位使命感，不能对不起企业对自己的培养。

2023 年，在学习贯彻习近平新时代中国特色社会主义思想主题教育中，戎鹏强认为，

笔记栏

学思想、强党性、重实践、建新功，体现了我们党认识与实践相结合、理论与实践相联系、改造主观世界与客观世界相统一的一贯要求，自己作为一名火炮深孔镗操作者，要带着问题学、结合工作学，做到求真务实、学以致用，才能不断提高技能本领，坚定理想信念，更好地回答时代之问。他在以学促干上下功夫，把主题教育的部署要求落实在工作岗位上，聚焦大口径发射管体加工难题，依托劳模创新工作室平台，组织团队成员进行“头脑风暴”，大家集思广益、出谋划策，提出加工难题再逐一攻克。由于该产品长度长、孔径大、要求精度高且没有加工方法，对于经验丰富的戎鹏强来说，加工该产品也是新的挑战。他带着徒弟们探索满足产品加工需求的新技术、新工艺，对工装、刀具进行改造，解决了该产品精加工工序难点，同时对所用精镗刀片重新设计各种角度，从小端开始加工，确保了产品一次加工合格，半个月完成加工任务，最终按节点要求交付。

参加工作近 40 年，戎鹏强始终传承并弘扬“把一切献给党”的人民兵工精神，身体力行劳模精神、劳动精神、工匠精神，不忘初心、牢记使命，用日常点滴言行，传实传好深孔镗领域“工匠制造”的接力棒。

资料来源：“工业图强”企业史志鉴案例——大国工匠戎鹏强：管中世界，精益求精. 工业和信息化部工业文化发展中心官网，2023-07-11.

任务目标

知识目标

（1）掌握使用 RobotStudio 中的建模功能创建圆锥模型的方法。

（2）掌握使用 Smart 组件创建检测机构的方法，了解 Smart 组件在检测机构设计中的应用原理和优势。

（3）熟悉工作站逻辑设定的基本概念和方法，理解工作站逻辑在整个仿真运行中的重要性。

（4）掌握工业机器人程序及信号的相关知识，理解工业机器人程序与信号在检测机构运行过程中的协同关系。

技能目标

（1）能够熟练使用 RobotStudio 提供的建模工具创建圆锥模型。

（2）能够使用 Smart 组件创建检测机构，包括从组件选择、配置到机构搭建的完整过程。

（3）能够准确设定工作站逻辑，根据仿真要求编写和配置工业机器人程序、设置信号并进行相关说明。

（4）能够顺利启动和监控仿真过程，并对出现的问题进行初步分析和解决。

素质目标

（1）培养创新精神与探索精神。在技术应用中探索新的设计方法和解决方案，勇于尝试不同的设置组合以达到更好的效果。

（2）培养科学严谨的态度。强调精细操作和准确配置的重要性，明白小小的失误都可能导致整个仿真运行出现问题。

（3）培养团队协作精神。在学习过程中主动交流，互相帮助，合作共赢。

笔记栏

任务分析

一、检测机构模型构建分析

（一）机械部件建模

对检测机构的各个机械部件，如机械臂、传感器安装支架、传送装置等进行精确的三维建模。依据设计图纸或产品规格说明书，确保模型尺寸、形状与真实部件一致。合理运用 RobotStudio 提供的建模工具（如基本体创建、拉伸、旋转）构建高精度机械结构模型。

对于形状复杂的部件，可以导入外部 CAD 模型文件，并进行必要的格式转换与修复工作，以保证模型在 RobotStudio 环境中的完整性与可用性。

（二）传感器建模与配置

根据检测任务要求，选择合适的传感器类型（如视觉传感器、触觉传感器），并在模型中进行准确的定位与安装。详细设置传感器的参数，包括检测范围、分辨率、触发条件等，使其能够真实模拟实际检测过程中的传感性能。例如，对于视觉传感器，应定义其相机视角、图像采集帧率、图像处理算法等参数，以确保能够准确识别和检测目标物体的特征。

二、检测流程规划与仿真分析

（一）检测任务分解与动作序列设计

将整个检测流程分解为若干具体的子任务，如工件抓取、传输、检测位置定位、特征检测、数据采集与分析等。针对每个子任务，设计合理的工业机器人动作序列，包括机械臂的运动轨迹、关节角度变化、工具姿态调整等。在设计动作序列时，需充分考虑工业机器人的运动学特性、工作空间限制并避免碰撞，以确保工业机器人能够平稳、高效地完成各项检测操作。

例如，在工件抓取动作中，要确定机械臂从初始位置到抓取位置的最优路径，避免与周围设备或工件发生干涉；在检测位置定位时，需精确计算机械臂的位姿调整量，使传感器能够准确对准检测目标的关键部位。

（二）仿真运行与结果分析

在 RobotStudio 中运行设计好的检测流程仿真，观察工业机器人与检测机构的整体运行情况。通过仿真动画，检查机器人的运动是否流畅、各动作之间的衔接是否自然，以及检测机构的各个部件是否按照预期的方式协同工作。

对仿真过程中的关键数据进行采集与分析，如工业机器人的运动时间、轨迹误差、传感器的检测数据等。根据分析结果，评估检测流程的性能指标，如检测效率、准确性、稳定性等是否满足设计要求。如果发现问题或不足之处，应及时对检测流程进行调整与优化，如修改工业机器人的运动路径、调整传感器的参数或改进机构的布局等，然后重新进行仿真验证，直至达到理想的检测效果。

三、检测机构的布局优化分析

笔记栏

（一）工作空间分析与评估

利用 RobotStudio 的工作空间分析工具，对检测机构在不同工作状态下的工业机器人工作空间进行详细分析。确定工业机器人能够有效到达的区域范围，以及在该范围内工业机器人的可达性、灵活性和操作精度等指标。检查检测机构中的各个部件是否合理地分布在工业机器人的工作空间内，避免出现因布局不合理导致的工业机器人运动受限或工作死角等问题。

例如，分析传送装置的位置与高度是否便于工业机器人抓取和放置工件，传感器的安装位置是否能够覆盖所有需要检测的区域，且不会受到机械结构的遮挡而影响检测效果。

（二）布局调整与优化策略制定

根据工作空间分析结果，对检测机构的布局进行优化调整。考虑到生产现场的实际空间限制、物流路径以及设备维护等因素，合理移动或重新设计检测机构中各个部件的位置与姿态。在布局调整过程中，采用逐步优化的策略，每次调整后都进行仿真验证，评估布局改进对检测流程整体性能的影响。

例如，可以尝试改变机械臂与传送装置之间的相对位置关系，调整传感器的安装角度或高度，以提高工业机器人的操作效率和检测准确性。同时，优化检测机构周围的辅助设备布局，如光源、控制器、线缆等，确保整个检测系统的布局紧凑、合理，便于安装、调试与维护。

四、与外部设备的集成与通信仿真分析

（一）外部设备接口设置与连接

在 RobotStudio 中模拟检测机构与外部设备（如 PLC、上位机、其他自动化设备）的接口连接。根据实际通信协议与接口标准，设置工业机器人控制器与外部设备之间的数据传输通道、信号类型与交互方式。例如，定义工业机器人与 PLC 之间的数字量输入 / 输出信号（DI/DO）、模拟量输入 / 输出信号（AI/AO），以及用于数据交换的通信协议（如 Profibus、Ethernet/IP）。

确保工业机器人能够正确接收来自外部设备的控制指令，并能够将检测结果数据及时反馈给外部设备，实现检测机构与整个自动化生产线的无缝集成。

（二）集成通信仿真与调试

进行检测机构与外部设备的集成通信仿真，模拟在实际生产过程中工业机器人与其他设备之间的数据交互情况。通过设置虚拟的外部设备信号状态变化，观察工业机器人的响应动作是否正确，以及数据传输是否准确无误。例如，当 PLC 发送启动检测指令时，工业机器人应能够按照预设的检测流程开始工作；在检测完成后，工业机器人应将检测结果数据（如合格 / 不合格标志、检测参数值）及时发送给 PLC 或上位机进行后续处理。

对集成通信过程中出现的问题进行调试与解决，如信号干扰、数据丢失、通信延迟等。通过优化通信参数设置、检查硬件连接线路或修改软件程序逻辑等方式，确保检测机构与外部设备之间的集成通信稳定可靠，满足实际生产需求。

五、生成仿真报告与文档

（一）仿真数据整理与报告撰写

对整个检测机构仿真设计过程中的各项数据进行整理与分析，包括工业机器人运动轨迹数据、检测结果数据、性能评估指标数据、布局优化前后对比数据等。根据整理的数据结果，撰写详细的仿真报告，报告内容应涵盖检测机构的模型构建情况、检测流程设计与仿真分析结果、布局优化策略与效果评估、外部设备集成通信测试情况等方面。

在报告中，采用图表、数据表格、文字说明等多种形式相结合的方式，直观地展示仿真设计的过程与结果，使读者能够清晰地了解检测机构的仿真设计全貌以及各项性能指标的达成情况。

（二）文档整理与归档

除了仿真报告外，还需对检测机构仿真设计过程中涉及的所有文档进行整理与归档，包括原始设计图纸、模型文件、仿真项目文件、程序代码、调试记录等。这些文档将作为后续实际检测机构搭建、调试与维护的重要参考资料，确保整个项目的可追溯性与可重复性。

建立完善的文档管理体系，对文档进行分类存储、编号管理，并制定文档查阅与使用权限规定，方便团队成员之间的协作与信息共享，同时保障项目文档的安全性与保密性。

知识准备

一、建模功能应用

使用 RobotStudio 进行工业机器人仿真验证时，如果对周边模型的精细度要求不高，可以用简单的、与实际大小等同的基本模型代替，从而节约仿真验证时间。如果需要精细的模型，可以通过第三方软件进行建模，再以相应的格式导入 RobotStudio，完成建模和布局工作。

（一）使用建模功能进行矩形体建模

矩形体建模的具体操作如图 4－1 至图 4－4 所示。

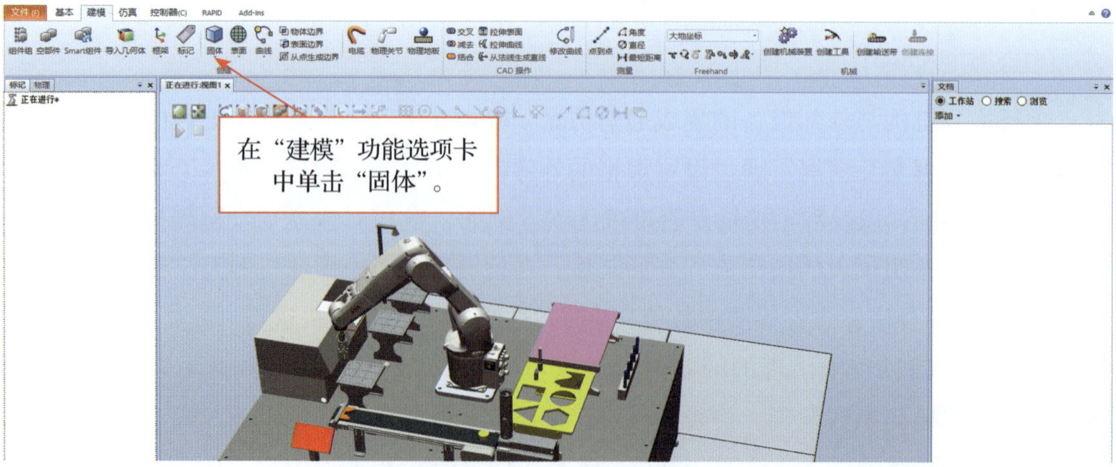

图 4－1　打开“固体”菜单

笔记栏

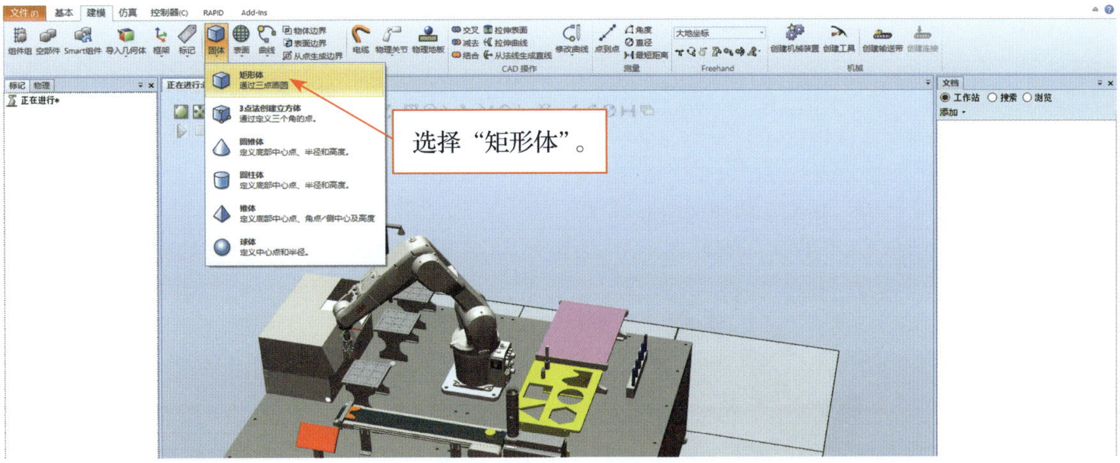

图 4－2　打开“创建方体”窗口

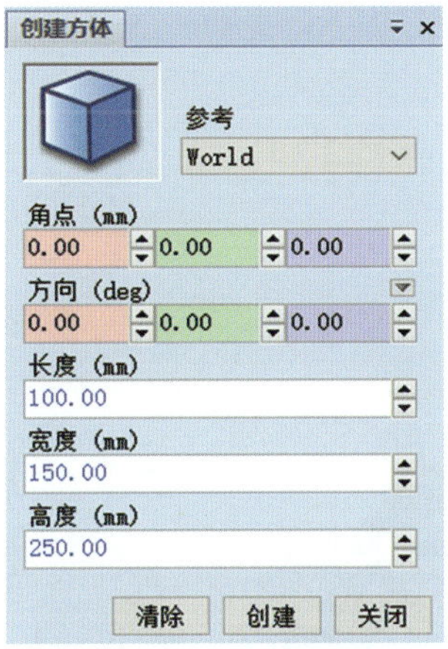

图 4－3　参数设置

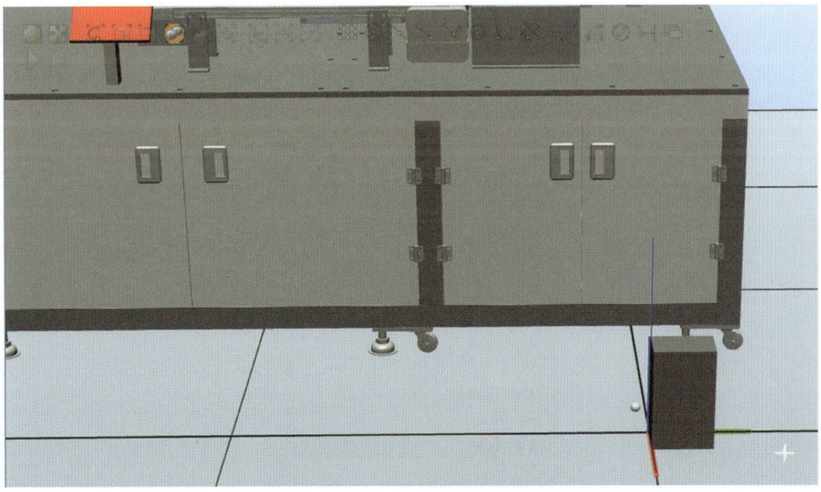

图 4－4　矩形体创建完成

（二）使用建模功能进行圆柱体建模

圆柱体建模的具体操作如图 4－5 至图 4－8 所示。

笔记栏

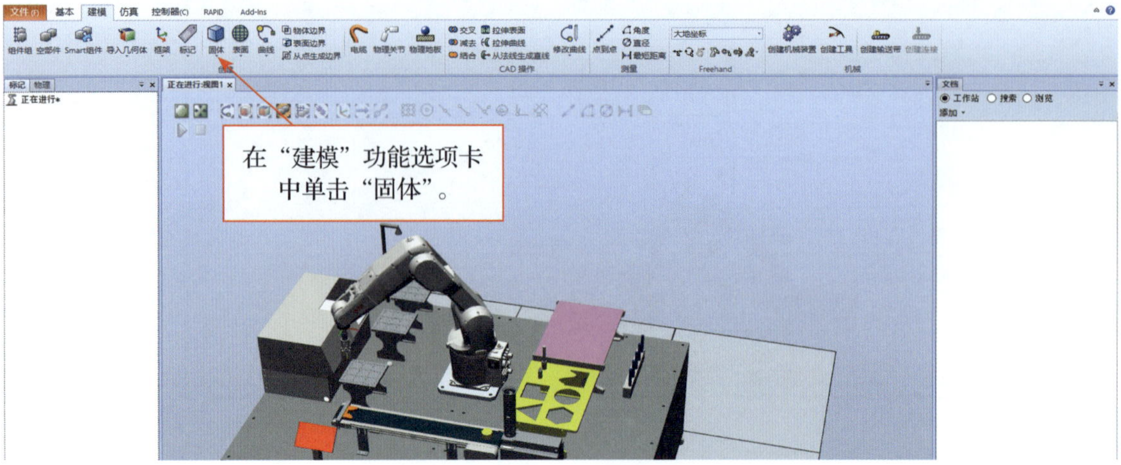

图 4-5　打开“固体”菜单

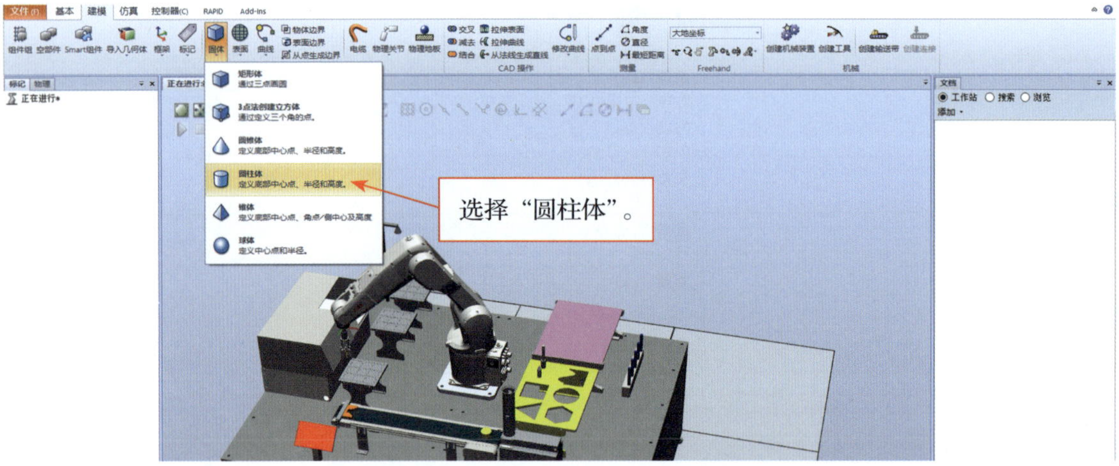

图 4-6　打开“创建圆柱体”对话框

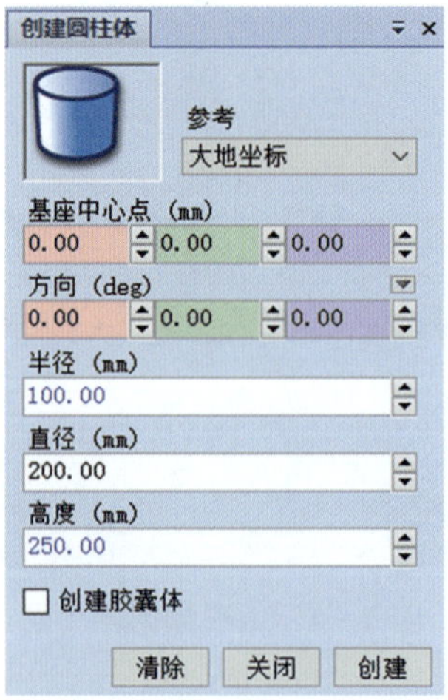

图 4-7　参数设置

笔记栏

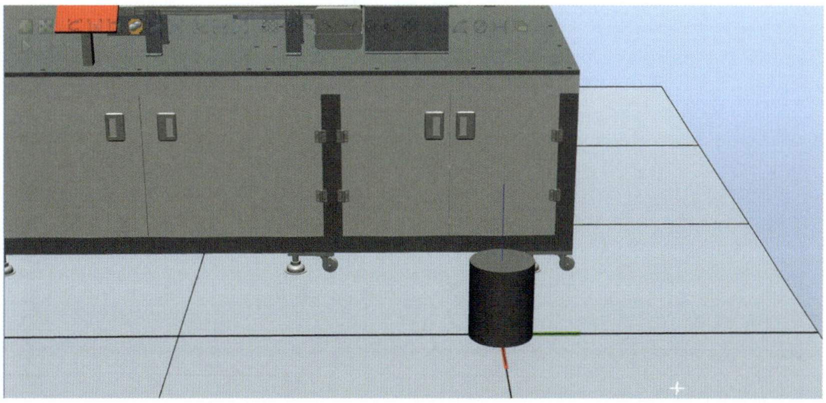

图 4－8 圆柱体创建完成

（三）使用建模功能进行球体建模

球体建模的具体操作如图 4－9 至图 4－12 所示。

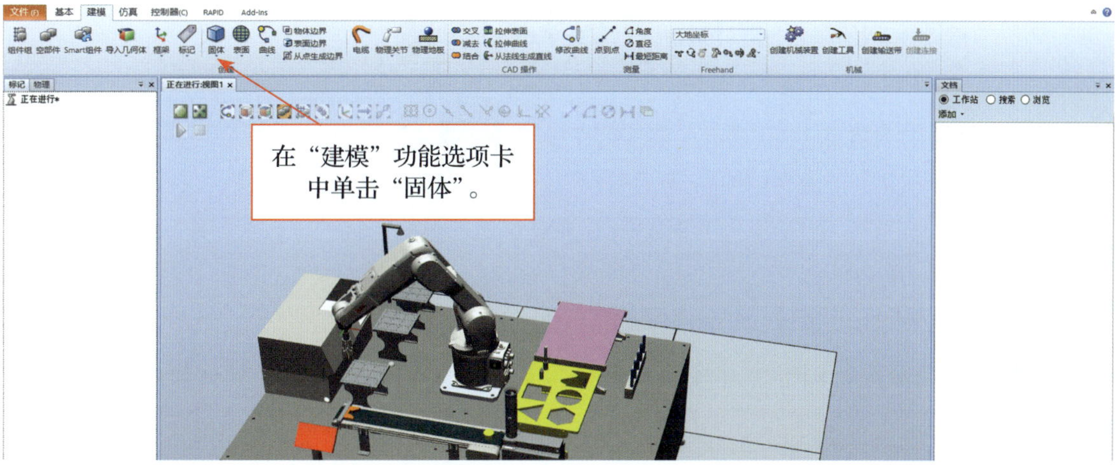

图 4－9 打开“固体”菜单

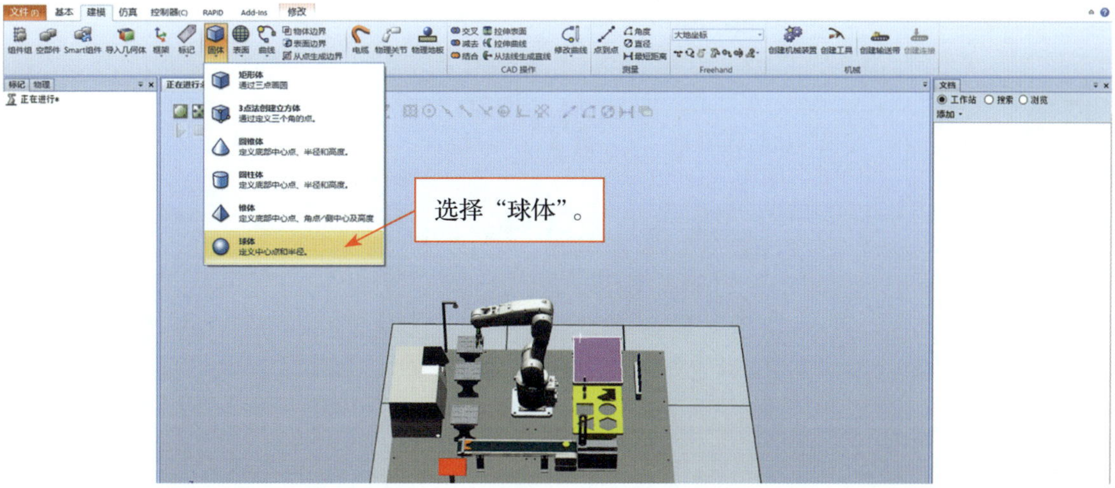

图 4－10 打开“创建球体”对话框

笔记栏

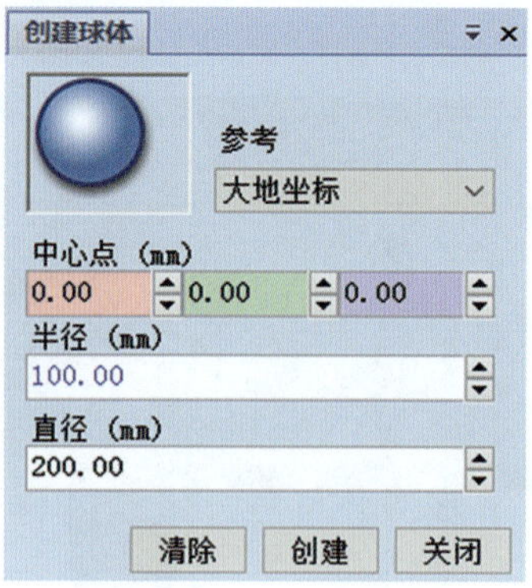

图 4－11　参数设置

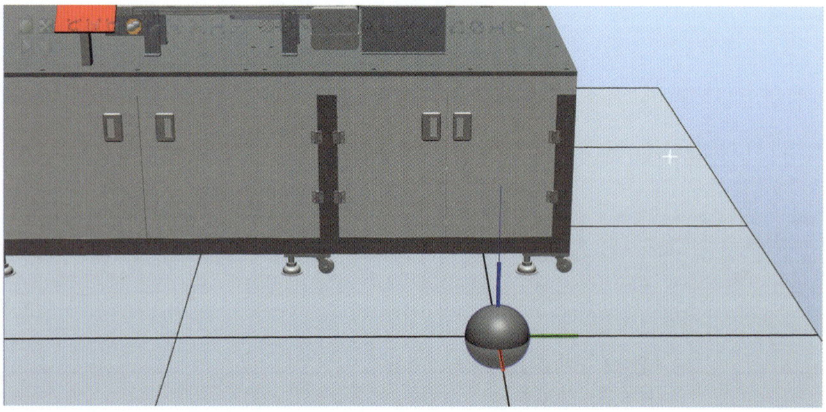

图 4－12　球体创建完成

（四）使用建模功能进行圆锥体建模

使用建模功能进行圆锥体建模，以便模拟视觉系统的灯光效果，具体操作如图 4－13 至图 4－15 所示。

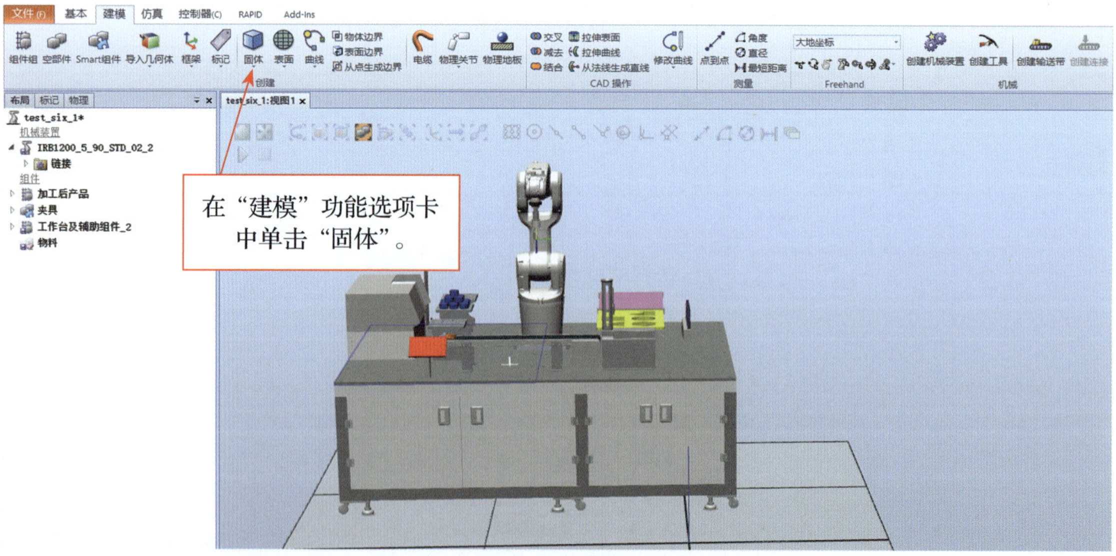

图 4－13　打开“固体”菜单

笔记栏

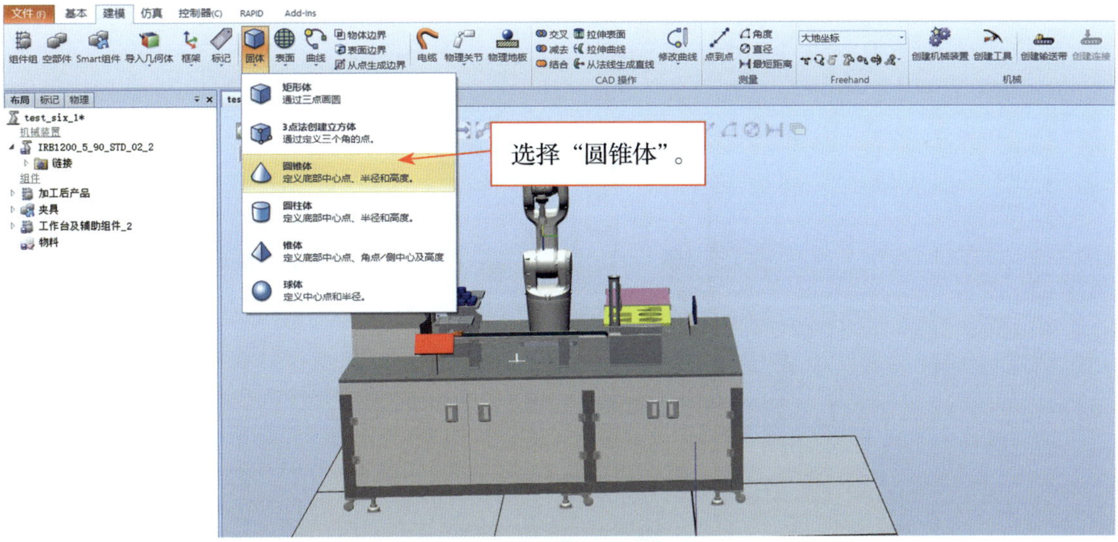

图 4－14　打开“创建圆锥体”对话框

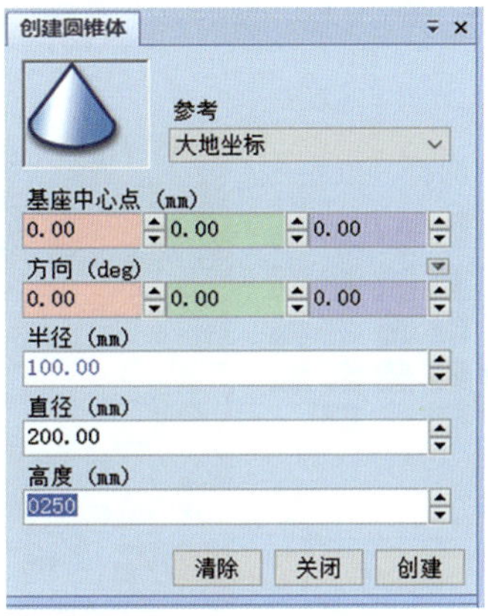

图 4－15　参数设置

（五）设置圆锥体模型

设置圆锥体模型的具体操作如图 4－16 至图 4－20 所示。

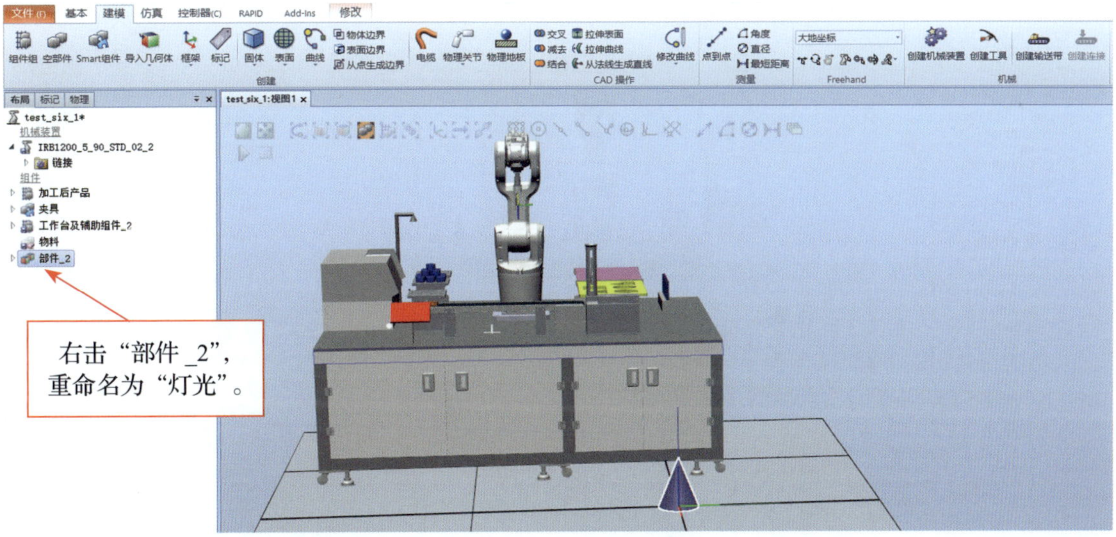

图 4－16　部件重命名

笔记栏

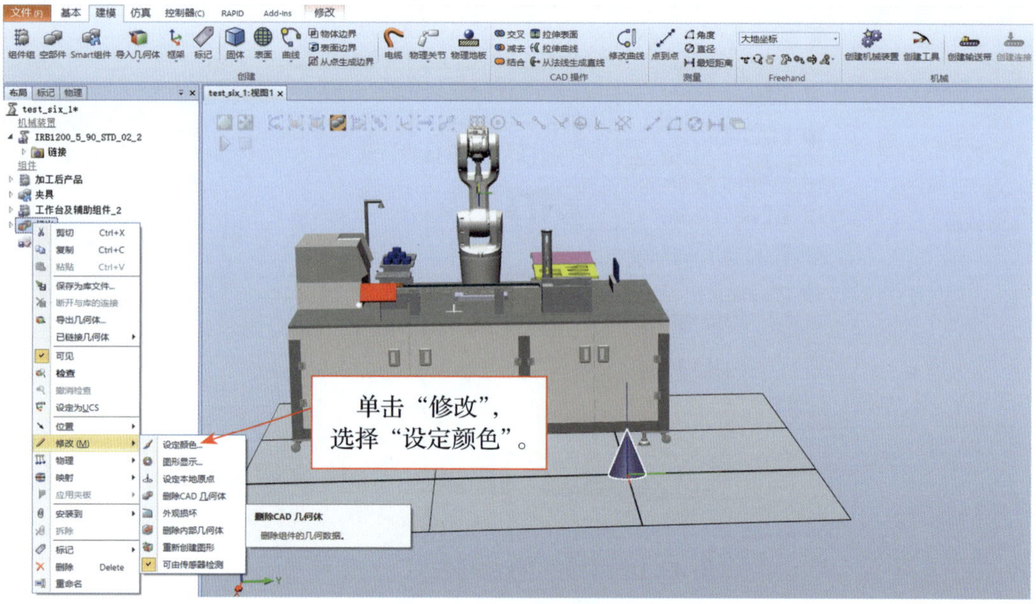

图 4－17　设定灯光颜色

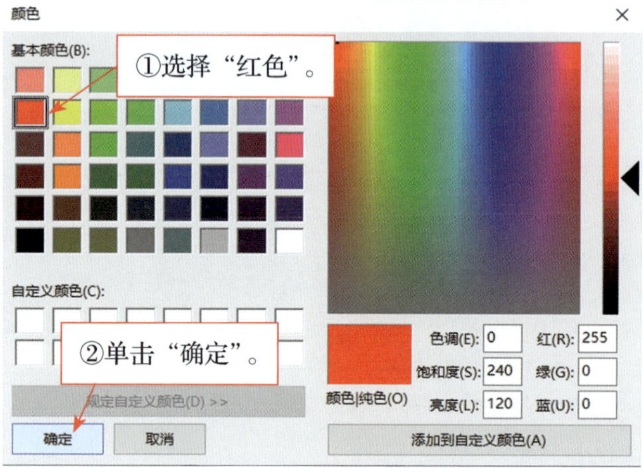

图 4－18　选择合适的颜色

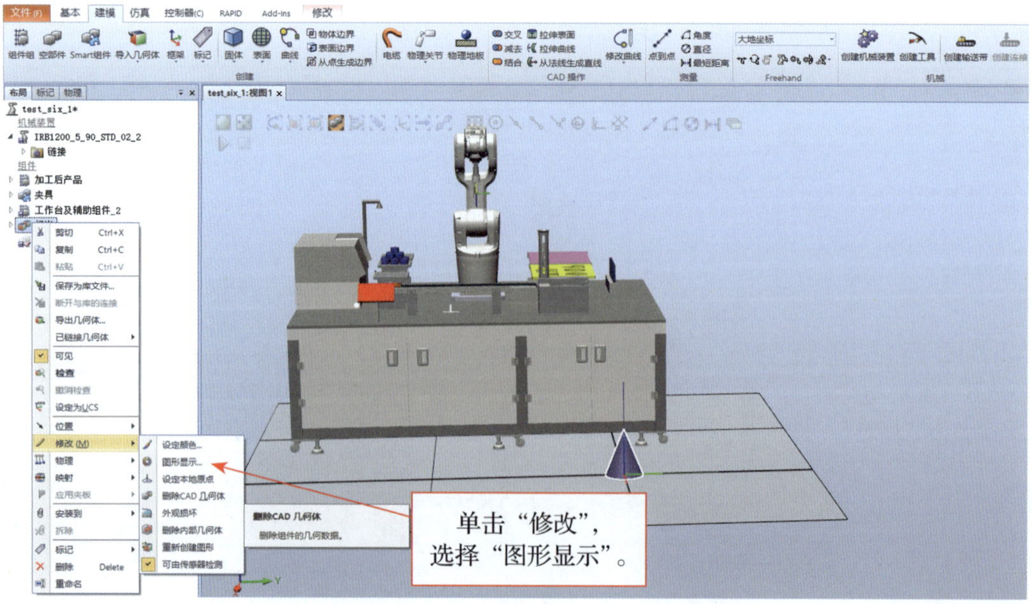

图 4－19　打开“图形外观－灯光”对话框

笔记栏

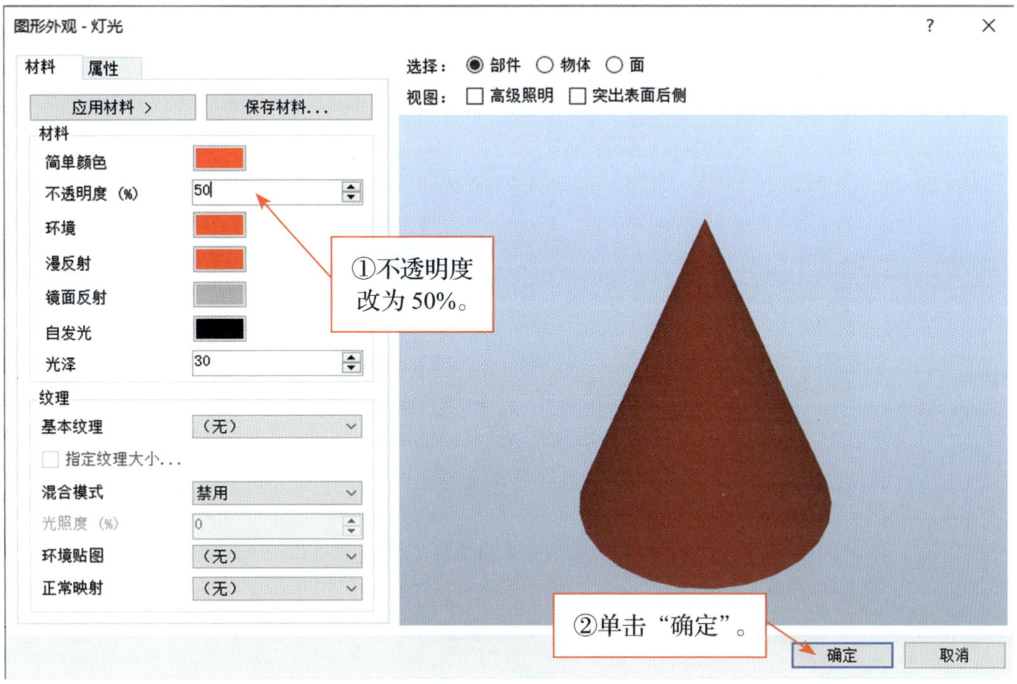

图 4－20　参数设置

把设置好模拟灯光的圆锥体移至检测机构合适的位置，具体操作如图 4－21 至图 4－24 所示。

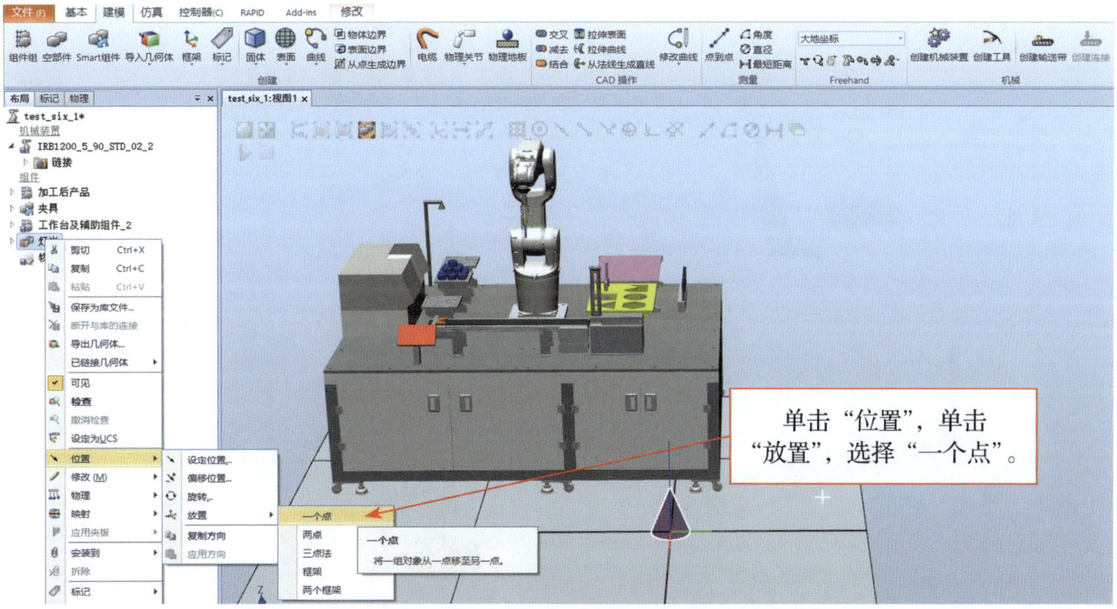

图 4－21　将一组对象从一点移至另一点

笔记栏

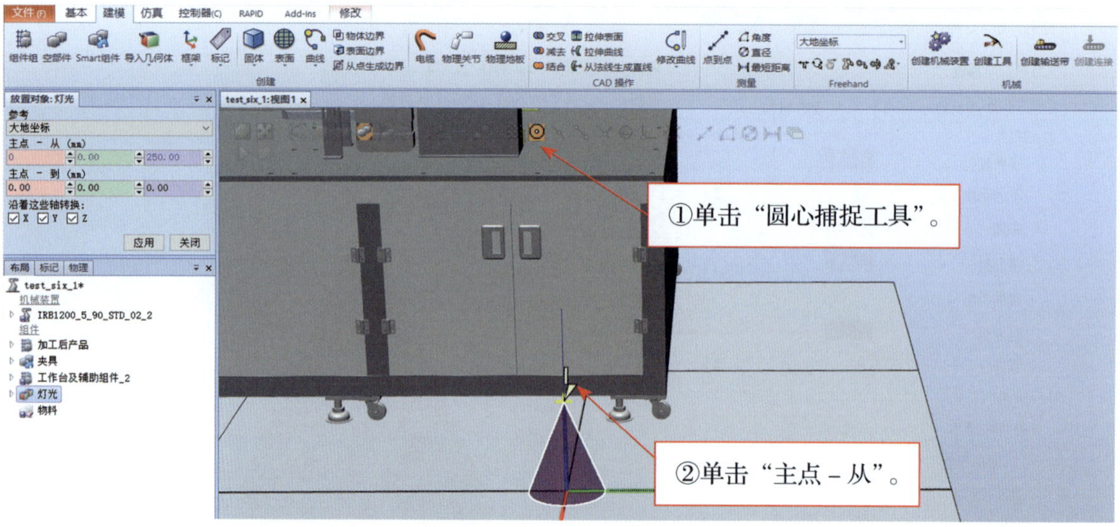

图 4－22　捕捉圆锥体的顶点

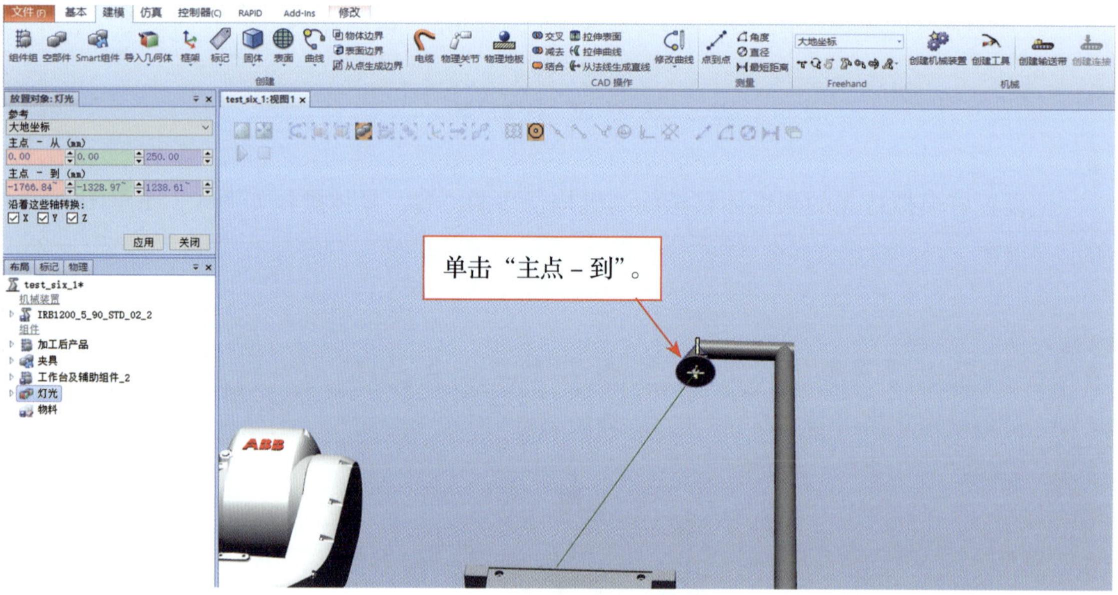

图 4－23　捕捉圆形相机中心

图 4－24　位置修改完成

二、用 Smart 组件创建检测机构

笔记栏

下面创建一个拥有动态属性的 Smart 检测机构。Smart 检测机构的动态效果：模拟视觉系统光源显示，当工业机器人抓取物品至检测区域时相机闪烁，模拟拍摄效果。

(一) 设置对象可见组件 (Show)

设置 Execute 信号时，将显示 Object 中参考的对象。完成时，将设置 Executed 信号。Show 属性及信号说明见表 4－1。

表 4－1　Show 属性及信号说明

类别	名称	说明
属性	Object	指定要显示的对象
信号	Execute	设该信号为 True，以显示对象
	Executed	当完成时发出脉冲

设置对象可见组件的具体操作如图 4－25 至图 4－32 所示。

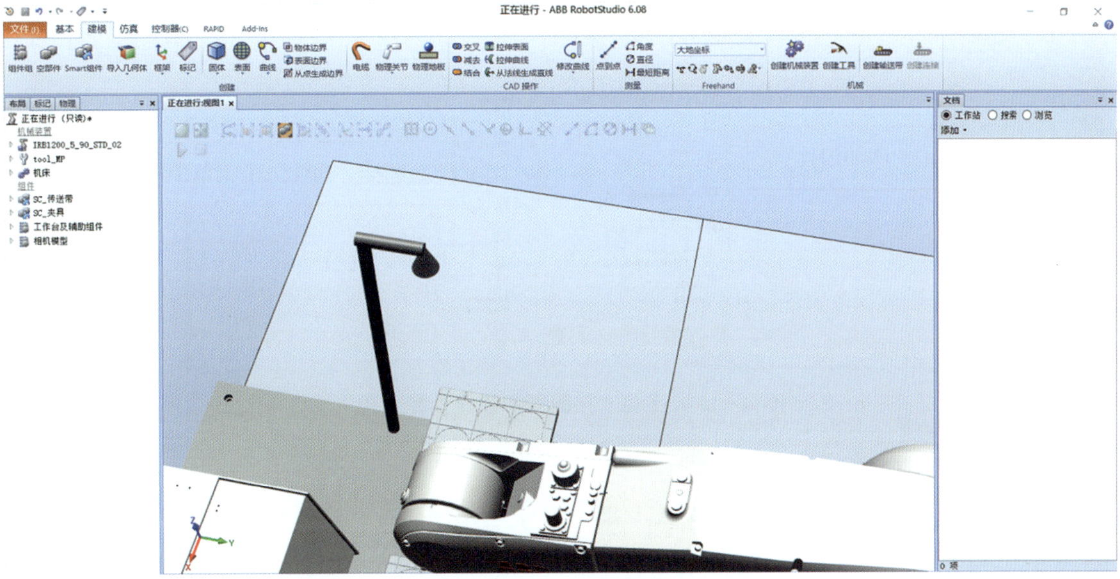

图 4－25　解压工作站

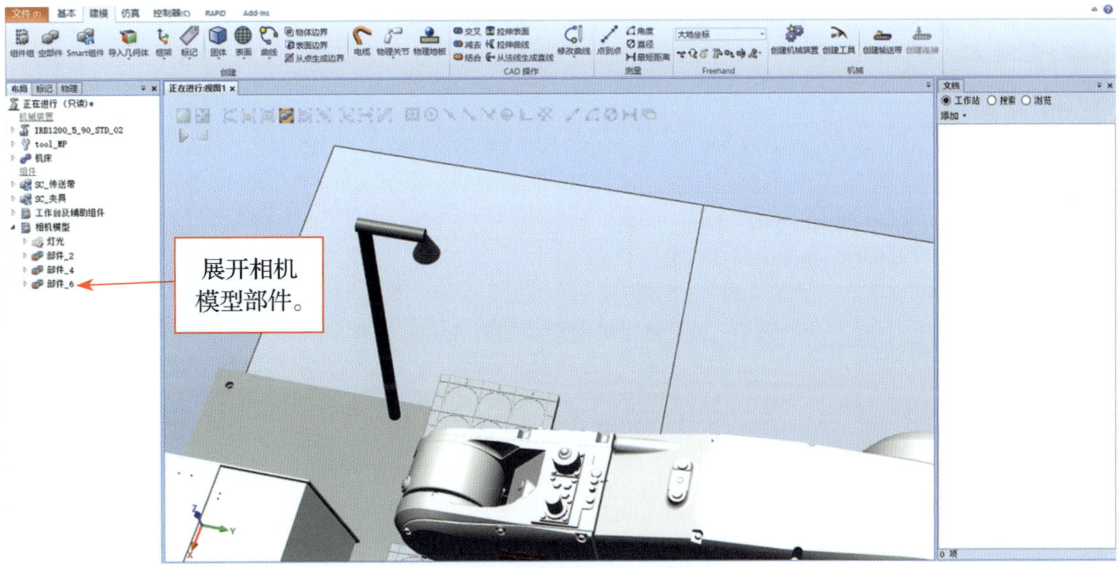

图 4－26　需要调用的模型部件

笔记栏

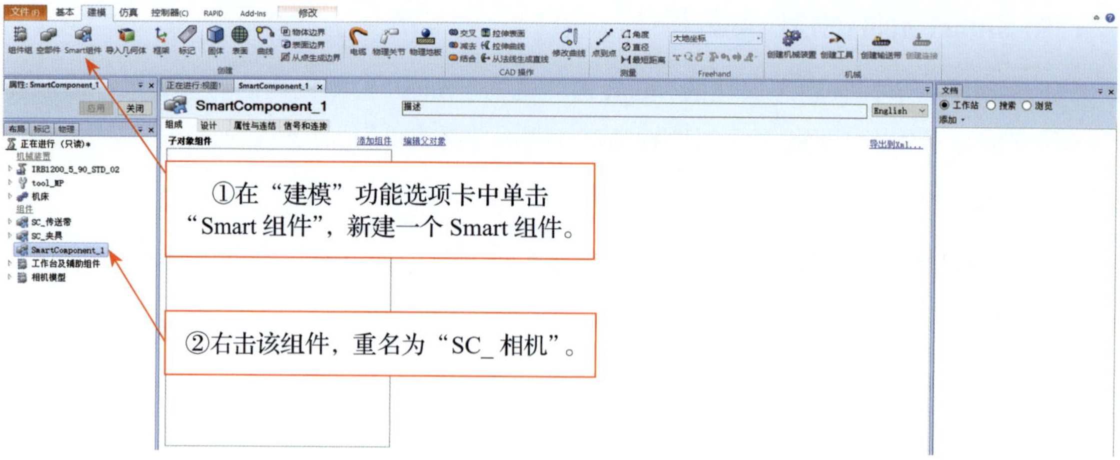

图 4－27 新建 Smart 组件

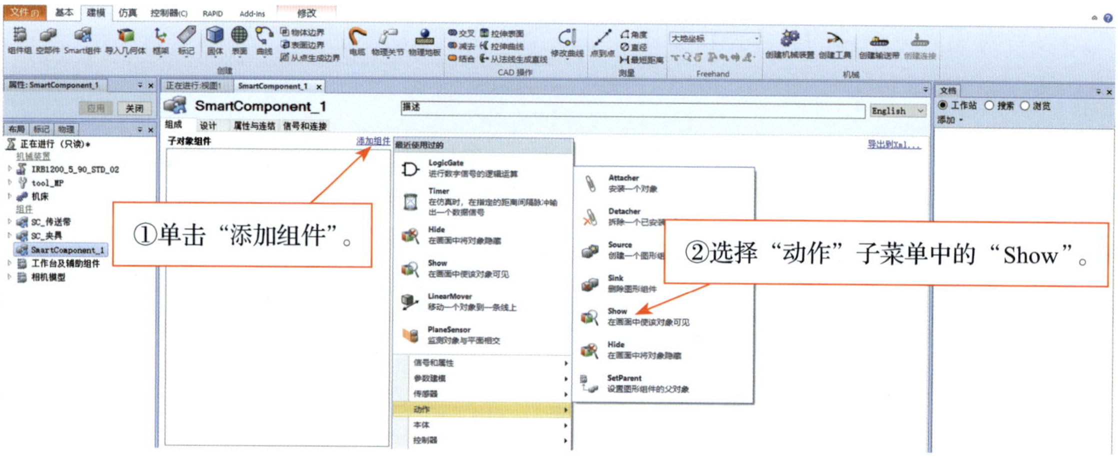

图 4－28 实现“在画面中使该对象可见”

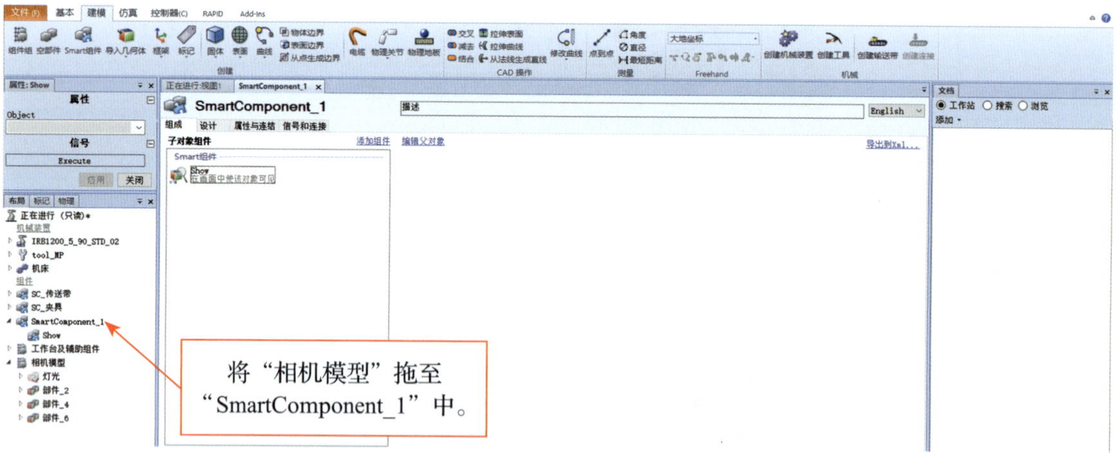

图 4－29 将相机模型添加到 Smart 组件

笔记栏

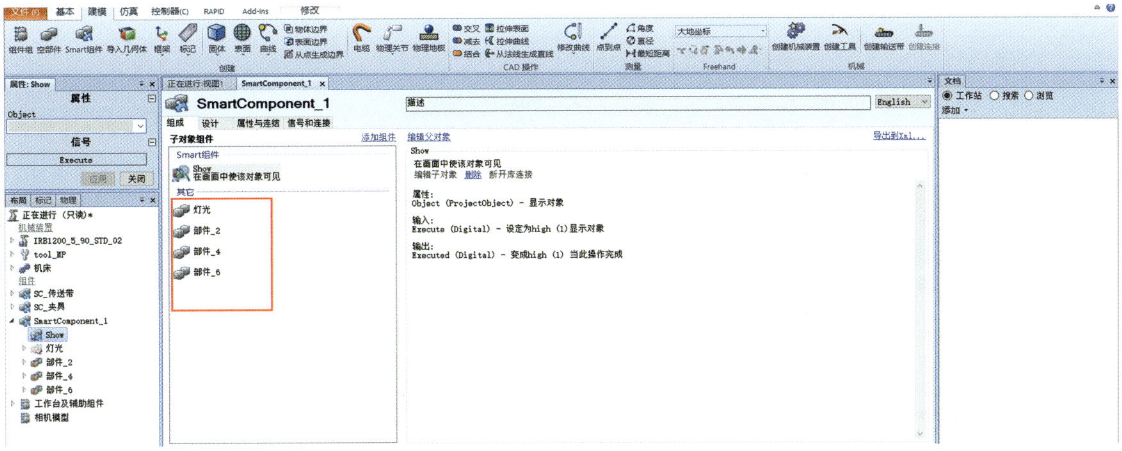

图 4 - 30　相机模型已导入 Smart

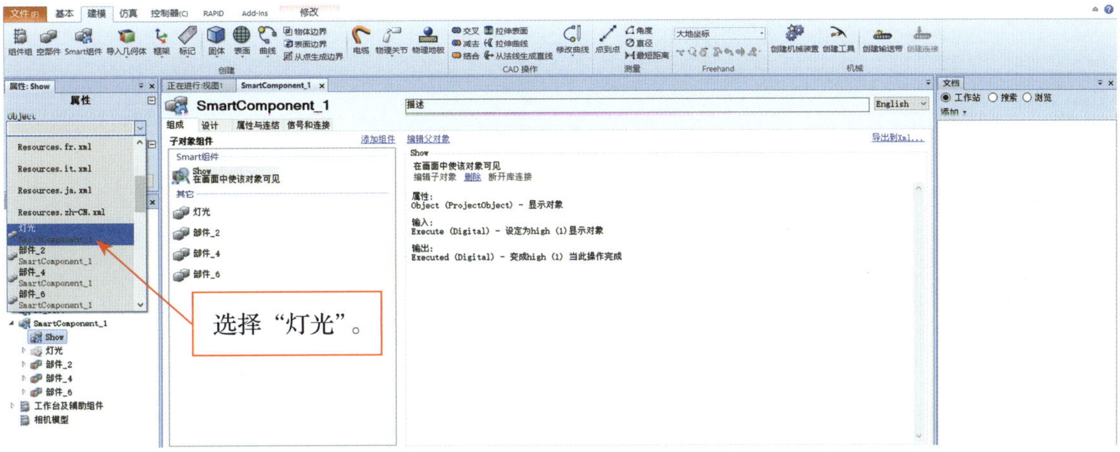

图 4 - 31　设置属性 Object

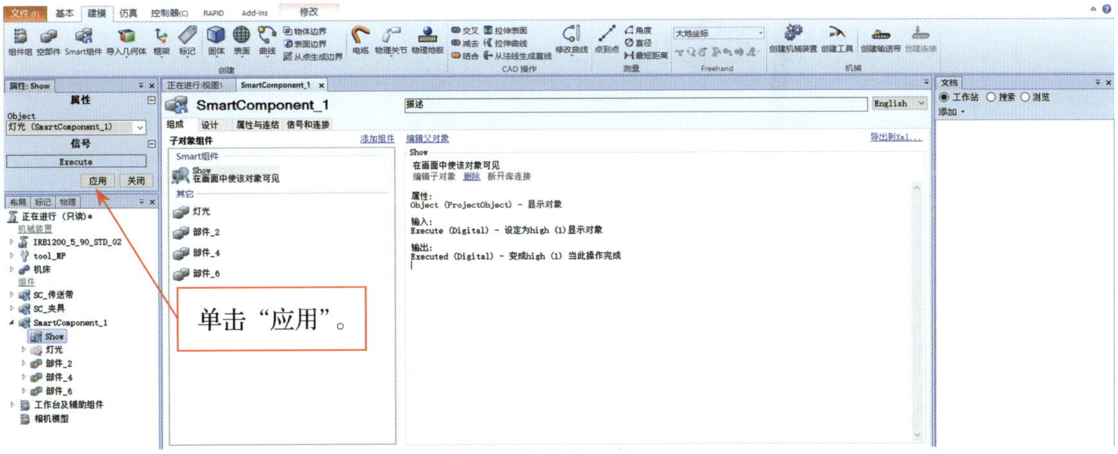

图 4 - 32　对象可见组件设置完成

(二) 设置对象隐藏组件 (Hide)

设置 Execute 信号时，将隐藏 Object 中参考的对象。完成时，将设置 Executed 信号。Hide 属性及信号说明见表 4 - 2。

笔记栏

表 4-2 Hide 属性及信号说明

类别	名称	说明
属性	Object	指定要隐藏的对象
信号	Execute	设该信号为 True，以隐藏对象
	Executed	当完成时发出脉冲

设置对象隐藏组件的具体操作如图 4-33 至图 4-35 所示。

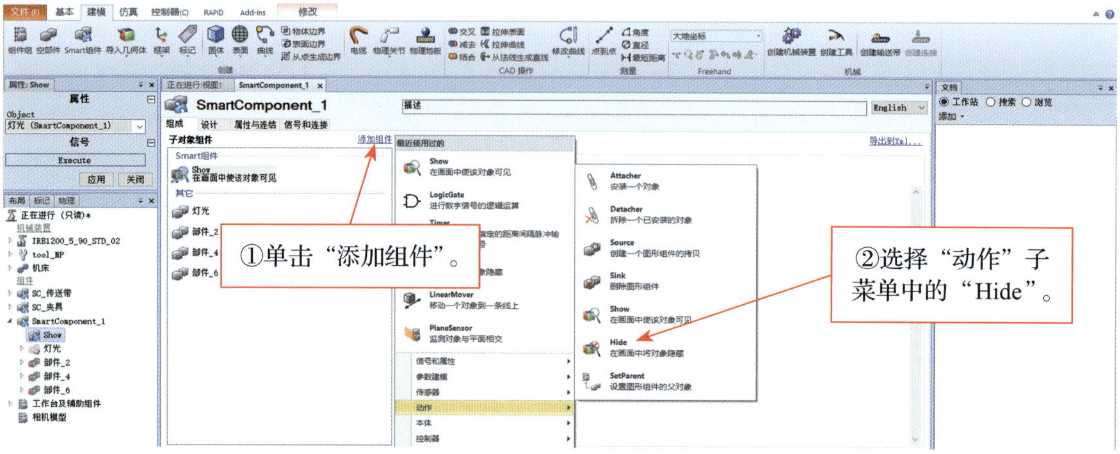

图 4-33 实现“在画面中将对象隐藏”

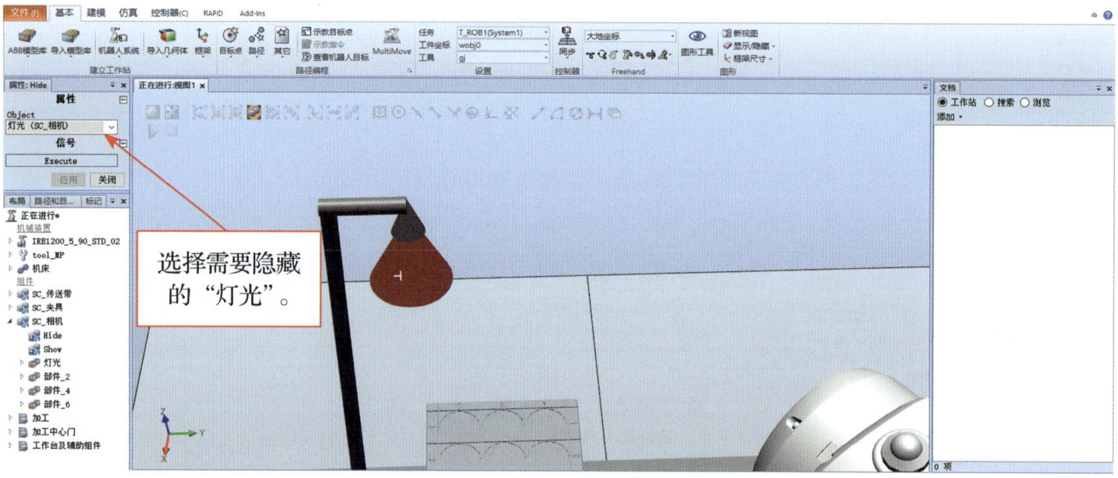

图 4-34 设置属性 Object

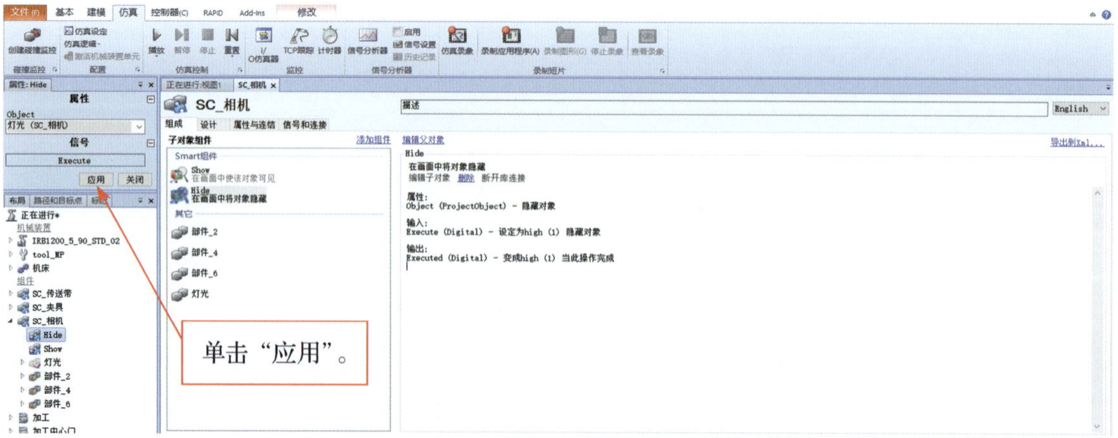

图 4-35 对象隐藏组件设置完成

笔记栏

(三) 设置信号和属性 (LogicGate)

信号 Output 由信号 InputA、InputB 的 Operator 中指定的逻辑运算设定，延迟则在 Delay 中设定。LogicGate 属性及信号说明见表 4 - 3。

表 4 - 3　LogicGate 属性及信号说明

类别	名称	说明
属性	Operator	逻辑运算的运算符 AND OR XOR NOT NOP Delay，用于设置输出信号延迟时间
信号	InputA	第一个输入信号
	InputB	第二个输入信号
	Output	逻辑运算的结果

设置信号和属性的具体操作如图 4 - 36 至图 4 - 38 所示。

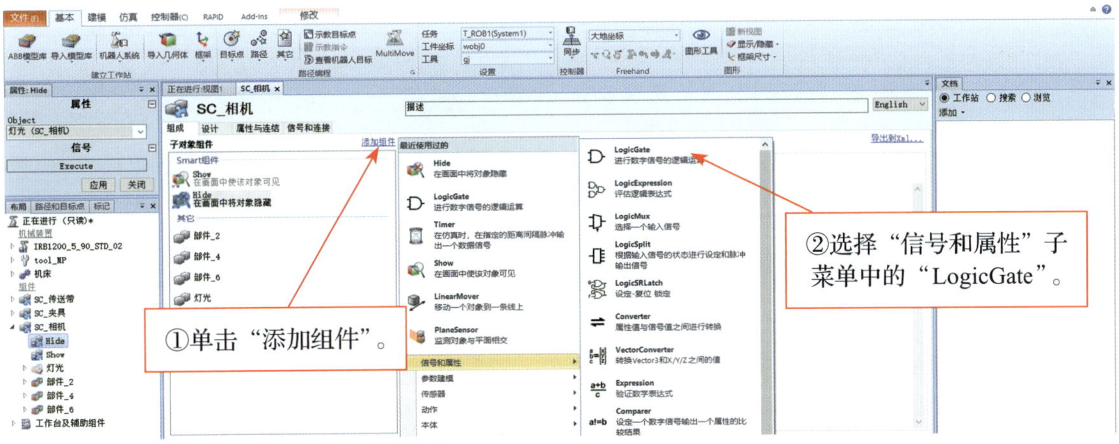

图 4 - 36　实现“数字信号的逻辑运算”

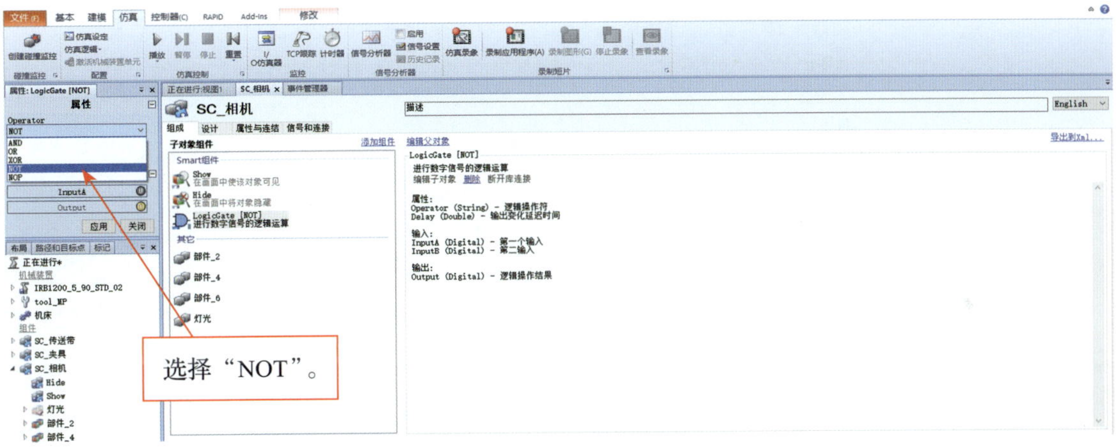

图 4 - 37　设置属性 Operator

笔记栏

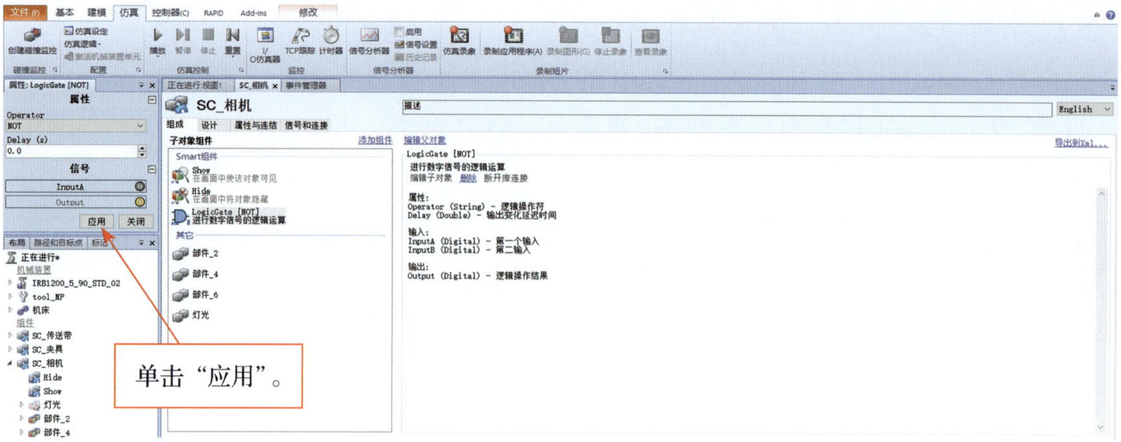

图 4-38　信号和属性设置完成

（四）创建信号和连接

创建信号和连接的具体操作如图 4-39 至图 4-46 所示。

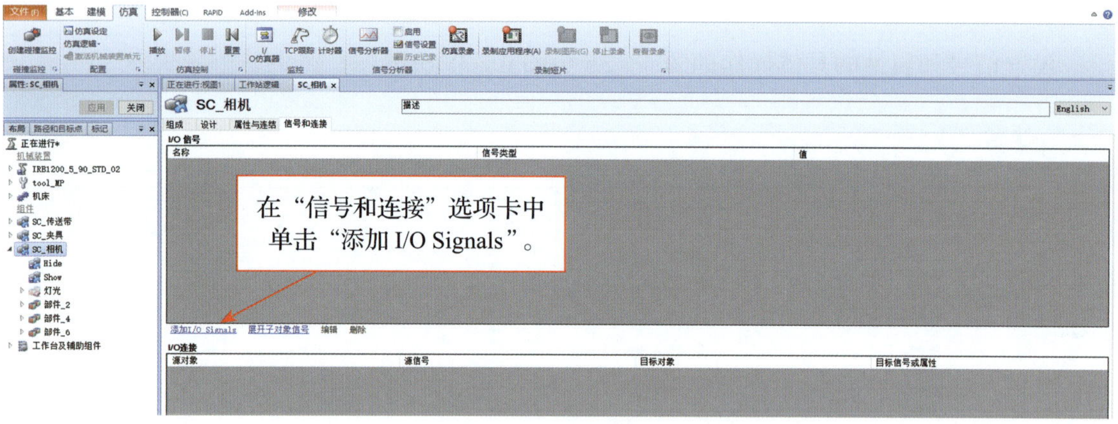

图 4-39　打开“添加 I/O Signals”对话框

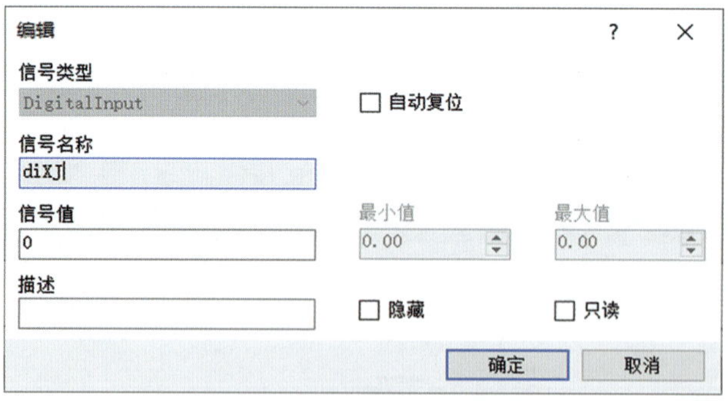

图 4-40　创建数字输入信号 diXJ

数字输入信号 diXJ 用于控制视觉检测系统的启动和关闭动作，置 1 为启动视觉检测系统，置 0 为关闭视觉检测系统。

笔记栏

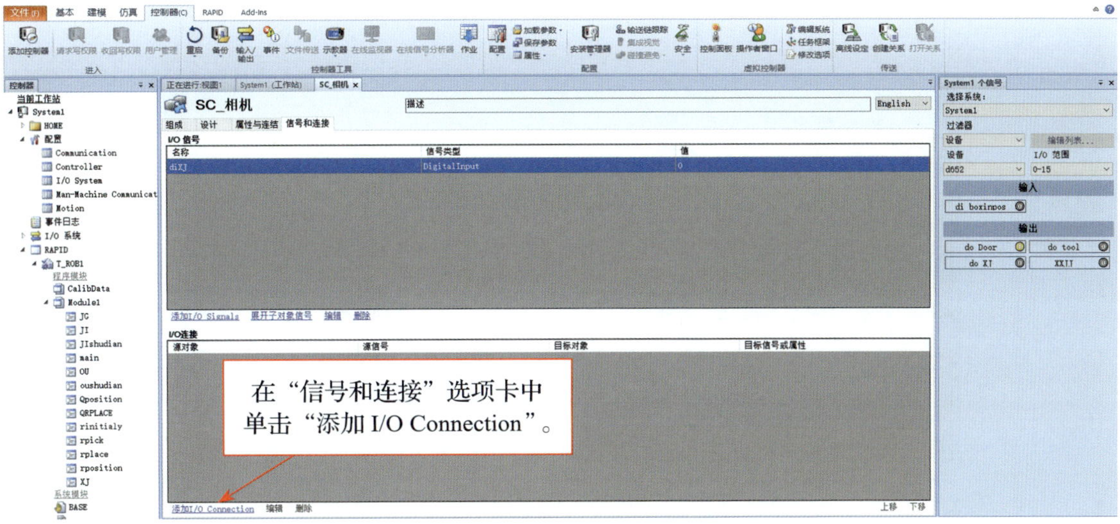

图 4－41　打开“添加 I/O Connection”对话框

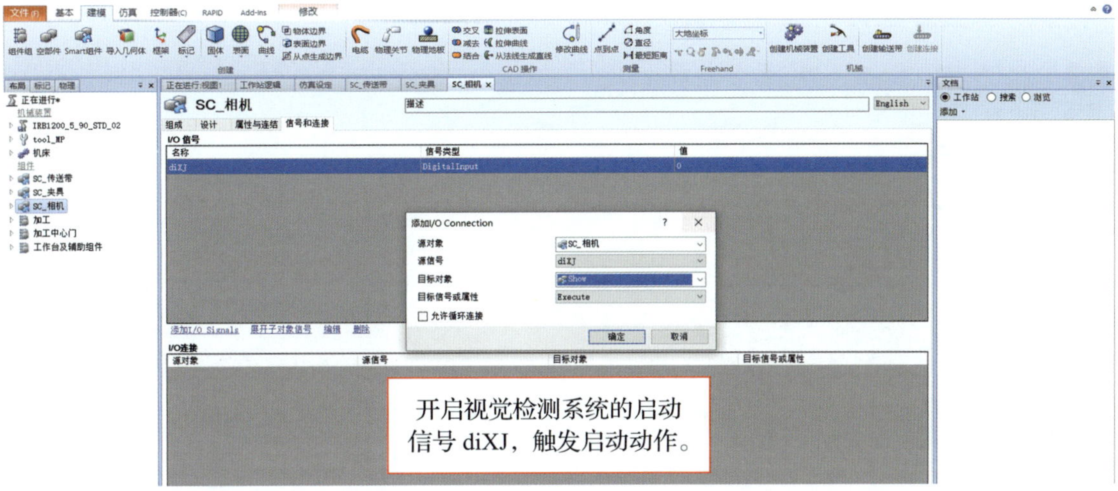

图 4－42　相机信号和显示组件关联

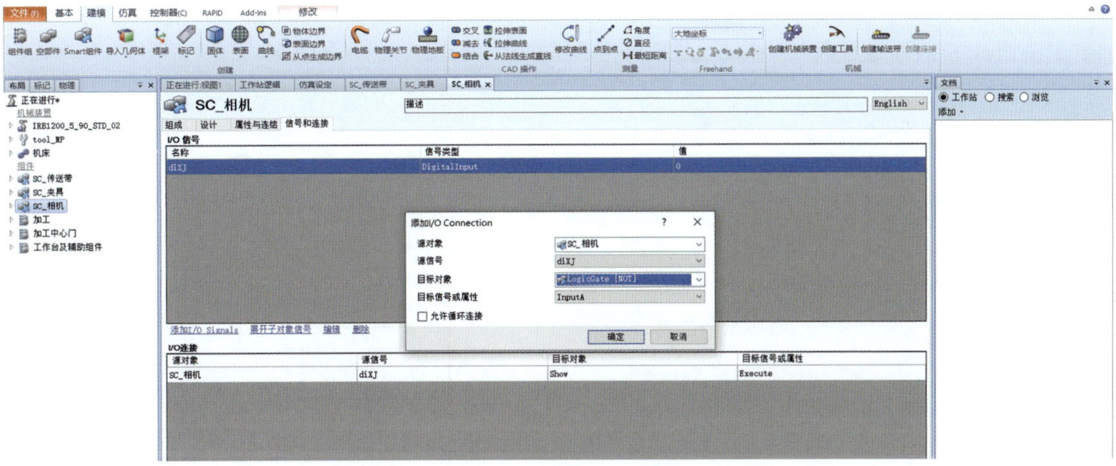

图 4－43　逻辑取非

笔记栏

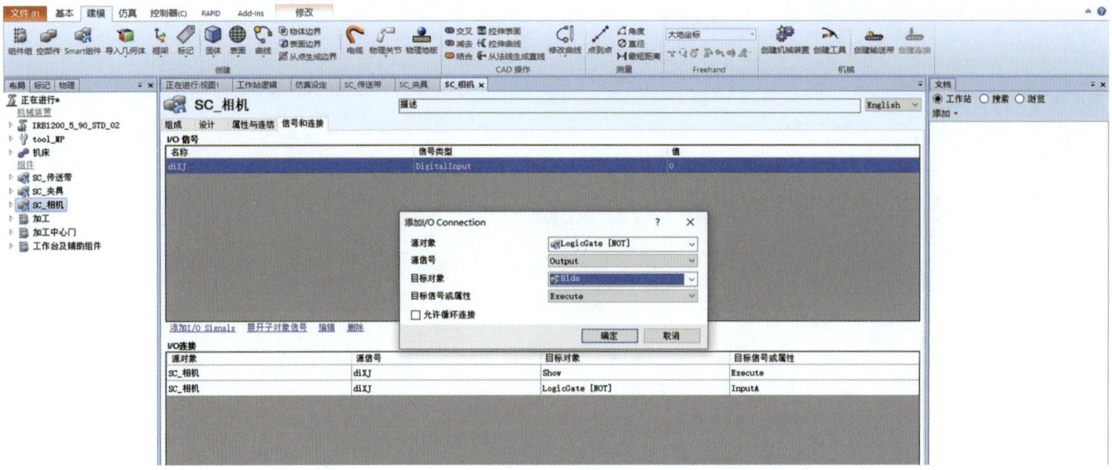

图 4-44　相机取非信号和隐藏组件关联

图 4-43 和图 4-44 所示的两个信号利用了非门的中间连接，可通过另一个信号关闭视觉检测系统。

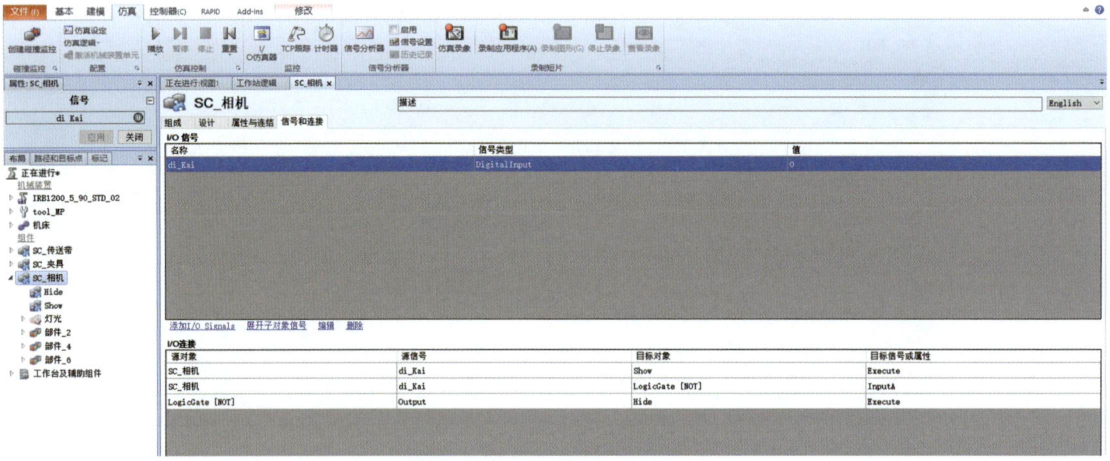

图 4-45　信号关联设置完成

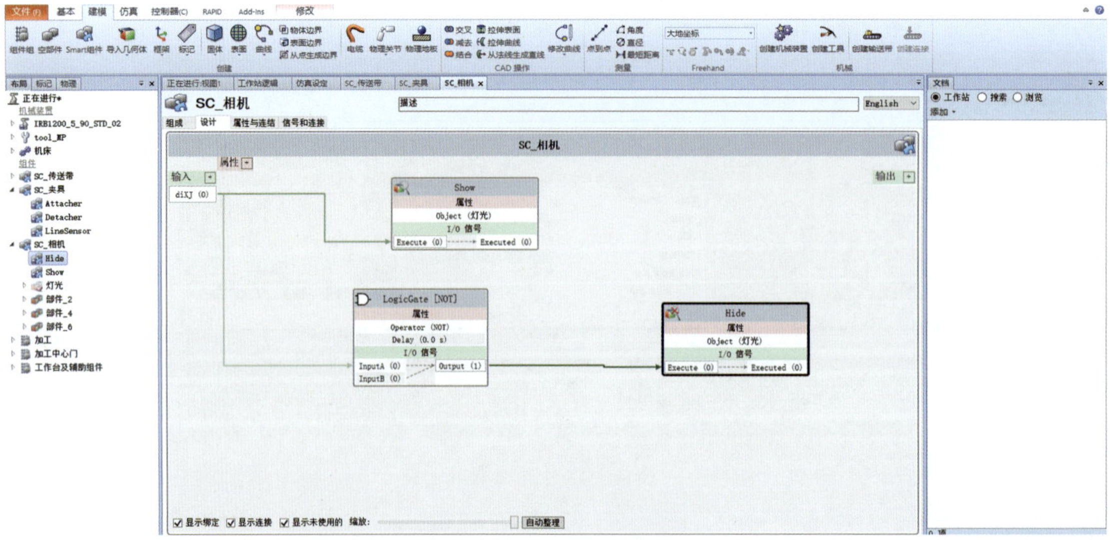

图 4-46　设计流程图

笔记栏

（五）Smart 组件的动态模拟运行

Smart 组件的动态模拟运行的具体操作如图 4－47 至图 4－51 所示。

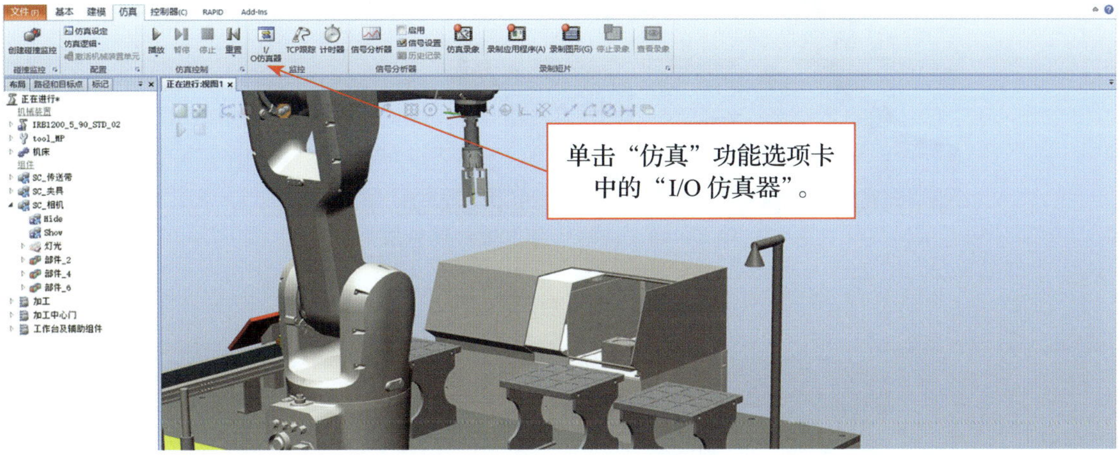

图 4－47　激活 I/O 仿真器

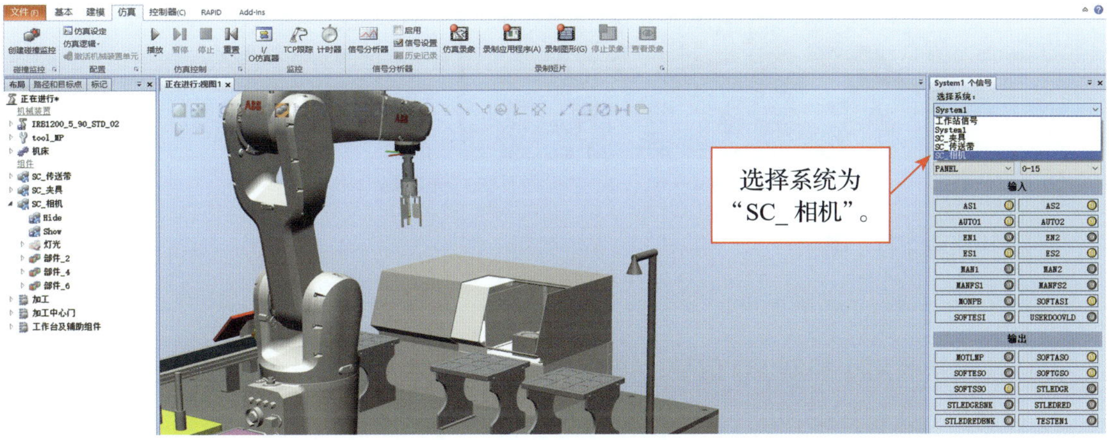

图 4－48　设置相机系统

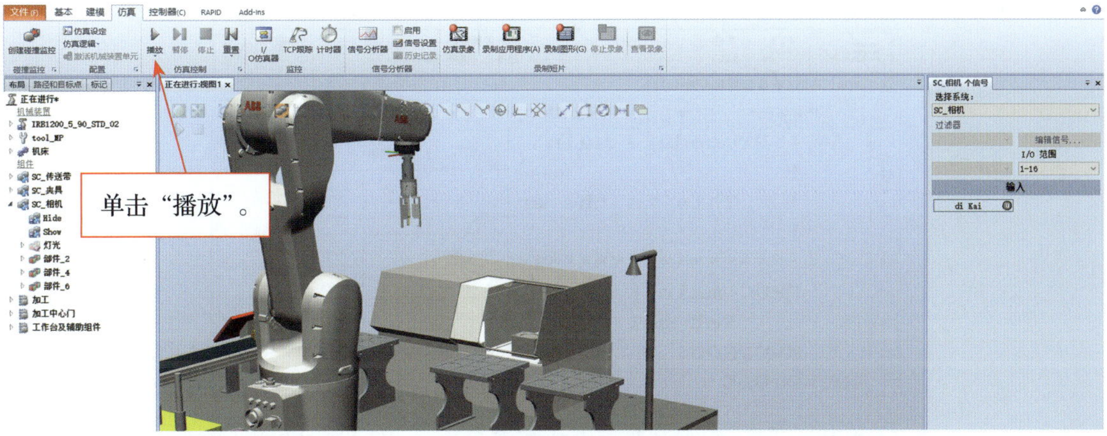

图 4－49　仿真运行

笔记栏

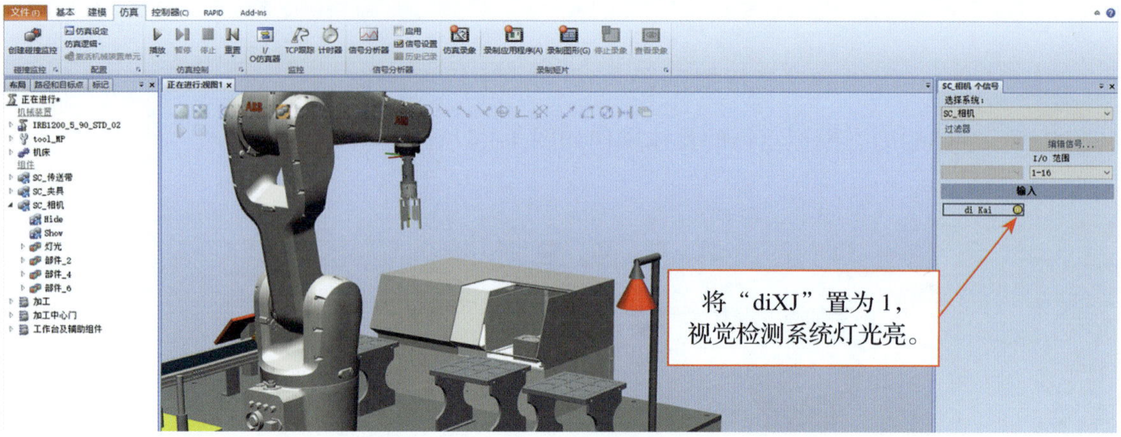

图 4-50　视觉检测系统灯光显示

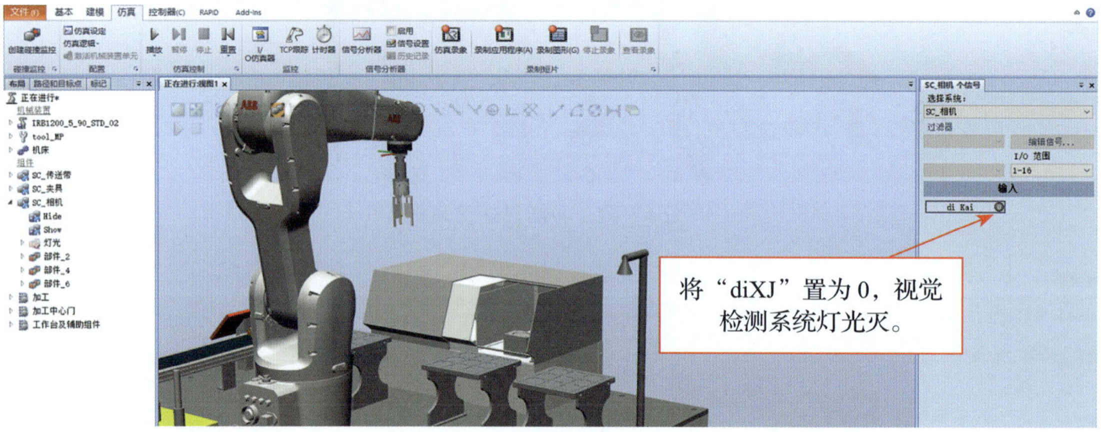

图 4-51　视觉检测系统灯光隐藏

三、工作站逻辑设定

（一）I/O 控制指令

I/O 控制指令用于控制 I/O 信号，以达到与工业机器人周边设备进行通信的目的。基本 I/O 控制指令介绍如下：

（1）Set，数字信号置位指令。用于将数字输出（Digital Output）置位为“1”，指令示例如图 4-52 所示。

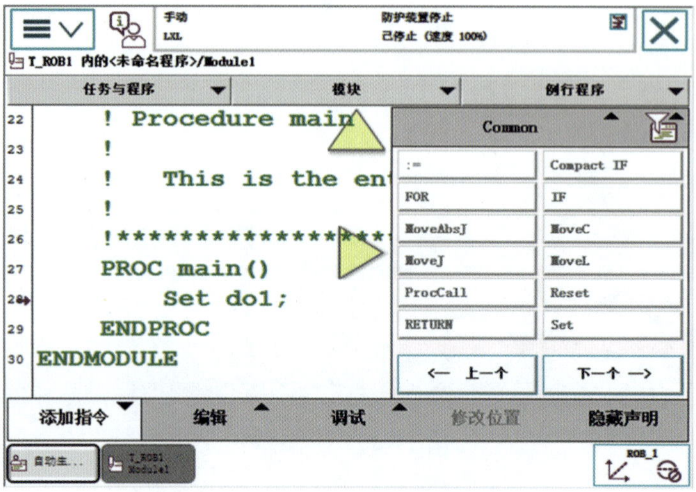

图 4-52　数字信号置位指令示例

笔记栏

（2）Reset，数字信号复位指令。用于将数字输出（Digital Output）置位为“0”，指令示例如图 4－53 所示。

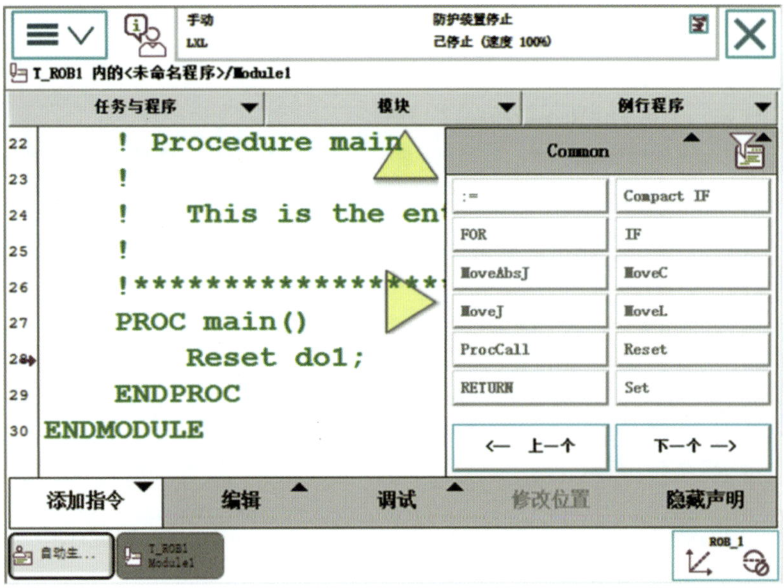

图 4－53　数字信号复位指令示例

如果在 Set、Reset 指令前有运动指令 MoveJ、MoveL、MoveC、MoveAbsj 的转变区数据，使用 fine 才可以准确到达目标点，控制输出 I/O 信号状态的变化。

（3）WaitDI，数字输入信号判断指令。用于判断数字输入信号的值是否与目标值一致，指令示例如图 4－54 所示。程序执行该指令时，等待 di1 的值为 1。如果 di1 的值为 1，则程序继续执行；如果到达最大等待时间（此时间可通过引入 Maxtime 根据实际需要设定）后，dil 的值还不为 1，则工业机器人报警或进入出错处理程序。

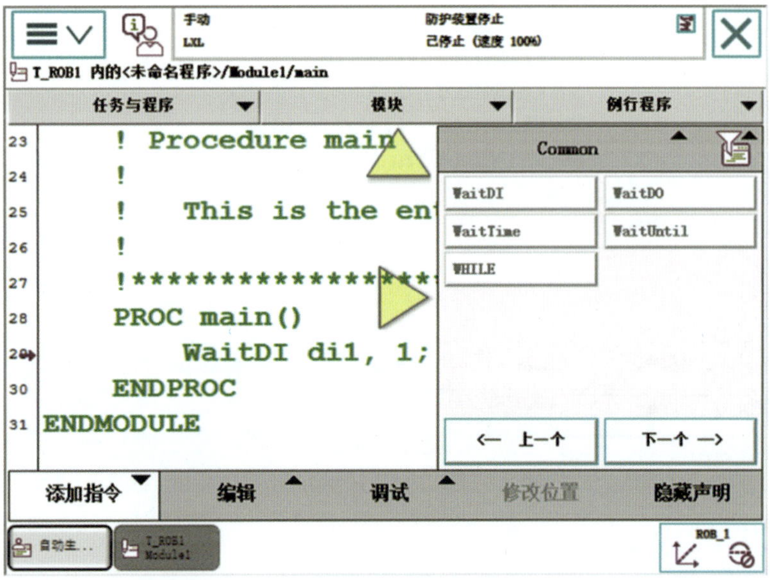

图 4－54　数字输入信号判断指令示例

（4）WaitDO，数字输出信号判断指令。用于判断数字输出信号的值是否与目标值一

笔记栏

致，指令示例如图 4 - 55 所示。程序执行该指令时，等待 do1 的值为 1。如果 do1 的值为 1，则程序继续执行；如果到达最大等待时间 300s（此时间可根据实际需要设定）后，do1 的值还不为 1，则工业机器人报警或进入出错处理程序。

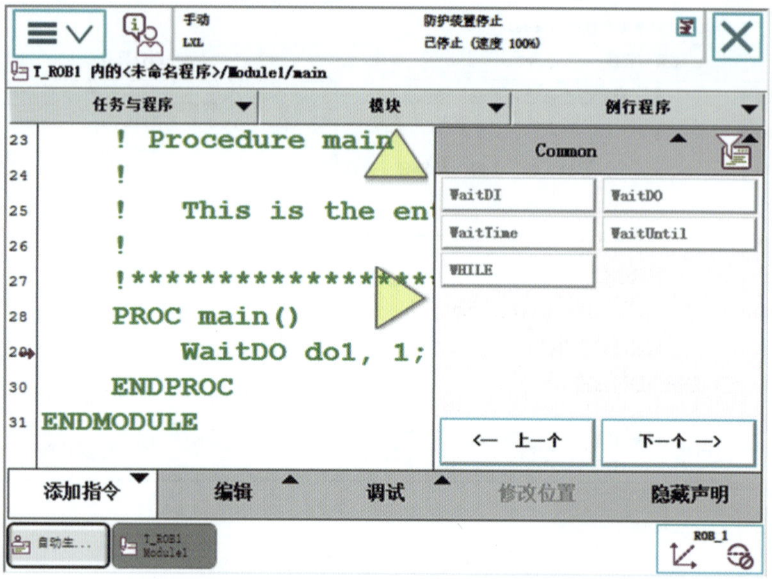

图 4 - 55　数字输出信号判断指令示例

（5）WaitUntil，信号判断指令。用于布尔量、数字量和 I/O 信号值的判断，如果条件满足指令中的设定值，程序继续执行，否则就一直等待，除非设定了最大等待时间。指令示例如图 4 - 56 所示。

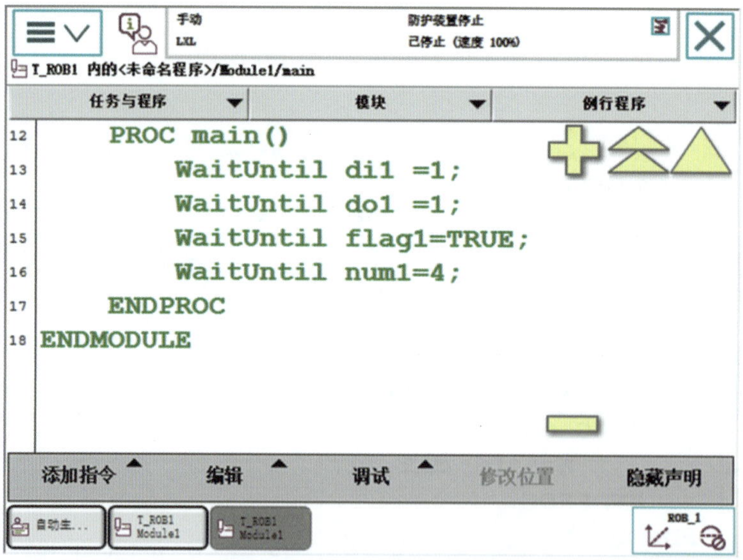

图 4 - 56　信号判断指令示例

（二）条件逻辑判断指令

条件逻辑判断指令用于对条件进行判断后执行相应的操作，是 RAPID 的重要组成部分。

笔记栏

（1）Compact IF，紧凑型条件判断指令。用于当一个条件满足后，就执行一句指令。指令示例如图 4－57 所示，如果 flag1 的状态为 TRUE，则 do1 被置位为 1。

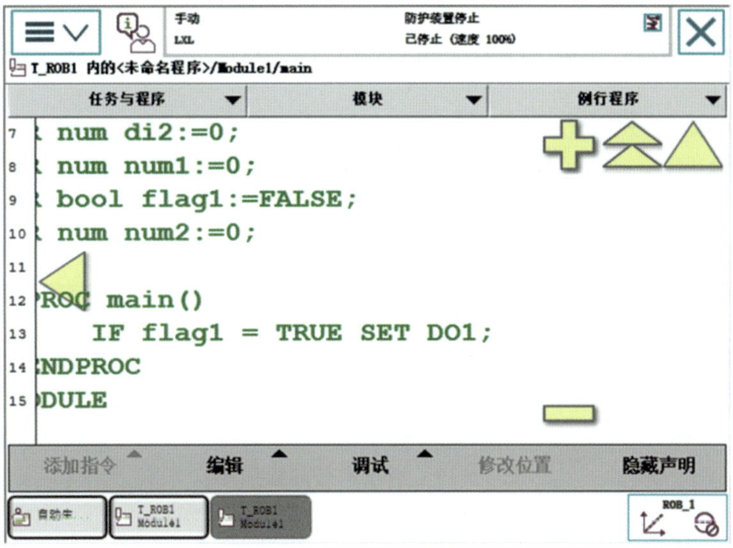

图 4－57　紧凑型条件判断指令示例

（2）IF，条件判断指令。用于根据不同的条件执行不同的指令。指令示例如图 4－58 所示，如果 num1 为 1，则 flag1 会赋值为 TRUE；如果 num1 为 2，则 flag1 会赋值为 FALSE。除去以上两种条件，则执行 do1 置位为 1。条件数量可以根据实际情况增加或减少。

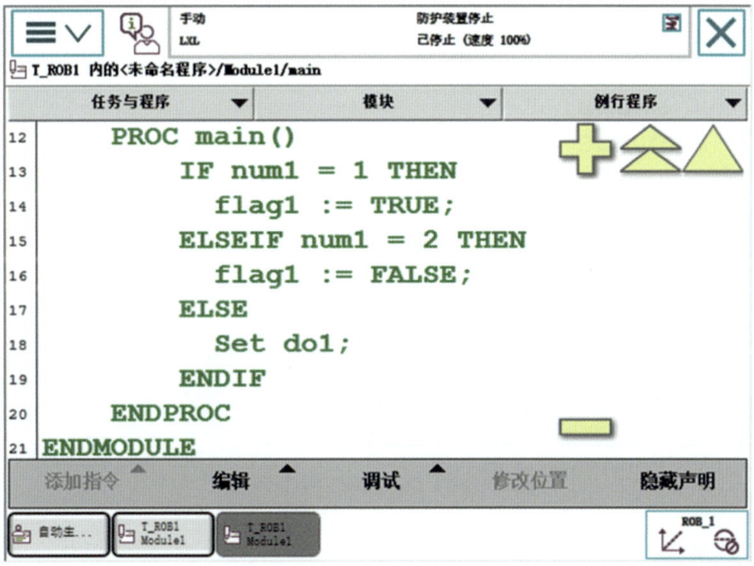

图 4－58　条件判断指令示例

（3）FOR，重复执行判断指令。用于一个或多个指令需要重复执行指定次数的情况。指令示例如图 4－59 所示，例行程序 Routine1 重复执行 10 次。

笔记栏

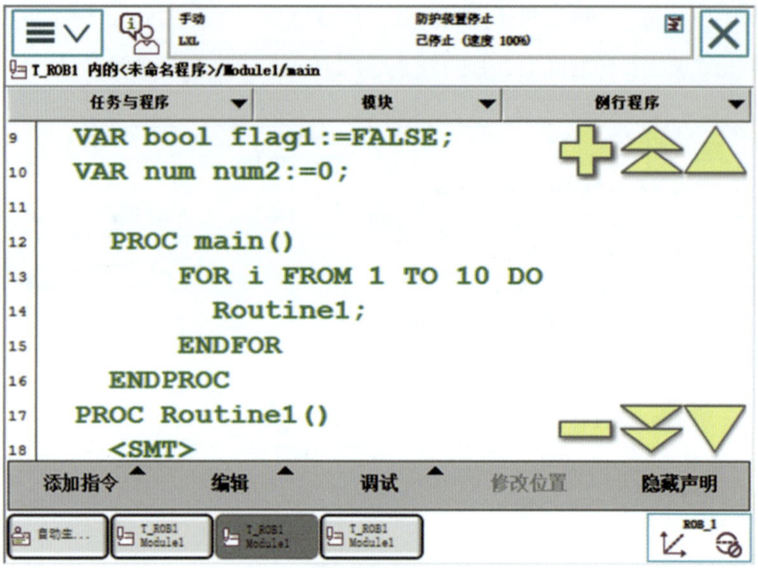

图 4－59　重复执行判断指令

（4）WHILE，条件判断指令。用于在给定的条件满足的情况下，一直重复执行对应的指令。指令示例如图 4－60 所示，在 num1>num2 的条件满足的情况下，会一直执行 num1:=numl-1 的操作，直到条件 num1>num2 不满足为止。

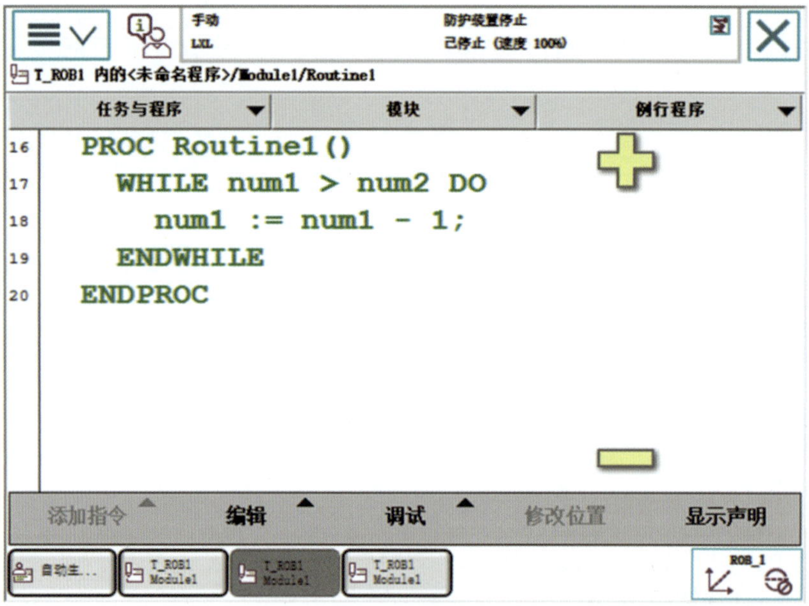

图 4－60　条件判断指令示例

（三）其他常用指令

（1）ProcCall，调用例行程序指令。用于在指定的位置调用例行程序。指令示例如图 4－61 所示，“<SMT>”表示要调用例行程序的位置。

笔记栏

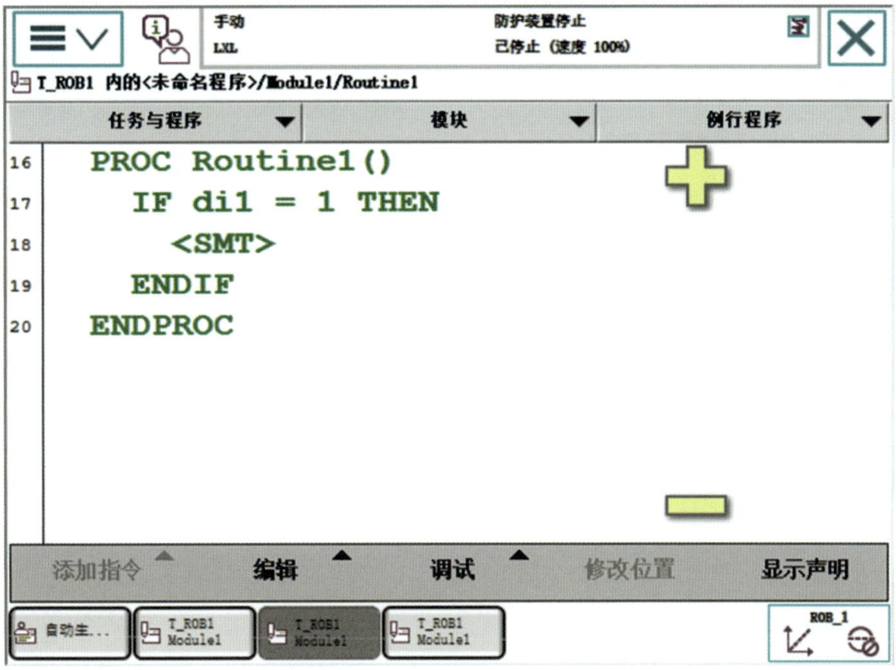

图 4－61　调用例行程序指令示例

选择要调用的例行程序“ Routine1”，然后单击“确定”，如图 4－62 所示。调用例行程序指令执行结果如图 4－63 所示。

图 4－62　选择要调用的例行程序

笔记栏

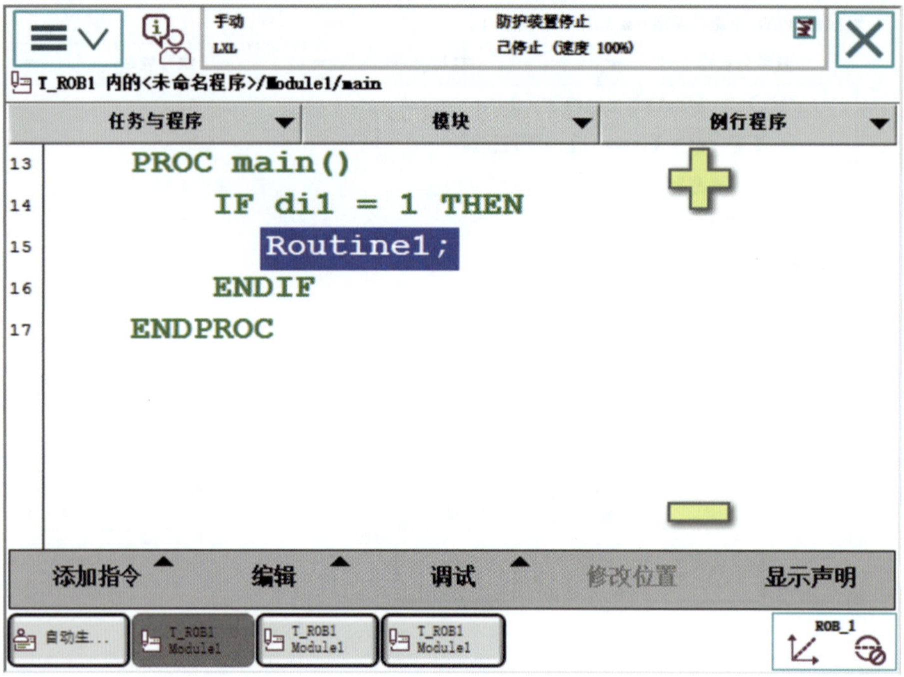

图 4－63　调用完成

（2）RETURN，返回例行程序指令。用于立刻结束例行程序的执行，程序指针返回调用此例行程序的位置。指令示例如图 4－64 所示，当 di1=1 时，执行 RETURN 指令，程序指针返回调用 Routine2 的位置并继续执行 Set do1 指令。

图 4－64　返回例行程序指令示例

笔记栏

（四）工业机器人程序及信号说明

工业机器人程序中涉及的 I/O 信号说明见表 4－4。

表 4－4　工业机器人程序中涉及的 I/O 信号说明

信号名称	描述
di_boxinpos	数字输入信号，用作产品到位信号
do_Door	数字输出信号，用于控制机床门开关
do_tool	数字输出信号，用于控制工业机器人夹爪
do_XJ	数字输出信号，用于控制相机拍照

创建和查看 I/O 信号的具体操作如图 4－65 至图 4－68 所示。

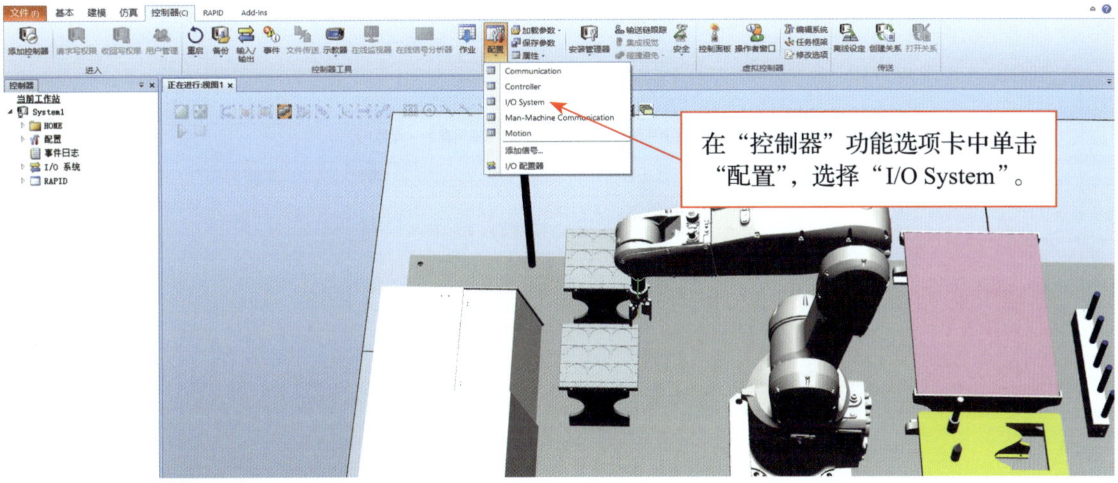

图 4－65　打开“I/O System”窗口

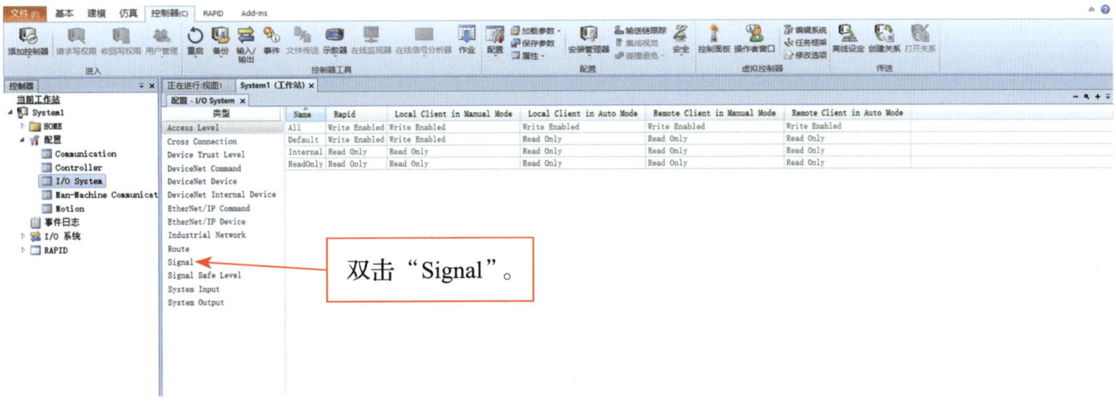

图 4－66　打开“实例编辑器”

笔记栏

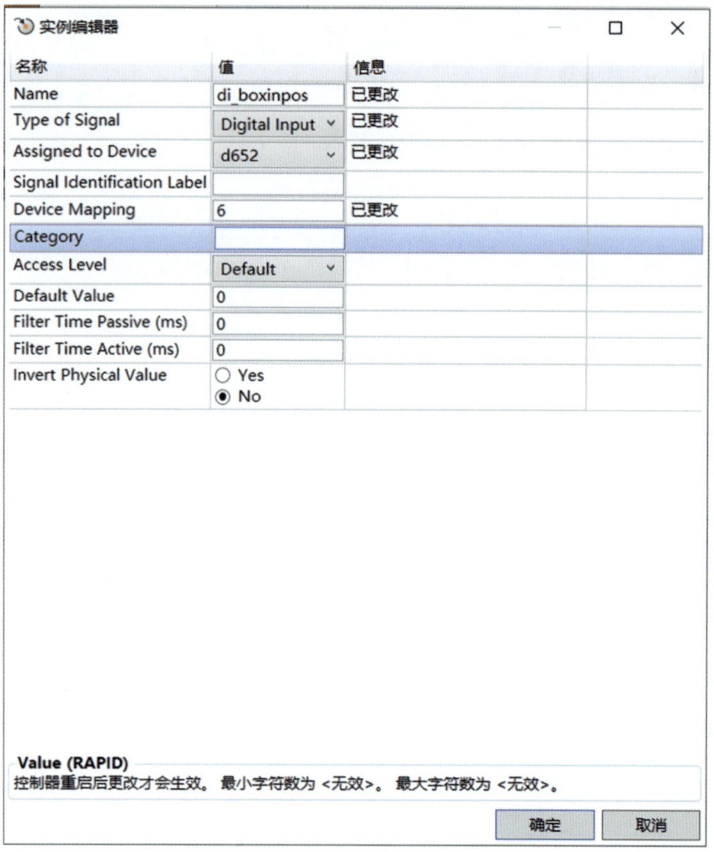

图 4－67　创建工业机器人端输入信号

创建工业机器人端输出信号的具体操作请参考图 3－40 至图 3－49。

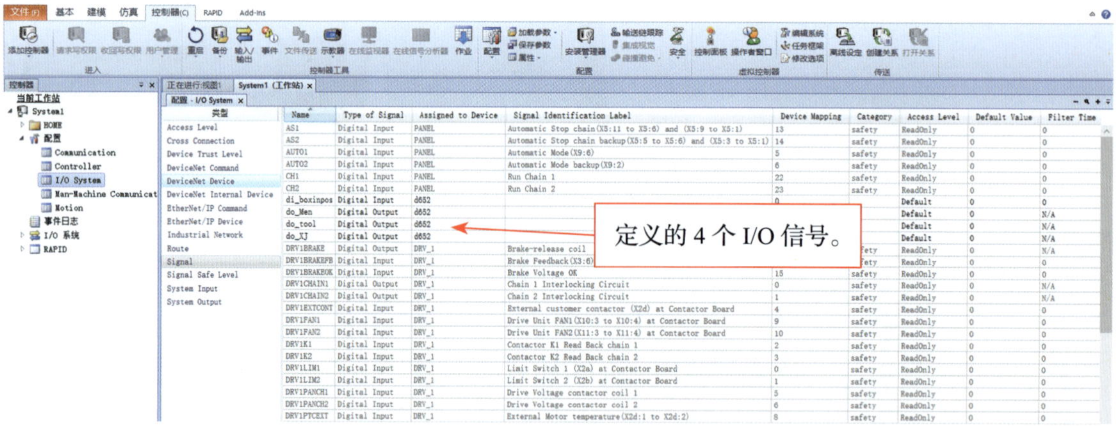

图 4－68　所有信号设置完成

本任务中的程序大致分为两部分：第一部分是工业机器人在输送链末端等待，工件到位后将其拾取，放置在 1 号码盘上面，平铺一层，共计 9 个即满载；第二部分是工业机器人抓取 1 号码盘上的工件放入机床进行加工，然后工业机器人将加工好的工件放在视觉检测系统下进行检测，检测合格的放到 2 号码盘，不合格的放到 3 号码盘，依此循环，直到 1 号码盘上的所有工件加工并检测完成，仿真即结束。查看工业机器人程序的具体操作如图 4－69 至图 4－71 所示。

笔记栏

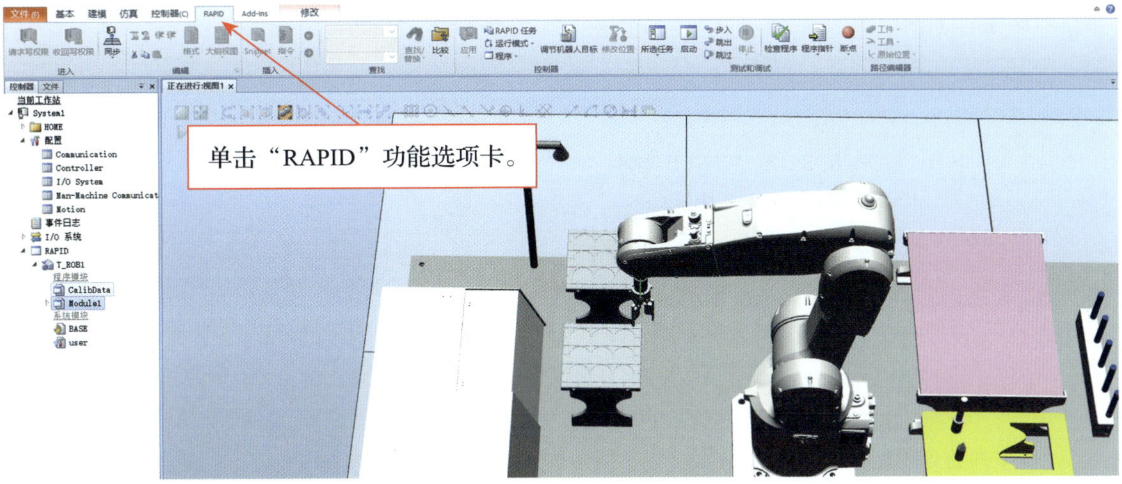

图 4－69　显示“RAPID”界面

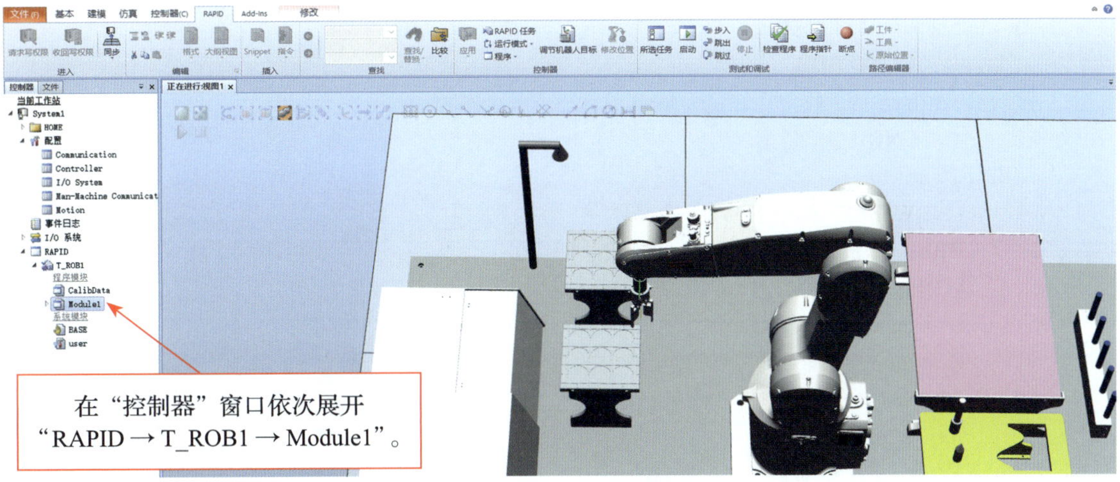

图 4－70　展开“Module1”模块中的程序

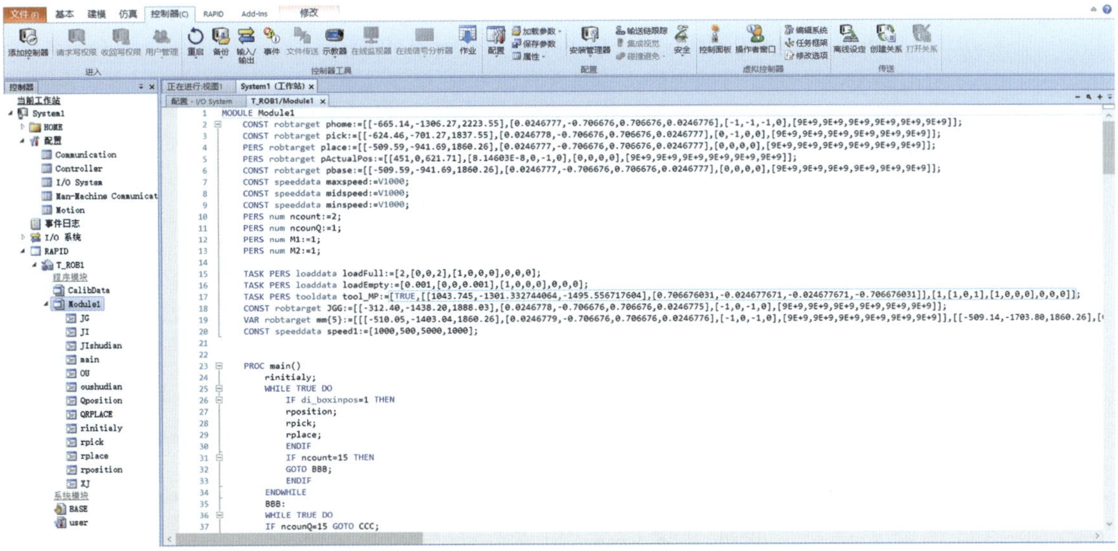

图 4－71　查看所有程序

笔记栏

主程序注释如下：

```
PROC main() ! 主程序
        rinitialy; ！ 初始化程序
        WHILE TRUE DO ！  WHILE 循环
            IF di_boxinpos=1 THEN
! IF 判断 di_boxinpos=1 时执行
            rposition;
! 将工件放到码盘 1 的点位
            rpick;
! 从输送链末端取工件
            rplace;
! 将工件放到码盘 1
            ENDIF
! 结束 IF 判断
            IF ncount=15 THEN
! IF 判断 ncount=15 时执行
            GOTO BBB;
! 跳到 BBB 指令
            ENDIF
! 结束 IF 判断
        ENDWHILE ！ 结束 WHILE 循环
        BBB: ！ BBB 指令
        WHILE TRUE DO ！ WHILE 循环
        IF ncounQ=15 GOTO CCC; ！ IF 判断 ncounQ=15 跳到 CCC 指令
        Qposition; ！ 将工件从码盘 1 取出的点位
        QRPLACE; ！ 将工件从码盘 1 取出
        JG; ！ 机床加工
        XJ; ！ 相机识别
        IF di_boxinpos=1 THEN ！ IF 判断 di_boxinpos=1 时执行
        OUSHUDIAN; ！ 将工件放到码盘 2 的点位
        OU; ！ 将工件放到码盘 2
        ELSEIF di_boxinpos=0 THEN ！ IF 判断 di_boxinpos=0 时执行
        JISHUDIAN; ！ 将工件放到码盘 3 的点位
        JI; ！ 将工件放到码盘 3
        ENDIF ！ 结束 IF 判断
        ENDWHILE！ 结束 WHILE 循环
        CCC:！ CCC 指令
        MoveJ pHome,MidSpeed,fine,tool_MP\WObj:=wobj0;! 工业机器人回到安全点位
    ENDPROC
```

（五）设置工作站逻辑

工作站逻辑：将 Smart 组件的输入 / 输出信号与工业机器人端的输入 / 输出信号进行关联。Smart 组件的输出信号作为工业机器人端的输入信号，工业机器人端的输出信号作为 Smart 组件的输入信号。此处可将 Smart 组件作为与工业机器人进行 I/O 通信的 PLC 看待。

设置工作站逻辑的具体操作如图 4－72 至图 4－78 所示。

笔记栏

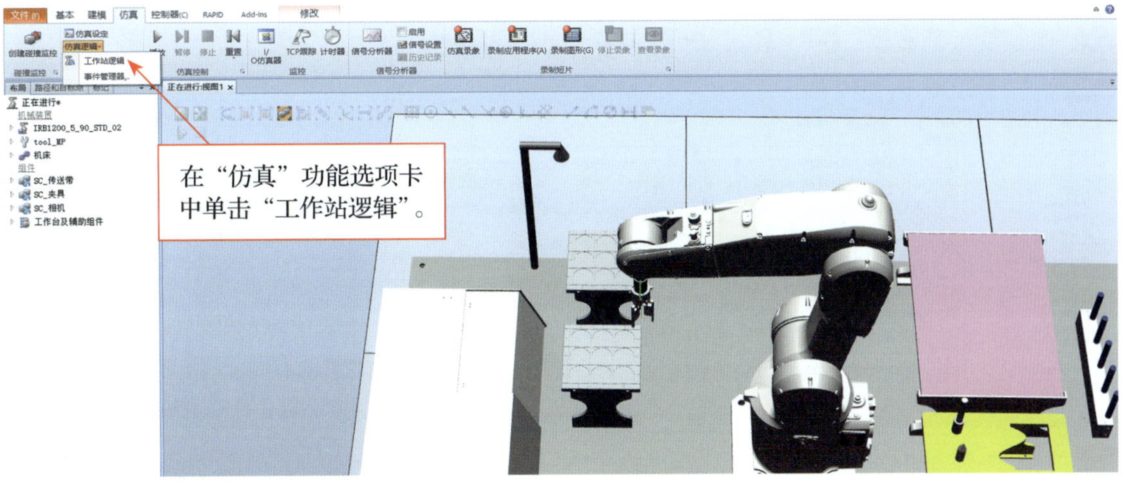

图 4－72 打开“工作站逻辑”窗口

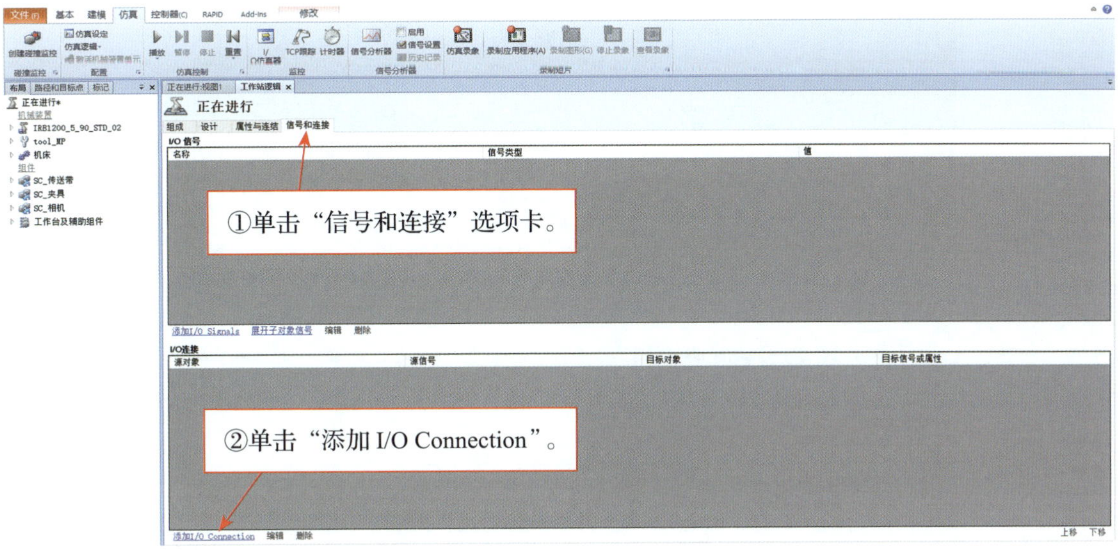

图 4－73 打开“添加 I/O Connection”对话框

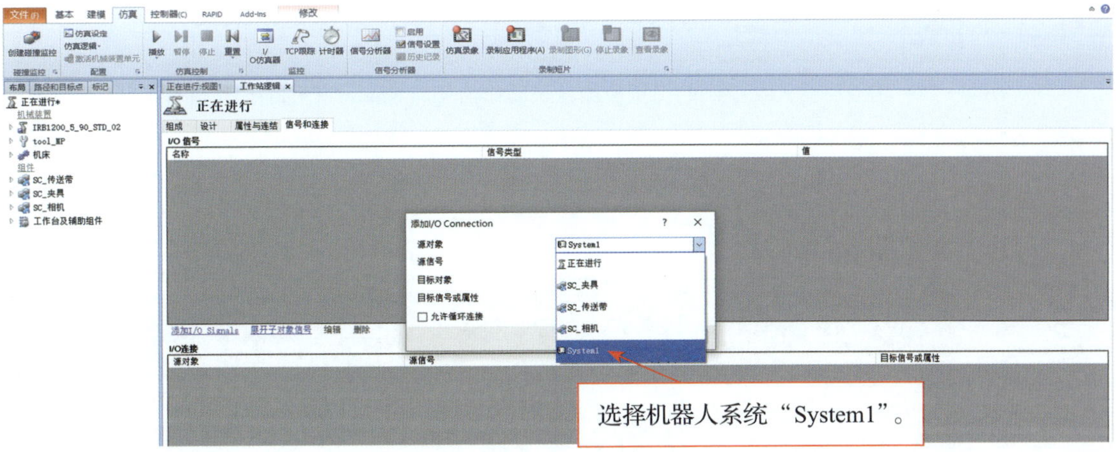

图 4－74 选择机器人系统

笔记栏

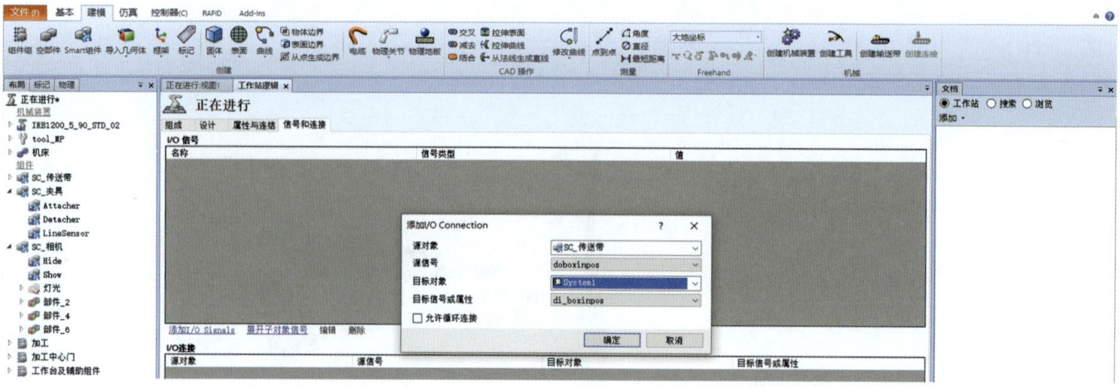

图 4-75　Smart 输送链的产品到位信号与工业机器人端的产品到位信号关联

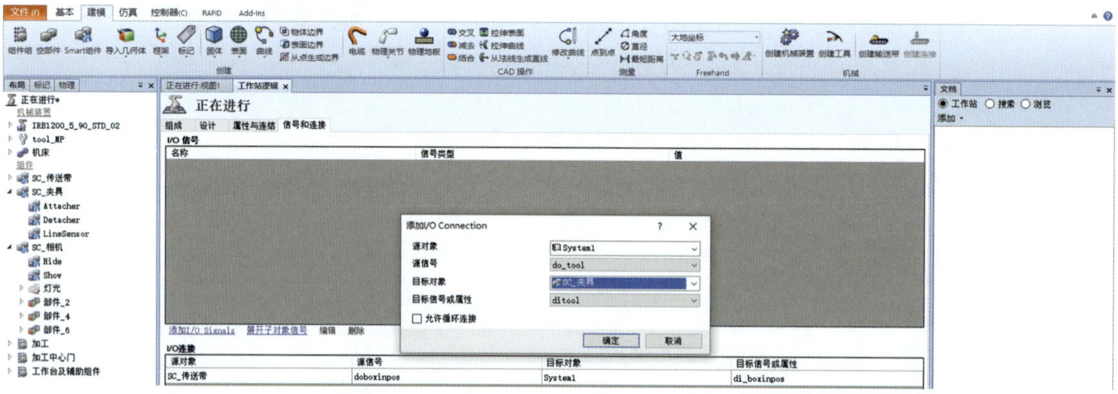

图 4-76　工业机器人端的夹爪动作信号与 Smart 夹具的动作信号关联

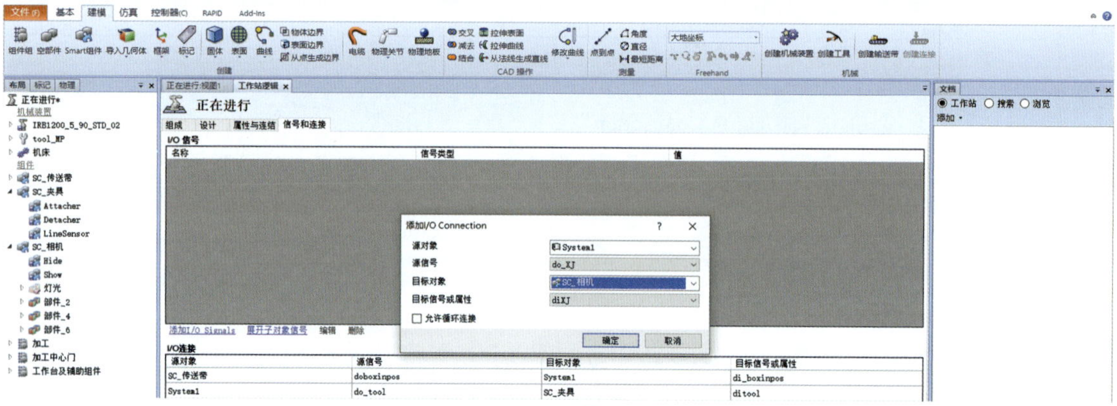

图 4-77　工业机器人端控制的视觉检测系统动作信号与 Smart 相机的动作信号关联

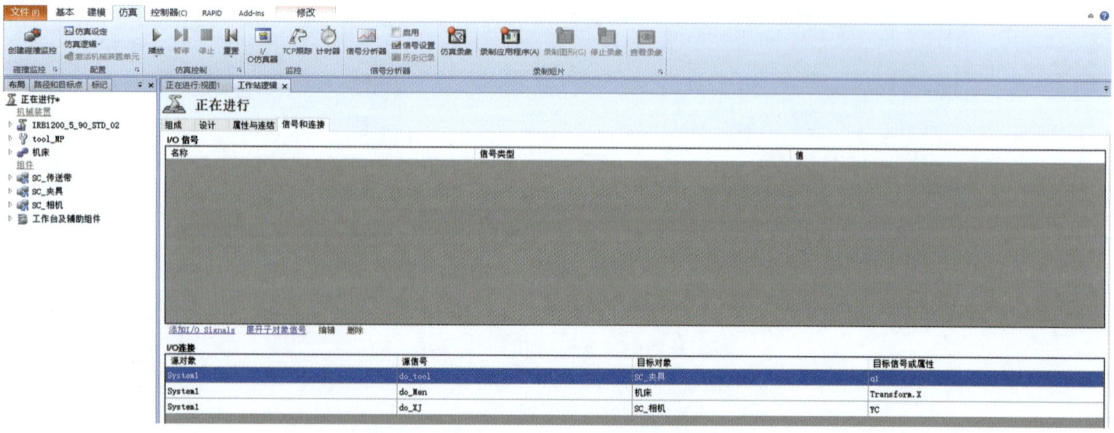

图 4-78　工作站逻辑设置完成

笔记栏

（六）仿真运行

仿真运行的具体操作如图 4 - 79 至图 4 - 88 所示。

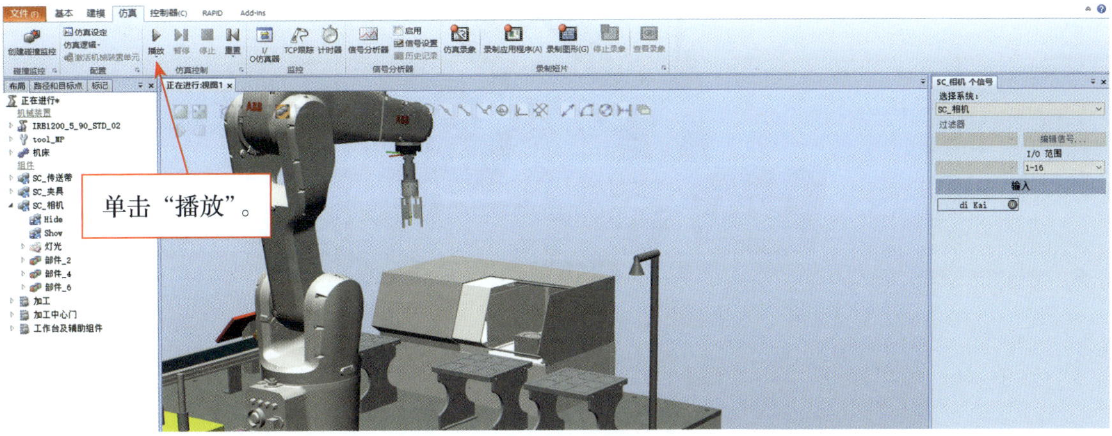

图 4 - 79　仿真运行

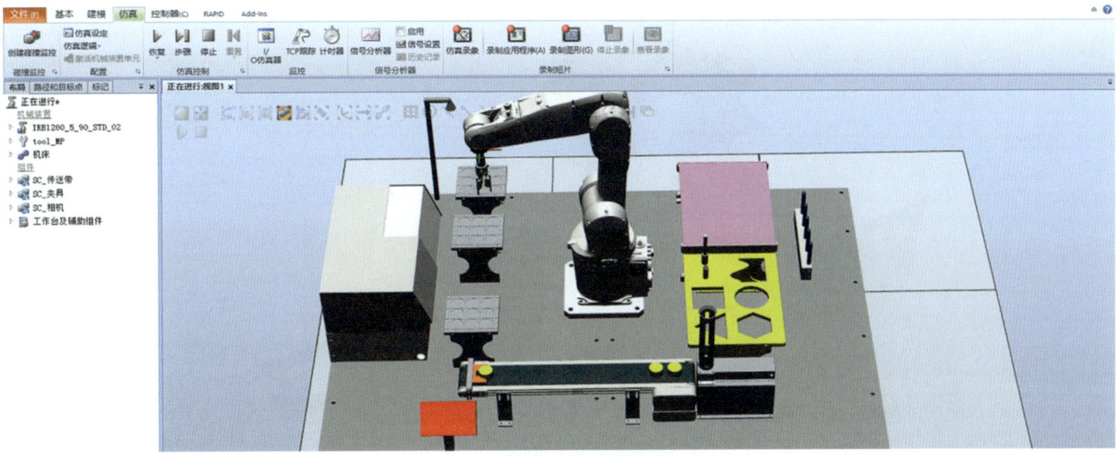

图 4 - 80　工件输送到输送链末端

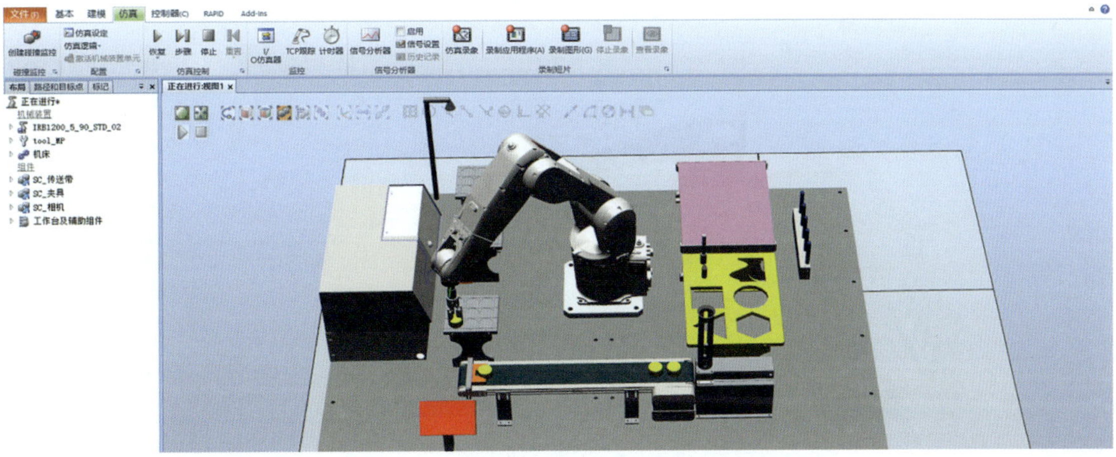

图 4 - 81　工业机器人抓取工件并放在码盘上

笔记栏

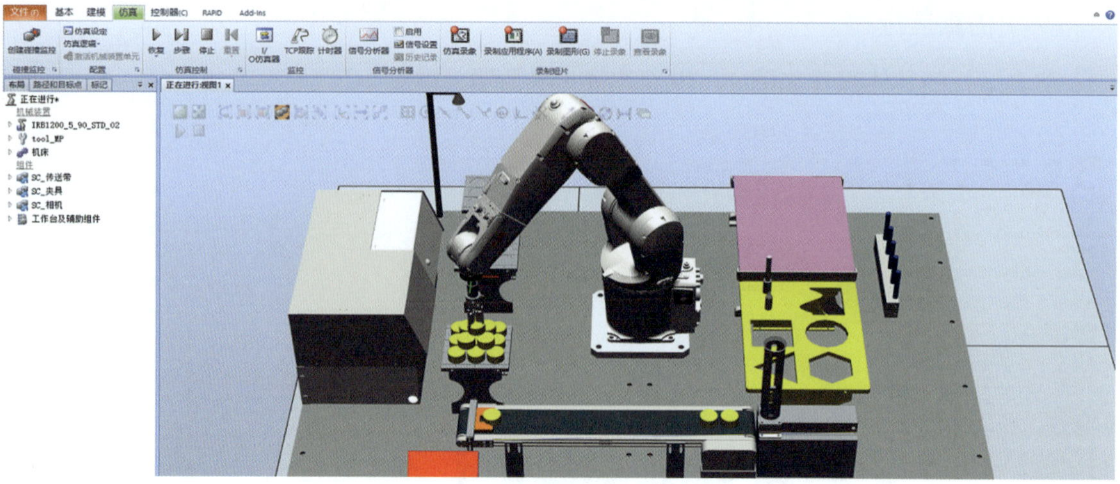

图 4－82　码盘 1 堆满

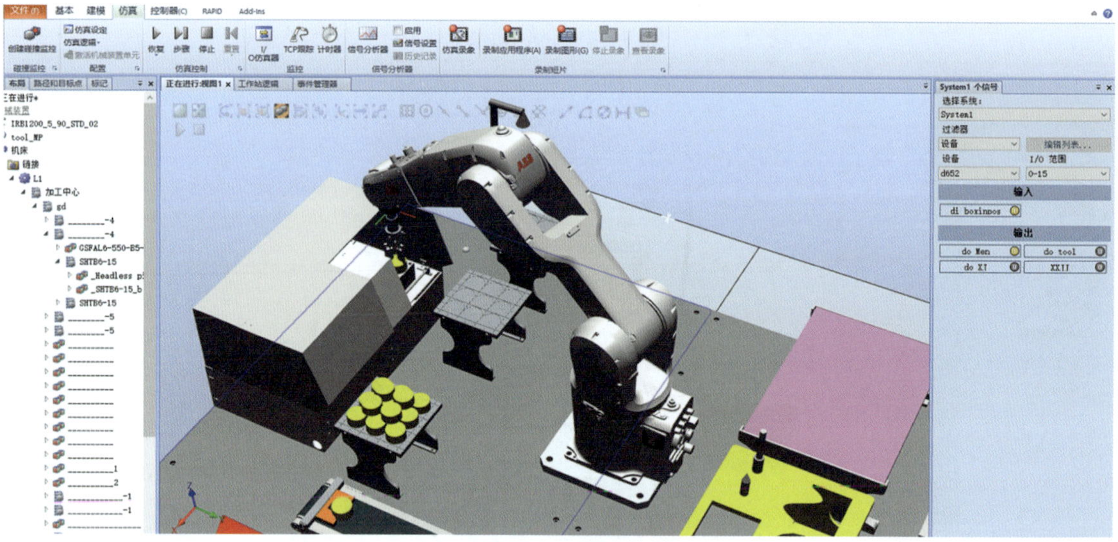

图 4－83　机床加工

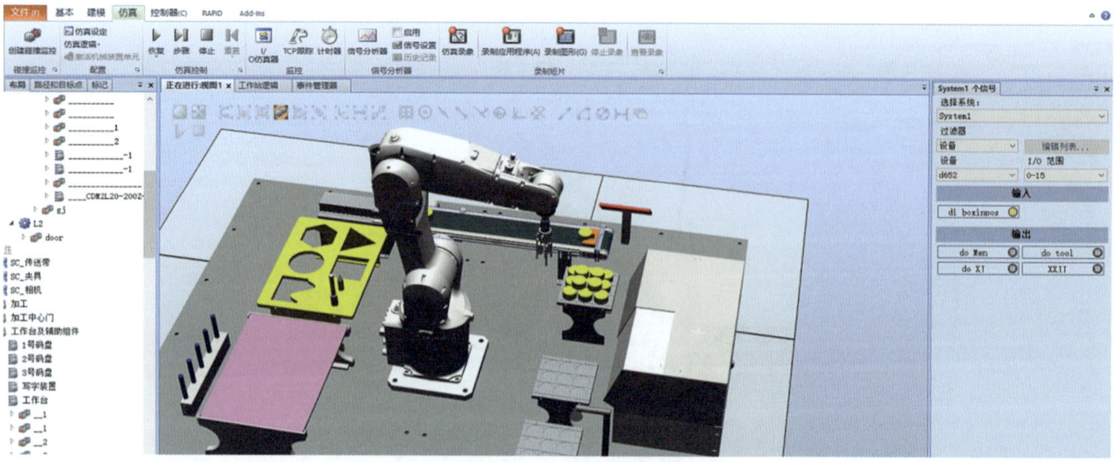

图 4－84　等待加工完成

笔记栏

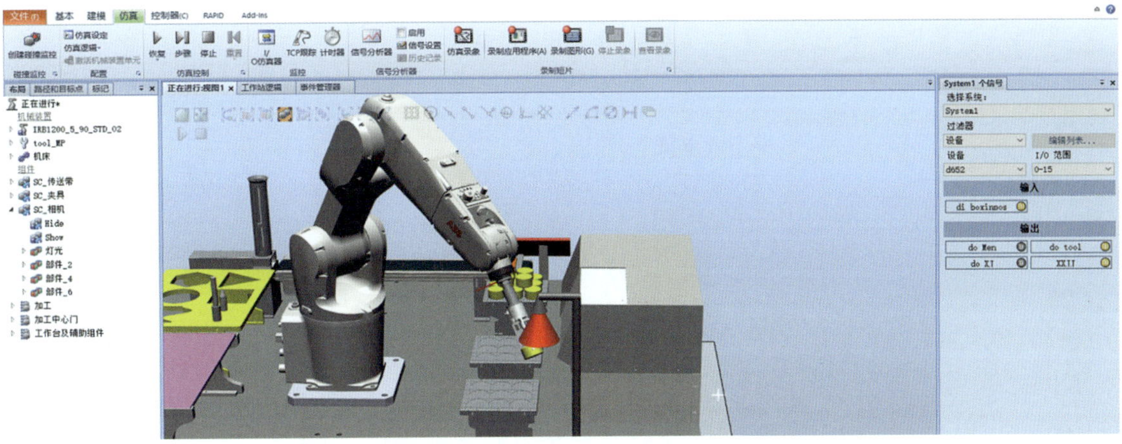

图 4－85　加工完成，进行视觉检测

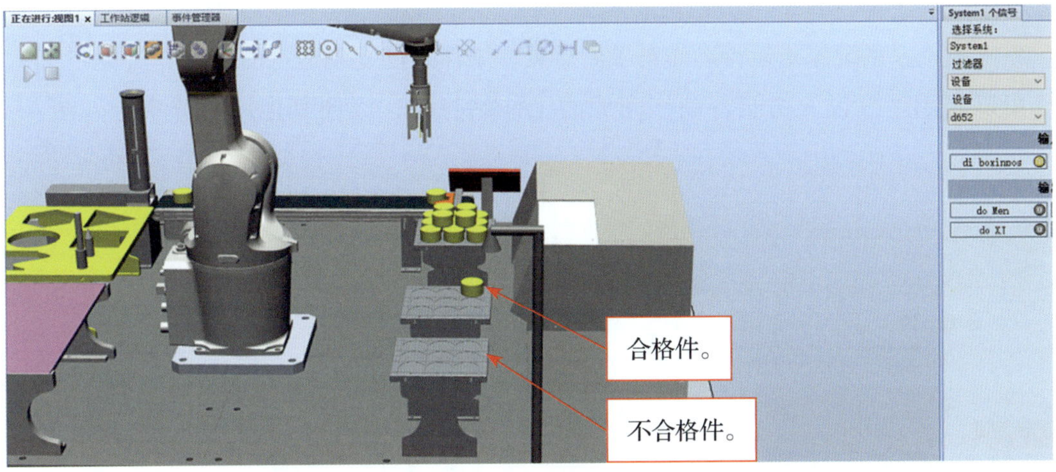

图 4－86　检测完成，进行合格件与不合格件分拣

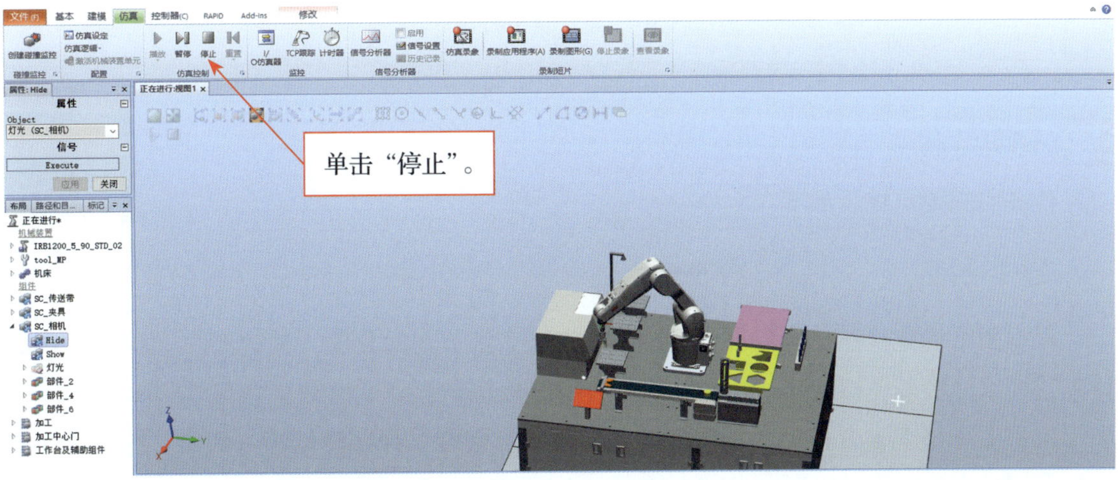

图 4－87　停止运行

笔记栏

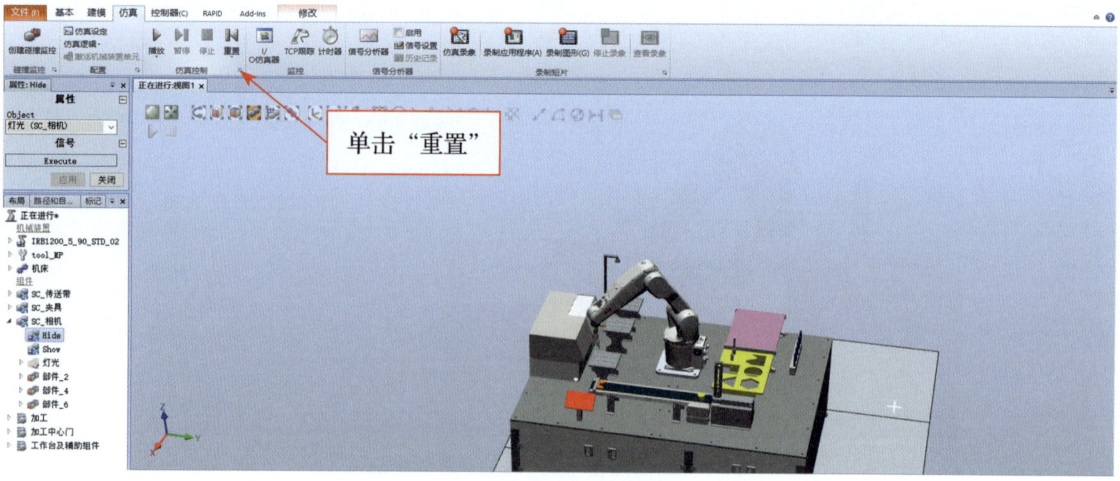

图 4-88 系统重置

单击停止，系统停止运行动作；单击重置，工作站恢复到运行前状态。

可以利用“打包”功能将制作完成的工作站打包，以便其他用户分享，如图 4-89 所示。

图 4-89 共享打包

任务实施

任务实施要点提示如下：

一、建模功能

根据图纸构建检测机构零部件三维模型，平衡细节与简化度。关键部件（如检测探头）详细建模以便精确模拟特性，辅助结构可适度简化。

根据实际情况设置模型的物理属性，如材质、密度、弹性模量等。例如，运动部件的材质不同，则摩擦系数不同，导致工业机器人协同作业的精度与能耗不同。

二、应用 Smart 组件创建检测机构

根据需要选取合适的子组件，如传感器、执行器、信号处理组件等，并合理配置参

笔记栏

数。合理设置视觉传感器的分辨率、检测范围、采集频率等，以匹配检测要求。

仿真前检查组件连接，包括机械连接（如运动部件间约束）和信号连接（如传感器与控制系统链路），确保模拟协调运作。

三、工作站逻辑设置要点

根据任务规划检测流程逻辑，明确工业机器人动作顺序，如搬运工件至检测位并触发检测，按结果分流合格件和不合格件，确保各环节衔接紧密无冲突。

确保工业机器人与检测机构信号交互顺畅，如工件到位与检测结果反馈、控制信号优先级与延迟时间，避免信号干扰导致检测与搬运失误。

笔记栏

任务书 4

任务名称							
班级		姓名		学号		组别	
任务内容	用 Smart 组件进行检测机构的仿真设计						
任务目标	（1）会用 RobotStudio 进行基本建模； （2）会用 Smart 组件创建检测机构； （3）会设置 Smart 组件工作站逻辑						

资料	工具	设备
工作站模型	RobotStudio 软件	
动画效果视频		
工业机器人程序		

任务完成报告 4

任务名称							
班级		姓名		学号		组别	
任务详情							

笔记栏

任务测评

测试题

1. 请详细描述 Show 组件和 Hide 组件在信号设置和功能上的相同点与不同点。

2. 假设在一个场景中有一个名为“ Object1”的对象，现在需要在程序中对其进行显示和隐藏操作。请说明如何利用 Show 组件和 Hide 组件来实现这个过程，以及每个步骤中信号的变化情况。

3. 请简述在 RobotStudio 中创建 Smart 检测机构动态效果的过程。

4. 使用 RobotStudio 进行工业机器人仿真验证时，在对周边模型要求不高的情况下，如何操作可以节约时间且不影响仿真效果？

5. 如果需要在 RobotStudio 中创建精细的 3D 模型用于仿真验证，应该如何操作？

测评表

项目	技术要求	分值	评分细则	评分记录	备注
建模功能的使用	（1）会使用建模功能创建圆锥模型； （2）会对圆锥模型进行相关设置	20	操作流程		
用 Smart 组件创建检测机构	（1）会设置对象可见组件（Show）； （2）会设置对象隐藏组件（Hide）	30	操作流程		
工作站逻辑设置	（1）理解工业机器人程序及信号说明； （2）会设置工作站逻辑； （3）会仿真运行	30	操作流程		
安全操作	符合上机实训要求	20	操作流程		

笔记栏

任务创新

码盘堆满后如何实现自动消失?

码垛工位的自动重置能力是智能仓储系统的核心功能之一，直接关系产线节拍效率与空间利用率。随着工业机器人仿真技术的不断成熟，通过虚拟调试预演码盘堆满后的自动消失流程，成为降低现场试错风险的关键手段。

在实际应用中，动态重置系统的设计需融合多学科技术。仿真技术不仅能验证传感器触发逻辑的可靠性，还可优化机器人、AGV 与输送线等设备的协同时序。例如，在检测堆满状态时，需通过力觉传感器与视觉系统的数据融合，准确判断垛形完整性，避免误触发导致空托盘提前撤离。又如，AGV 路径规划中，需在仿真环境中预演多车避让策略，防止满垛托盘运输时发生通道阻塞。然而，如何通过仿真量化系统集成中存在的信号延迟、设备响应不同步等干扰因素，仍是技术难点。

请结合所学内容，思考图 4－90 和图 4－91 所示的码盘堆满后如何实现自动消失。

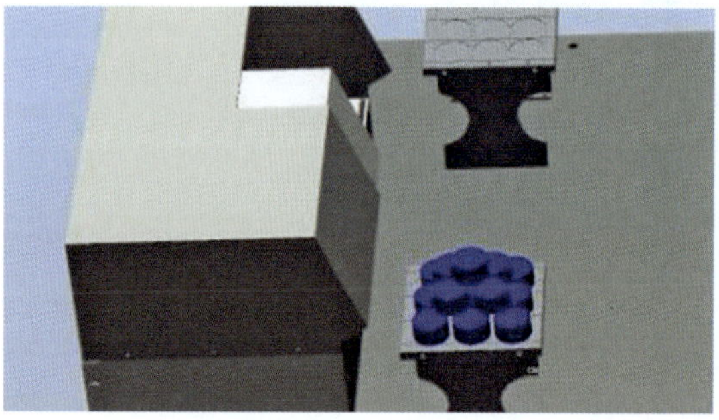

图 4－90　消失前

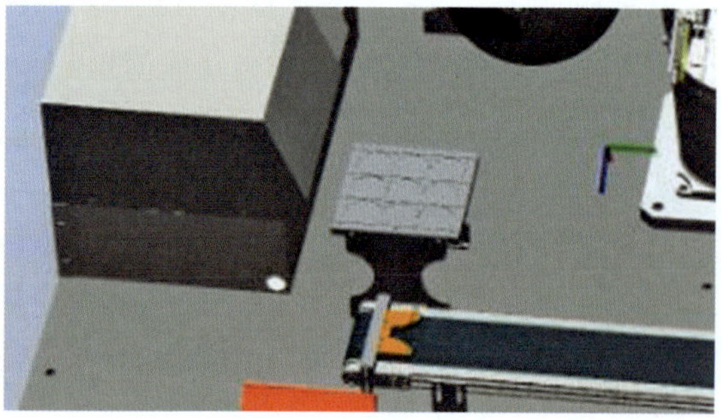

图 4－91　消失后